高等职业教育土建类“十四五”系列教材

JIANSHE GONGCHENG JIANLI

# 建设工程监理

（工作手册式）

◎主　编　罗武德
◎副主编　唐开军　刘卉丽
◎参　编　吴兴华

电子课件

華中科技大學出版社
http://www.hustp.com
中国·武汉

图书在版编目(CIP)数据

建设工程监理/罗武德主编. —武汉：华中科技大学出版社，2022.7
ISBN 978-7-5680-8465-9

Ⅰ.①建…　Ⅱ.①罗…　Ⅲ.①建筑工程-监理工作-高等职业教育-教材　Ⅳ.①TU712

中国版本图书馆 CIP 数据核字(2022)第 116880 号

建设工程监理　　　　罗武德　主编
Jianshe Gongcheng Jianli

策划编辑：康　序
责任编辑：段亚萍
封面设计：孢　子
责任监印：朱　玢
出版发行：华中科技大学出版社(中国·武汉)　　电话：(027)81321913
武汉市东湖新技术开发区华工科技园　　邮编：430223
录　　排：武汉三月禾文化传播有限公司
印　　刷：武汉市洪林印务印务有限公司
开　　本：787mm×1092mm　1/16
印　　张：19.5
字　　数：495 千字
版　　次：2022 年 7 月第 1 版第 1 次印刷
定　　价：58.00 元

华中出版

本书若有印装质量问题，请向出版社营销中心调换
全国免费服务热线：400-6679-118　竭诚为您服务

# 前言

Preface

随着建设工程监理朝着规范化、标准化、法制化方向发展，我国建筑市场监督管理制度不断充实完善，使建设工程监理企业、建设工程监理行为有法可依，有章可循。

本教材为工作手册式教材，教材内容甄选紧密结合高职院校土建类专业的人才培养目标和建筑行业职业岗位能力要求，紧跟我国建设工程监理行业相关法律法规与最新的国家标准和规范，由拥有多年丰富教学经验的职业院校教师与企业合作共同完成编写。教材内容以工作任务为载体，融入专业精神和职业精神，培养学生的职业能力和职业素养，既可作为高职院校土建类相关专业的教学用书，也可作为岗位培训教材或供土建类技术人员学习、参考使用。

本教材共分 10 个部分，主要内容为建设工程监理基本知识、监理工程师与监理企业、建设工程质量控制、建设工程投资控制、建设工程进度控制、建设工程安全监理、建设工程合同管理、建设工程信息管理、建设工程组织协调、建设工程监理系列文件。

本教材的主要特点如下：

一、教材形式新颖，工作手册式教材符合职业教育的教学需求，有利于教师与学生使用，增强教学过程中师生的职业意识。

二、坚持理实一体、校企双元开发，根据职业教学对接职业标准和岗位能力要求，以满足岗位需求为原则，配套丰富多样的辅助习题，同时为紧跟工程建设领域行业发展动态，邀请企业合作编写，以深入浅出为原则，符合学生的认知规律。

三、去粗取精，结构编排合理，重点突出，工作手册内容按照问题提出—基本知识—监理相关工作的性质、原则及要点—典型工程案例—小结—巩固训练的基本思路编排。

四、创新教材呈现形式，配备数字化资源，体现教、学、做的协调统一，配套的习题难易程度适中，使学生动手动脑，参与整个教学过程，培养学生的创新精神和创新能力。

本教材由贵州职业技术学院罗武德讲师/工程师担任主编，贵州职业技术学院唐开军讲师/工程师、四川城市职业学院刘卉丽担任副主编，此外，贵州职业技术学院吴兴华参与了本教材的编写，全书由罗武德统稿。

为了方便教学，本书还配有电子课件等资料，任课教师可以发邮件至 husttujian@163.com索取。

本教材编写过程中，参阅了大量相关教材、论著和其他资料，吸纳了同行名家及企业专家的最新研究成果，部分高职院校的老师和企业专家也提出了诸多宝贵的意见，在此对他们表示衷心的感谢！由于编者水平和经验有限，书中难免存在疏漏之处，恳请读者批评指正。

编　者

2022 年 3 月

# 目录

Contents

工作手册1

# 建设工程监理基本知识

JIANSHE GONGCHENG JIANLI JIBEN ZHISHI

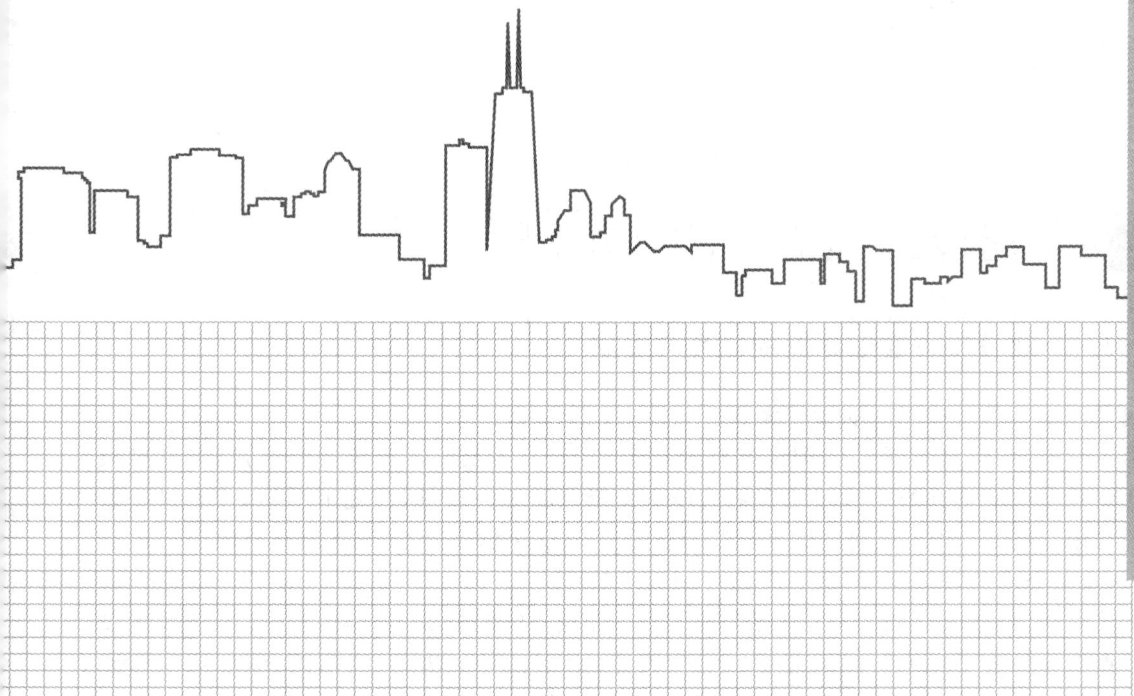

**知识目标**

掌握建设工程监理的基本概念、性质、作用和原则；熟悉我国建设工程监理的相关法律、法规；了解建设工程监理的产生与发展、建设程序和建设工程管理制度。

**能力目标**

具备理解和应用建设工程监理的基本知识的能力；能够运用建设工程监理的相关法律、法规来分析建设工程监理过程中遇到的工程实际问题。

**工程案例**

在某工程实施过程中，项目监理机构在巡视中发现，施工单位正在加工的一批钢筋未经报验，随即签发了工程暂停令，要求施工单位暂停钢筋加工，办理见证取样检测及完善报验手续。施工单位质检员对该批钢筋取样后将样品送至项目监理机构，项目监理机构确认样品后要求施工单位将试样送检测单位检验。

问题：

请指出此事件中施工单位和项目监理机构做法的不妥之处，并写出正确做法。

参考答案

# 1.1 建设工程监理的基本概念

## 1.1.1 建设工程监理制度的产生与发展

我国建设工程监理制度的发展大致分为以下四个阶段。

第一阶段：1988 年以前。我国没有监理制度、监理公司及监理工程师。但是，在世界银行和亚洲开发银行贷款的项目却把实施监理作为贷款的先决条件，为完成项目，需支付高昂的监理费用。例如，1987 年利用世界银行贷款修建的京津塘高速公路由丹麦金硕公司进行监理，共 5 名丹麦监理工程师，3 年共支付 135 万美元。

第二阶段：1988—1992 年，为试点阶段。建设部在 1988 年 11 月提出了《关于开展建设监理试点工作的若干意见》，确定北京、上海、天津、南京、宁波、沈阳、哈尔滨、深圳八市和能源、交通两部的水电和公路系统作为全国开展建设工程监理工作的试点单位。该文件同时对试点的指导思想和目的、试点工作的组织领导、工程监理单位的建立和管理、建设工程监理业务的取得和监理内容、试点工程的确定、监理取费、工程监理单位与建设单位和承建单位之间的关系等均提出了具体意见，使工程监理试点工作顺利开展。

随着工程监理工作的试点和发展，开展建设工程监理工作的地区和部门也逐步增加，不仅仅限于原试点的省市和部门。为了使建设工程监理工作能更好地、健康地发展，建设部在1989年7月又颁发了《建设监理试行规定》，其内容更为具体、实施方便，主要内容包括总则、政府监理机构及职责、社会监理单位及监理内容、监理单位与建设单位和承建单位之间的关系、外资与中外合资和外国贷款建设项目的监理等。

通过几年的实践，一些地区和部门先后实行了建设工程监理试点，并取得了显著成效。我国的建设工程监理队伍在试点实践中逐步成长起来，其中有些人已经达到较高水平，成功地监理了一批大型复杂的工业交通建设项目、市政和民用工程，达到了控制投资、进度和工程质量，提高建设效益的目的。为了促进我国建设监理试点工作进一步深入，及早地改变“三资”工程主要由外国人监理和我国监理人员不能监理国外工程的局面，建设部和人事部于1990年9月开始了确认监理工程师岗位资格的工作。经各地区、各部门推荐，监理工程师岗位资格审定委员会审定，确认了首批100名同志具备监理工程师岗位资格；正式确立了我国监理工程师在建设工程中的作用和地位。以后又在培训、考试的基础上，陆续确认了多批监理工程师岗位资格，建立起了我国监理工程师的队伍。

第三阶段：1993—1995年，为稳步发展阶段。经过四年的试点工作，发展了一批监理公司，培养了一批监理人员，实施了一批工程项目的监理工作，为我国的建设监理发展奠定了基础。但是，前四年的试点工作所产生的效应还没有扩展到全国，许多城市还没有成立监理公司或还没有工程项目实施监理，因此还有必要进一步发展试点阶段所取得的成果。这一阶段的重点是在全国每一个城市至少成立一个监理公司和至少实施一个工程项目的监理工作，为把建设监理推广到全国打下良好的基础。

第四阶段：1996年至今，为全国推广阶段。又经过三年的发展，全社会对建设监理的认识有了很大的提高，主动委托监理的项目不断增加。同时，监理人员经过多年的探索和实践，逐步建立起一套比较规范的监理工作方法和制度。监理单位作为市场主体之一，与建设单位、承包单位、政府主管部门的关系日益清晰，尤其是监理单位与建设单位的责权利关系所形成的委托监理合同内容日益规范。因此，在全国推行监理制度、实现产业化，使监理制度规范、统一、有效已是势在必行。建设部与原国家计委于1995年12月15日联合发布《工程建设监理规定》，标志着我国建设监理向全国全面推广。

1997年11月1日，第八届全国人民代表大会常务委员会第二十八次会议通过了《中华人民共和国建筑法》(以下简称《建筑法》)，几年后又陆续颁布了《中华人民共和国招标投标法》(以下简称《招标投标法》)、《建设工程质量管理条例》、《中华人民共和国民法典》(以下简称《民法典》)等，将国家推行建设工程监理制度等内容明确列入有关章、节、条文，确立了工程监理单位的市场主体地位，使建设监理工作有法可依、有章可循，标志着建设工程监理制度已经通过国家法律的形式得到了肯定，从而使工程监理在全国范围内的建设工程中进入全面推行阶段。这是工程建设管理中的重要制度之一，受到了社会的广泛关注和普遍认可。

### 1.1.2 建设工程监理的基本概念

1. 建设工程监理

建设工程监理是指工程监理单位受建设单位委托，根据法律法规、工程建设标准、勘察设计文件及合同，在施工阶段对建设工程质量、造价、进度进行控制，对合同、信息进行管理，对工程建设相关方的关系进行协调，并履行建设工程安全生产管理法定职责的服务活动。工程建设管理组织结构如图 1.1 所示。《建筑法》第三十二条明确将建设工程监理定位为：代表建设单位，对施工单位在施工质量、建设工期和建设资金使用等方面实施监督。因此，监理单位的主要任务就是受建设单位的委托，对工程进行质量控制、进度控制和造价控制。

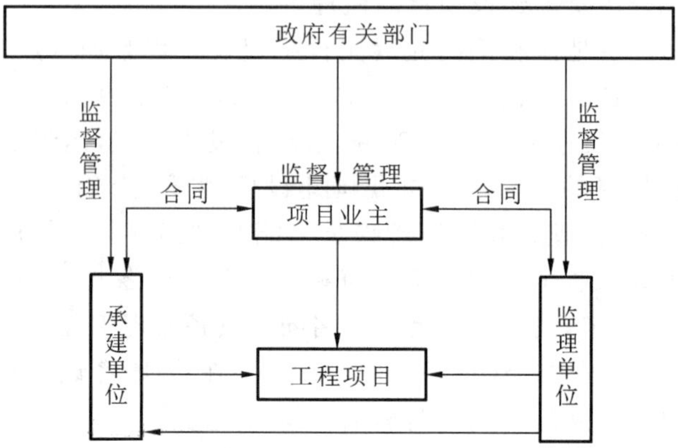


图 1.1 工程建设管理组织结构

2. 监理单位

监理单位，是指取得监理资质证书，具有法人资格的监理公司、监理事务所和兼承监理业务的工程设计、科学研究及工程建设咨询的单位。《建筑法》第十三条规定："从事建筑活动的建筑施工企业、勘察单位、设计单位和工程监理单位，按照其拥有的注册资本、专业技术人员、技术装备和已完成的建筑工程业绩等资质条件，划分为不同的资质等级，经资质审查合格，取得相应等级的资质证书后，方可在其资质等级许可的范围内从事建筑活动。"

3. 建设单位

建设单位即是建设工程投资方，亦称甲方、业主或项目法人，是建设工程监理任务的委托方。《建筑法》第三十一条规定："实行监理的建筑工程，由建设单位委托具有相应资质条件的工程监理单位监理。建设单位与其委托的工程监理单位应当订立书面委托监理合同。"

4. 建设工程监理基本概念的要点

(1) 建设工程实施监理的前提是建设单位的委托。

(2) 建设工程监理活动主要涉及建设单位、承建单位和工程监理企业三个主体，建设工程监理的行为主体是工程监理企业，建设单位和承包单位通过合同确定经济法律关系，建设单位和工程监理企业之间是委托合同关系，工程监理企业和承包单位没有合同关系。

(3) 建设工程监理的依据包括工程建设文件，有关工程建设的法律、法规和标准、规范，建设工程委托监理合同和相关的建设工程合同。

(4) 建设工程监理的范围。《建设工程质量管理条例》第十二条规定，下列建设工程必须实行监理：

① 国家重点建设工程。

国家重点建设工程，是指依据《国家重点建设项目管理办法》所确定的对国民经济和社会发展有重大影响的骨干项目。

② 大中型公用事业工程。

大中型公用事业工程，是指项目总投资额在3000万元以上的工程。

③ 成片开发建设的住宅小区工程。

建筑面积在5万平方米以上的住宅建设工程必须实行监理；5万平方米以下的住宅建设工程，可以实行监理，具体范围和规模标准，由省、自治区、直辖市人民政府建设行政主管部门规定。为了保证住宅质量，对高层住宅及地基、结构复杂的多层住宅应当实行监理。

《建设工程质量管理条例》

④ 利用外国政府或国际组织贷款、援助资金的工程。

具体包括：使用世界银行、亚洲开发银行等国际组织贷款资金的项目；使用国外政府及其机构贷款资金的项目；使用国际组织或者国外政府援助资金的项目。

⑤ 国家规定必须实行监理的其他工程。

项目总投资额在3000万元以上关系社会公共利益、公众安全的下列基础设施项目：学校、影剧院、体育场馆项目。

## 1.2 建设工程监理的性质、内容和作用

### 1.2.1 建设工程监理的性质

1. 服务性

工程监理是一种高智能、有偿技术服务活动，它是监理人员利用自己的工程知识、技能和经验、信息以及必要的试验、检测手段，为建设单位（业主）提供的管理和技术服务。主要手段是规划、控制、协调，主要任务是控制工程建设的投资、进度和质量，最终目的是协助业主在计划目标内将项目建成并投入使用。它既不同于承建商的直接生产活动，也不同于建设单位的直接投资活动，它不向建设单位承包工程，不参与承包单位的利益分成，它获得的是技术服务性的报酬。工程监理管理的服务客体是建设单位的工程项目，服务对象是建设单位（业主）。这种服务性的活动是严格按照监理合同和其他有关工程合同来实施的，是受法律约束和保护的。

2. 科学性

建设工程监理活动应当遵循科学性准则。监理的科学性体现为其工作的内涵是为工程管理与工程技术提供知识服务，科学性是公正性的前提。监理的任务决定了它应当采用科学的思想、理论、方法和手段；监理的社会性、专业化特点要求监理单位按照高智能原则组建；监理的服务性质决定了它应当提供科技含量高的管理服务；监理的服务性是由工程所处的外部环境特点决定的；监理工作需要监理工程师具有科学的工作态度和严谨的工作作风；工程监理维护社会公众利益和国家利益的使命决定了它必须提供科学性服务。

按照工程监理科学性要求，监理单位应当拥有足够数量的、业务素质合格的监理工程师，要有一套科学的管理制度，要掌握先进的监理理论、方法，要积累足够的技术、经济资料和数据，要拥有现代化的监理手段。

3. 独立性

独立是工程监理单位公平地实施监理的基本前提。独立性指的是不依附性，在组织上和经济上不能依附于监理工作的对象(如承包商、材料和设备的供货商等)，否则就不可能自主地履行其义务。为此，《建筑法》第三十四条规定，工程监理单位应当在其资质等级许可的监理范围内，承担工程监理业务。工程监理单位应当根据建设单位的委托，客观、公正地执行监理任务。工程监理单位与被监理工程的承包单位以及建筑材料、建筑构配件和设备供应单位不得有隶属关系或者其他利害关系。

4. 公正性

公正性是社会公认的监理工程师职业道德准则之一，是工程监理企业得以长期生存、发展的必然要求，也是监理活动正常和顺利开展的基本条件。《建设工程监理规范》(GB/T 50319－2013)明确要求，工程监理单位应公平、独立、诚信、科学地开展建设工程监理与相关服务活动。

《建设工程监理规范》

## 1.2.2 建设工程监理的内容

建设工程监理主要包括四个阶段的工作内容：施工准备阶段、施工阶段、竣工验收阶段和工程质量保修阶段。建设工程项目的全生命周期如图 1.2 所示。一般的监理合同以前三个阶段的工作内容为主，很少要求质量保修阶段进行监理的。具体工作内容如下：

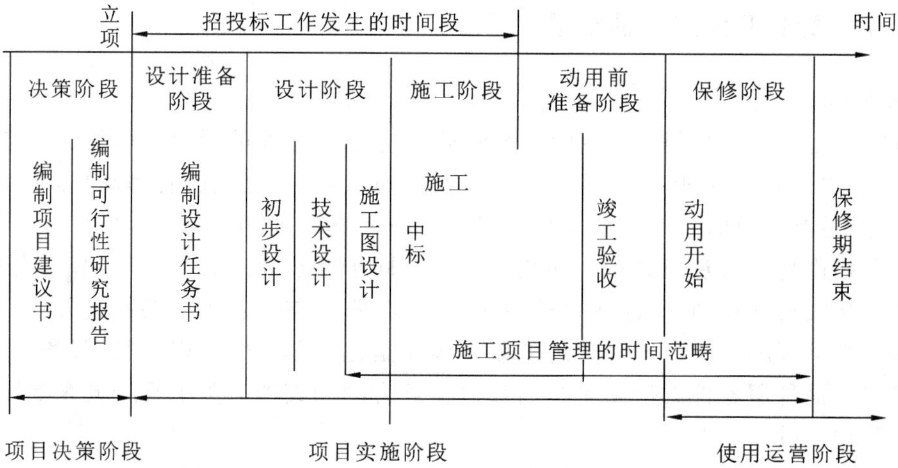


图 1.2 建设工程项目的全生命周期

1. 施工准备阶段的监理工作内容

(1) 施工前认真审阅工程设计图纸、设计说明，就工程设计图纸中的问题与建设单位及设计院工程师沟通，充分理解建设单位意图和设计思想，提出合理化建议，对工程功能及系统组成做到全面、深入的了解和掌握。

(2) 根据委托监理合同的约定积极参加工程施工招标工作，协助建设方选择有能力、有经验的承包商。

(3) 认真做好施工单位(特别是总承包商)的资质审查工作，包括人员、技术、施工设备，确保施工队伍素质与工程要求基本相适应。

(4) 认真审核施工组织设计(施工方案)、质量保证措施和安全技术措施、施工现场的布置、劳动力安排、工具材料准备、预制品和半成品的生产等,确保工程质量符合设计和规范与工程建设总进度。

(5) 协助建设方组织设计图纸会审工作,做好图纸设计交底,使总承包商及全体施工管理人员了解工程设计意图和要求。

(6) 督促总承包单位认真做好作业前的技术交底,使每个施工人员清楚各自工作的具体要求。

(7) 确认施工图纸的有效性。对设计变更、工艺变动、材料变更、设备选型等都要求办理相关手续。

(8) 对各专项系统的主要设备、器材,监理工程师要亲自监督校验调整,掌握系统设备的详细资料,消除隐患。

2. 施工阶段的监理工作内容

(1) 对专项系统及各分系统的重要部位,监理工程师要加强双控制检查。巡视和旁站相结合,确保工程质量。

(2) 监理工程师在巡视和检查中发现施工质量问题,可视质量问题的大小和轻重,以监理工作联系单和监理通知单的形式通知施工方、业主,并监督解决。

(3) 各系统的调试、试运转工作,要在监理工程师监督下进行,并按规范要求填写试验报告。

(4) 对承包单位报来的各项工程报验单、隐蔽单,监理工程师都要以施工图纸和规范及施工工艺设计要求认真审查,工程质量不符合要求未经监理工程师签字,不得进行下道工序施工。

(5) 整个施工过程,监理工程师对承包单位的质量保证体系、三检制度(自检、互检、交接班检)、三按制度(按图纸、按工艺、按标准施工)进行监督。

3. 竣工验收阶段的监理工作内容

(1) 对已完工程进行工程质量评估,并及时提供分部、单位工程质量评估报告及监理工作总结。

(2) 总监组织监理工程师根据规范和强制性标准条文对承包单位报送的完工工程的实物质量进行竣工预验收、竣工资料审查,并在存在的问题的整改结果复验合格的基础上,向建设方提出竣工验收的建议,协助建设方组织竣工验收。

4. 工程质量保修阶段的监理工作内容

工程质量保修阶段监理组根据监理合同约定,当建设方在使用中对工程质量提出异议或本监理公司在回访中发现影响使用的质量缺陷时,将派专人进行现场查验。其结果在保修范围内,则通知施工方进行保修。

### 1.2.3 建设工程监理的作用

建设单位的工程项目实现专业化、社会化管理在国外已有一百多年的历史,现在工程监理越来越显现出其强大的生命力,在提高投资的经济效益方面也发挥了重要的作用。在我国,工程监理实施的时间虽然不长,但已经发挥着越来越重要、明显的作用,为政府和社会所承认。全国各省、自治区、直辖市和国务院各部门建设工程项目已全面开展了监理工作。建设工程监理在工程建设中发挥着越来越重要、越来越明显的作用，受到了社会的广泛关注和普遍认可。建设工程监理的作用主要表现在以下四个方面。

1. 有利于提高建设工程投资决策科学化水平

实施全方位、全过程监理时，工程监理企业可协助建设单位选择适当的工程咨询机构，管理工程咨询合同的实施，并对咨询结果（如项目建议书、可行性研究报告）进行评估，提出有价值的修改意见和建议；或者直接从事工程咨询工作，为建设单位提供建设方案。工程监理企业参与或承担项目决策阶段的监理工作，有利于提高项目投资决策的科学化水平，避免项目投资决策失误，也为实现建设工程投资综合效益最大化打下良好的基础。

如何做好项目建议书？

2. 有利于规范工程建设参与各方的建设行为

首先需要政府对工程建设参与各方的建设行为进行全面的监督管理，这是最基本的约束，也是政府的主要职能之一。还要建立一种约束机制——建设工程监理制。建设工程监理制贯穿于工程建设的全过程，采用事前、事中和事后控制相结合的方式，一方面，可有效地规范各承建单位的建设行为，最大限度地避免不当建设行为的发生，或最大限度地减少其不良后果，这是约束机制的根本目的；另一方面，工程监理单位可以向建设单位提出适当的建议，从而避免发生建设单位的不当建设行为，起到一定的约束作用。工程监理企业首先必须规范自身的行为，并接受政府的监督管理。

3. 有利于促使承建单位保证建设工程质量和使用安全

在加强承建单位自身对工程质量进行管理的基础上，由工程监理企业介入建设工程生产过程的管理，对保证建设工程质量和使用安全有着重要作用。

4. 有利于实现建设工程投资效益和社会效益最大化

建设工程投资效益最大化有以下三种不同表现：

(1) 在满足建设工程预定功能和质量标准的前提下，建设投资额最少；

(2) 在满足建设工程预定功能和质量标准的前提下，建设工程寿命周期费用（或全寿命费用）最少；

(3) 建设工程本身的投资效益与环境、社会效益的综合效益最大化。

工程监理企业一般都能协助建设单位实现上述第一种表现，也能在一定程度上实现上述第二种和第三种表现。

## 1.3 建设工程监理的原则和基本任务

### 1.3.1 建设工程监理的原则

为确保建设工程监理工作的顺利实施，应遵循下列基本原则。

1. 坚持监理执业资质审核的原则

坚持监理执业资质审核的原则包含两层含义：一是从事监理的单位，都要经有关主管部门进行资质审查并取得《临时资质证书》或《资质等级证书》，没有证书的监理单位不得从事监理业务；取得证书的监理单位，必须依照资质等级规定或批准的监理范围承接监理业务，不得越级或者超越资质范围开展监理业务。二是凡以监理工程师名义从事监理业务的专业技术人员，必须是经过全国建设监理主管部门考核确认或经过全国统一考试合格取得资格证书并经注册得到《监理工程师岗位证书》的工程建设技术与管理人员。否则，不能以监理工程师名义从事监理相关业务。

2. 监理工程师必须坚持独立、公正、科学的原则

监理工程师必须在保证国家利益的前提下，为业主服务，维护业主的合法权益。监理工程师应遵照其职责，独立、公正地开展工作。为此，我国有关规定中吸收了国际通行的惯例和一些国际组织的公约，指出：监理单位的各级负责人和监理工程师，不得在政府机关或施工、设备制造、材料供应单位任职，不得是施工、设备制造和材料供应单位的合伙经营者或有经营隶属关系，不得承包施工和建筑材料销售业务。监理单位从事监理相关业务时，必须遵照守法、诚信、公正、科学的基本职业道德。

3. 监理项目实行总监理工程师全权负责的原则

总监理工程师是监理单位派出的履行委托监理合同的全权负责人。总监理工程师根据委托监理合同赋予的权限，全权负责整个监理事务，并领导项目监理工作组的其他监理工程师开展工作。监理工作组的其他监理工程师具体履行监理职责，并向总监理工程师负责。

4. 监理工程师实行有偿服务的原则

监理工程师的服务属于专业技术咨询服务类，其投入或消耗应该得到合理的补偿。我国的监理取费是采取确定最低保护价与最高限价的原则，具体标准由有关双方根据监理工作的深度来确定。监理单位与业主协商确定的监理酬金，应在委托监理合同中加以明确。

5. 权责一致的原则

监理工程师承担的职责应与业主授予的权限相一致。监理工程师的监理职权，依赖于业主的授权。这种权力的授予，除体现在业主与监理单位之间签订的委托监理合同之中，还应作为业主与承建单位之间建设工程合同的合同条件。因此，监理工程师在明确业主提出的监理目标和监理工作内容要求后，应与业主协商，明确相应的授权，达成共识后明确反映在委托监理合同中及建设工程合同中。据此，监理工程师才能开展监理活动。总监理工程师代表监理单位全面履行建设工程委托监理合同，承担合同中确定的监理方向业主方所承担的义务和责任。因此，在委托监理合同实施中，监理单位应给总监理工程师充分授权，体现权责一致的原则。

6. 监理单位应当坚持严格监理、竭诚服务的原则

一方面，监理工程师要严格按照有关法律、法规、规范、标准、建设文件和工程建设合同实施监理，严格把关，认真履行职责。另一方面，监理工程师应运用合理的技能，谨慎而勤奋地工作。由于业主一般不熟悉建设工程管理与技术业务，监理工程师应按照委托监理合同的要求多方位、多层次地为业主提供良好的服务，维护业主的正当权益，同时与被监理单位密切配合、友好合作，共同实现工程项目的总目标。

7. 建设工程监理实施过程中应坚持综合效益原则

在实施监理活动时既要考虑业主的经济效益，也要考虑社会效益和环境效益，并使它们有机统一起来。建设工程监理活动虽经业主的委托和授权才得以进行，但监理工程师应首先严格遵守国家的建设管理法律、法规、标准等，以高度负责的态度和责任感，既对业主负责，谋求最大的经济效益，又要对国家和社会负责，取得最佳的综合效益。只有在符合宏观经济效益、社会效益和环境效益的条件下，业主投资项目的微观经济效益才能得以实现。

8. 监理工程师应坚持实事求是的原则

监理工作中监理工程师应尊重事实，任何指令、判断都应有事实依据，有证明、检验、试验资料，以理服人，坚持实事求是的原则。

## 1.3.2 建设工程监理的基本任务

建设工程监理的主要任务是对建设项目进行投资控制、质量控制、进度控制、合同管理、信息管理、安全管理、组织协调等，简称“三控制、三管理、一协调”，中心任务是控制工程项目目标，即投资、进度和质量的目标。建设工程监理的基本任务如图 1.3 所示。

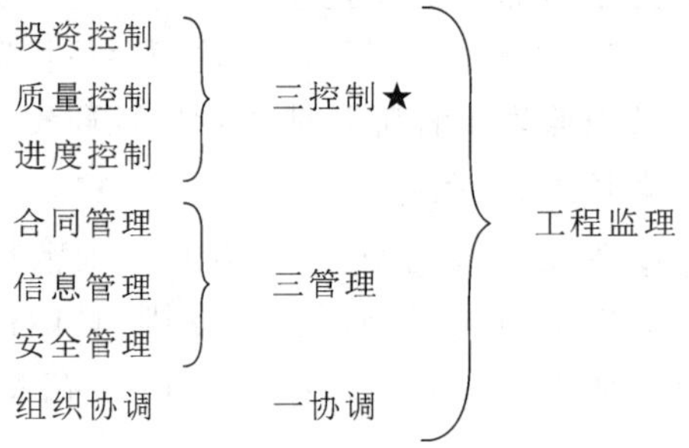


图 1.3 建设工程监理的基本任务

1. 投资控制

监理单位审核施工单位编制的工程项目各阶段及各年、季、月度资金使用计划并控制其执行；熟悉设计图纸、招标文件、合同价，分析合同价构成因素，找出工程费用最易突破的部分，从而明确投资控制的重点；预测工程风险及可能发生的索赔，制定防范性对策，一旦索赔事项发生，公正地进行处理；严格执行付款审核签证制度，严格履行计量与支付程序，及时审核签发付款证书。

2. 质量控制

在质量控制过程中，要做到“四不准”，即人力、材料、机械设备不足，不准开工；未经检查认可的材料，不准使用；未经批准的施工工艺在施工中不准采用；前一道工序或分项工程部位未经监理人员验收合格，下一道工序或另一分项工程不准施工。只有经质量检查合格的分期工程，才能够给予计量，从而支付工程款。

3. 进度控制

建设工程监理的进度控制一般包括以下内容：

(1) 审核施工单位编制的项目总进度计划及各年、季、月进度计划。

(2) 审核施工进度计划与施工方案的协调性和合理性。

(3) 审核施工单位提交的施工总平面布置图。

(4) 审定材料、构配件及设备的采购供应计划。

(5) 检查实际进度与计划进度的差异,并督促承包商采取一定措施保证进度。

4. 合同管理

合同管理对工程监理单位完成监理任务是非常重要的。工程监理单位在建设工程监理过程中的合同管理主要是根据建设工程委托监理合同的要求,对工程承包合同的签订、履行、变更和解除进行监督和检查,对合同双方的争议进行调解和处理,以保证合同的依法签订和全面履行。根据国外经验,合同管理产生的经济效益往往大于技术优化所产生的经济效益。一项工程合同,应当对参与建设项目各方的建设行为起控制作用,同时具体指导一项工程如何操作完成。所以,从这个意义上来讲,合同管理起着控制整个项目实施的作用。

5. 信息管理

信息管理对建设工程监理是十分重要的。信息管理是对信息的收集、整理、处理、储存、传递与应用等系列工作的总称,是实现项目目标的重要手段。

6. 安全管理

安全管理是指在工程项目实施过程中组织安全生产的全部管理活动。通过工程项目实施安全状态的管理,减少或消除不安全的行为和状态,使项目工期、质量和投资等目标的实现得到充分保障。

7. 组织协调

在工程项目实施过程中,存在大量的组织协调工作,项目法人和承包商之间由于各自的经济利益和对问题的不同理解,就会产生各种矛盾和冲突。在项目建设过程中,多部门、多单位以不同的方式为项目建设服务,难以避免地会发生各种冲突。因此,监理工程师及时、准确地做好协调工作,是建设项目顺利进行的重要保证。

## 1.4 建设工程监理相关的法律、法规

我国建设工程监理的相关法律法规初步框架已经基本形成,从《中华人民共和国建筑法》《中华人民共和国招标投标法》《建设工程勘察设计管理条例》《建设工程质量管理条例》和《建设工程安全生产管理条例》等法律法规,到《监理工程师资格考试和注册试行办法》《工程监理企业资质管理规定》和《建筑工程设计招标投标管理办法》等部门规章,以及《建设工程监理规范》等技术规范与《房屋建筑工程施工旁站监理管理办法(试行)》等规范性文件,形成了上下衔接的法律、法规体系,使得建设工程监理工作基本上做到有法可依,保障监理工作的规范化和监理行业的健康发展。

## 1.4.1 建设工程法律、法规、规章的制定机关和法律效力

1.建设工程法律

建设工程法律是指由全国人民代表大会及其常务委员会通过的规范工程建设活动的法律规范，由国家主席签署主席令予以公布。如《中华人民共和国建筑法》《中华人民共和国招标投标法》《中华人民共和国民法典》《中华人民共和国土地管理法》《中华人民共和国城乡规划法》《中华人民共和国城市房地产管理法》《中华人民共和国环境保护法》《中华人民共和国环境影响评价法》等。

2.建设工程行政法规

建设工程行政法规是指由国务院根据宪法和法律制定的规范工程建设活动的各项法规，由总理签署国务院令予以公布。如《建设工程质量管理条例》《建设工程安全生产管理条例》《建设工程勘察设计管理条例》《中华人民共和国土地管理法实施条例》等。

3.建设工程部门规章

建设工程部门规章是指住建部按照国务院规定的职权范围，独立或同国务院有关部门联合根据法律和国务院的行政法规、决定、命令，制定的规范工程建设活动的各项规章，属于住建部制定的由部长签署住建部令予以公布。如《监理工程师资格考试和注册试行办法》《工程监理企业资质管理规定》《建设工程监理范围和规模标准规定》《建筑工程设计招标投标管理办法》《房屋建筑和市政基础设施工程施工招标投标管理办法》等。

上述建设工程法律、行政法规及部门规章的效力是：法律的效力高于行政法规；行政法规的效力高于部门规章。

## 1.4.2 与监理相关的建设工程法律、行政法规及部门规章

《建筑法》

1.《建筑法》

《建筑法》第四章建筑工程监理规定：

第三十条 国家推行建筑工程监理制度。

国务院可以规定实行强制监理的建筑工程的范围。

第三十一条 实行监理的建筑工程，由建设单位委托具有相应资质条件的工程监理单位监理。建设单位与其委托的工程监理单位应当订立书面委托监理合同。

第三十二条 建筑工程监理应当依照法律、行政法规及有关的技术标准、设计文件和建筑工程承包合同，对承包单位在施工质量、建设工期和建设资金使用等方面，代表建设单位实施监督。

工程监理人员认为工程施工不符合工程设计要求、施工技术标准和合同约定的，有权要求建筑施工企业改正。

工程监理人员发现工程设计不符合建筑工程质量标准或者合同约定的质量要求的，应当报告建设单位要求设计单位改正。

第三十三条 实施建筑工程监理前，建设单位应当将委托的工程监理单位、监理的内容

及监理权限，书面通知被监理的建筑施工企业。

第三十四条　工程监理单位应当在其资质等级许可的监理范围内，承担工程监理业务。

工程监理单位应当根据建设单位的委托，客观、公正地执行监理任务。

工程监理单位与被监理工程的承包单位以及建筑材料、建筑构配件和设备供应单位不得有隶属关系或者其他利害关系。

工程监理单位不得转让工程监理业务。

第三十五条　工程监理单位不按照委托监理合同的约定履行监理义务，对应当监督检查的项目不检查或者不按照规定检查，给建设单位造成损失的，应当承担相应的赔偿责任。

工程监理单位与承包单位串通，为承包单位谋取非法利益，给建设单位造成损失的，应当与承包单位承担连带赔偿责任。

2.《民法典》

《民法典》第三编第十八章建设工程合同规定：

第七百九十六条　建设工程实行监理的，发包人应当与监理人采用书面形式订立委托监理合同。发包人与监理人的权利和义务以及法律责任，应当依照本编委托合同以及其他有关法律、行政法规的规定。

第七百九十七条　发包人在不妨碍承包人正常作业的情况下，可以随时对作业进度、质量进行检查。

《民法典》

第七百九十八条　隐蔽工程在隐蔽以前，承包人应当通知发包人检查。发包人没有及时检查的，承包人可以顺延工程日期，并有权请求赔偿停工、窝工等损失。

第七百九十九条　建设工程竣工后，发包人应当根据施工图纸及说明书、国家颁发的施工验收规范和质量检验标准及时进行验收。验收合格的，发包人应当按照约定支付价款，并接收该建设工程。

建设工程竣工经验收合格后，方可交付使用；未经验收或者验收不合格的，不得交付使用。

第八百条　勘察、设计的质量不符合要求或者未按照期限提交勘察、设计文件拖延工期，造成发包人损失的，勘察人、设计人应当继续完善勘察、设计，减收或者免收勘察、设计费并赔偿损失。

第八百零一条　因施工人的原因致使建设工程质量不符合约定的，发包人有权请求施工人在合理期限内无偿修理或者返工、改建。经过修理或者返工、改建后，造成逾期交付的，施工人应当承担违约责任。

第八百零二条　因承包人的原因致使建设工程在合理使用期限内造成人身损害和财产损失的，承包人应当承担赔偿责任。

第八百零三条　发包人未按照约定的时间和要求提供原材料、设备、场地、资金、技术资料的，承包人可以顺延工程日期，并有权请求赔偿停工、窝工等损失。

第八百零四条　因发包人的原因致使工程中途停建、缓建的，发包人应当采取措施弥补或者减少损失，赔偿承包人因此造成的停工、窝工、倒运、机械设备调迁、材料和构件积压等损失和实际费用。

第八百零五条　因发包人变更计划，提供的资料不准确，或者未按照期限提供必需的勘察、设计工作条件而造成勘察、设计的返工、停工或者修改设计，发包人应当按照勘察人、设计人实际消耗的工作量增付费用。

第八百零六条　承包人将建设工程转包、违法分包的，发包人可以解除合同。

发包人提供的主要建筑材料、建筑构配件和设备不符合强制性标准或者不履行协助义务，致使承包人无法施工，经催告后在合理期限内仍未履行相应义务的，承包人可以解除合同。

合同解除后，已经完成的建设工程质量合格的，发包人应当按照约定支付相应的工程价款；已经完成的建设工程质量不合格的，参照本法第七百九十三条的规定处理。

第八百零七条　发包人未按照约定支付价款的，承包人可以催告发包人在合理期限内支付价款。发包人逾期不支付的，除根据建设工程的性质不宜折价、拍卖外，承包人可以与发包人协议将该工程折价，也可以请求人民法院将该工程依法拍卖。建设工程的价款就该工程折价或者拍卖的价款优先受偿。

3.《招标投标法》

《中华人民共和国招标投标法》规定：

《招标投标法》　《招标投标法实施条例》

第三条 在中华人民共和国境内进行下列工程建设项目包括项目的勘察、设计、施工、监理以及与工程建设有关的重要设备、材料等的采购，必须进行招标：

（一）大型基础设施、公用事业等关系社会公共利益、公众安全的项目；

（二）全部或者部分使用国有资金投资或者国家融资的项目；

（三）使用国际组织或者外国政府贷款、援助资金的项目。

前款所列项目的具体范围和规模标准，由国务院发展计划部门会同国务院有关部门制订，报国务院批准。

法律或者国务院对必须进行招标的其他项目的范围有规定的，依照其规定。

第四条　任何单位和个人不得将依法必须进行招标的项目化整为零或者以其他任何方式规避招标。

第五条　招标投标活动应当遵循公开、公平、公正和诚实信用的原则。

第六条　依法必须进行招标的项目，其招标投标活动不受地区或者部门的限制。任何单位和个人不得违法限制或者排斥本地区、本系统以外的法人或者其他组织参加投标，不得以任何方式非法干涉招标投标活动。

第七条　招标投标活动及其当事人应当接受依法实施的监督。

有关行政监督部门依法对招标投标活动实施监督，依法查处招标投标活动中的违法行为。

对招标投标活动的行政监督及有关部门的具体职权划分，由国务院规定。

4.《安全生产法》

《中华人民共和国安全生产法》规定：

《安全生产法》

第二十一条　生产经营单位的主要负责人对本单位安全生产工作负有下列职责：

（一）建立健全并落实本单位全员安全生产责任制，加强安全生产标准化建设；

（二）组织制定并实施本单位安全生产规章制度和操作规程；

（三）组织制定并实施本单位安全生产教育和培训计划；

（四）保证本单位安全生产投入的有效实施；

（五）组织建立并落实安全风险分级管控和隐患排查治理双重预防工作机制，督促、检查本单位的安全生产工作，及时消除生产安全事故隐患；

（六）组织制定并实施本单位的生产安全事故应急救援预案；

（七）及时、如实报告生产安全事故。

第二十二条　生产经营单位的全员安全生产责任制应当明确各岗位的责任人员、责任范围和考核标准等内容。

生产经营单位应当建立相应的机制，加强对全员安全生产责任制落实情况的监督考核，保证全员安全生产责任制的落实。

第二十三条　生产经营单位应当具备的安全生产条件所必需的资金投入，由生产经营单位的决策机构、主要负责人或者个人经营的投资人予以保证，并对由于安全生产所必需的资金投入不足导致的后果承担责任。

有关生产经营单位应当按照规定提取和使用安全生产费用，专门用于改善安全生产条件。安全生产费用在成本中据实列支。安全生产费用提取、使用和监督管理的具体办法由国务院财政部门会同国务院应急管理部门征求国务院有关部门意见后制定。

第二十四条　矿山、金属冶炼、建筑施工、运输单位和危险物品的生产、经营、储存、装卸单位，应当设置安全生产管理机构或者配备专职安全生产管理人员。

前款规定以外的其他生产经营单位，从业人员超过一百人的，应当设置安全生产管理机构或者配备专职安全生产管理人员；从业人员在一百人以下的，应当配备专职或者兼职的安全生产管理人员。

第二十五条　生产经营单位的安全生产管理机构以及安全生产管理人员履行下列职责：

（一）组织或者参与拟订本单位安全生产规章制度、操作规程和生产安全事故应急救援预案；

（二）组织或者参与本单位安全生产教育和培训，如实记录安全生产教育和培训情况；

（三）组织开展危险源辨识和评估，督促落实本单位重大危险源的安全管理措施；

（四）组织或者参与本单位应急救援演练；

（五）检查本单位的安全生产状况，及时排查生产安全事故隐患，提出改进安全生产管理的建议；

（六）制止和纠正违章指挥、强令冒险作业、违反操作规程的行为；

（七）督促落实本单位安全生产整改措施。

生产经营单位可以设置专职安全生产分管负责人，协助本单位主要负责人履行安全生产管理职责。

第二十六条　生产经营单位的安全生产管理机构以及安全生产管理人员应当恪尽职守，依法履行职责。

生产经营单位作出涉及安全生产的经营决策，应当听取安全生产管理机构以及安全生产管理人员的意见。

生产经营单位不得因安全生产管理人员依法履行职责而降低其工资、福利等待遇或者解除与其订立的劳动合同。

危险物品的生产、储存单位以及矿山、金属冶炼单位的安全生产管理人员的任免，应当告知主管的负有安全生产监督管理职责的部门。

第二十七条　生产经营单位的主要负责人和安全生产管理人员必须具备与本单位所从事的生产经营活动相应的安全生产知识和管理能力。

危险物品的生产、经营、储存、装卸单位以及矿山、金属冶炼、建筑施工、运输单位的主要负责人和安全生产管理人员，应当由主管的负有安全生产监督管理职责的部门对其安全生产知识和管理能力考核合格。考核不得收费。

危险物品的生产、储存、装卸单位以及矿山、金属冶炼单位应当有注册安全工程师从事安全生产管理工作。鼓励其他生产经营单位聘用注册安全工程师从事安全生产管理工作。注册安全工程师按专业分类管理，具体办法由国务院人力资源和社会保障部门、国务院应急管理部门会同国务院有关部门制定。

第二十八条　生产经营单位应当对从业人员进行安全生产教育和培训，保证从业人员具备必要的安全生产知识，熟悉有关的安全生产规章制度和安全操作规程，掌握本岗位的安全操作技能，了解事故应急处理措施，知悉自身在安全生产方面的权利和义务。未经安全生产教育和培训合格的从业人员，不得上岗作业。

生产经营单位使用被派遣劳动者的，应当将被派遣劳动者纳入本单位从业人员统一管理，对被派遣劳动者进行岗位安全操作规程和安全操作技能的教育和培训。劳务派遣单位应当对被派遣劳动者进行必要的安全生产教育和培训。

生产经营单位接收中等职业学校、高等学校学生实习的，应当对实习学生进行相应的安全生产教育和培训，提供必要的劳动防护用品。学校应当协助生产经营单位对实习学生进行安全生产教育和培训。

生产经营单位应当建立安全生产教育和培训档案，如实记录安全生产教育和培训的时间、内容、参加人员以及考核结果等情况。

第二十九条　生产经营单位采用新工艺、新技术、新材料或者使用新设备，必须了解、掌握其安全技术特性，采取有效的安全防护措施，并对从业人员进行专门的安全生产教育和培训。

第三十条　生产经营单位的特种作业人员必须按照国家有关规定经专门的安全作业培训，取得相应资格，方可上岗作业。

特种作业人员的范围由国务院应急管理部门会同国务院有关部门确定。

第三十一条　生产经营单位新建、改建、扩建工程项目（以下统称建设项目）的安全设施，必须与主体工程同时设计、同时施工、同时投入生产和使用。安全设施投资应当纳入建设项目概算。

5.《建设工程质量管理条例》

《建设工程质量管理条例》规定：

第一条　为了加强对建设工程质量的管理，保证建设工程质量，保护人民生命和财产安全，根据《中华人民共和国建筑法》，制定本条例。

第二条　凡在中华人民共和国境内从事建设工程的新建、扩建、改建等有关活动及实施对建设工程质量监督管理的，必须遵守本条例。

本条例所称建设工程，是指土木工程、建筑工程、线路管道和设备安装工程及装修工程。

第三条　建设单位、勘察单位、设计单位、施工单位、工程监理单位依法对建设工程质量负责。

第四条　县级以上人民政府建设行政主管部门和其他有关部门应当加强对建设工程质量的监督管理。

第五条　从事建设工程活动，必须严格执行基本建设程序，坚持先勘察、后设计、再施工的原则。

县级以上人民政府及其有关部门不得超越权限审批建设项目或者擅自简化基本建设程序。

第六条　国家鼓励采用先进的科学技术和管理方法，提高建设工程质量。

第七条　建设单位应当将工程发包给具有相应资质等级的单位。

建设单位不得将建设工程肢解发包。

第八条　建设单位应当依法对工程建设项目的勘察、设计、施工、监理以及与工程建设有关的重要设备、材料等的采购进行招标。

第九条　建设单位必须向有关的勘察、设计、施工、工程监理等单位提供与建设工程有关的原始资料。

原始资料必须真实、准确、齐全。

第十条　建设工程发包单位不得迫使承包方以低于成本的价格竞标，不得任意压缩合理工期。

建设单位不得明示或者暗示设计单位或者施工单位违反工程建设强制性标准，降低建设工程质量。

第十一条　建设单位应当将施工图设计文件报县级以上人民政府建设行政主管部门或者其他有关部门审查。施工图设计文件审查的具体办法，由国务院建设行政主管部门会同国务院其他有关部门制定。

施工图设计文件未经审查批准的，不得使用。

第十二条　实行监理的建设工程，建设单位应当委托具有相应资质等级的工程监理单位进行监理，也可以委托具有工程监理相应资质等级并与被监理工程的施工承包单位没有隶属关系或者其他利害关系的该工程的设计单位进行监理。

下列建设工程必须实行监理：

（一）国家重点建设工程；

（二）大中型公用事业工程；

（三）成片开发建设的住宅小区工程；

（四）利用外国政府或者国际组织贷款、援助资金的工程；

（五）国家规定必须实行监理的其他工程。

第十三条　建设单位在领取施工许可证或者开工报告前，应当按照国家有关规定办理工程质量监督手续。

第十四条　按照合同约定，由建设单位采购建筑材料、建筑构配件和设备的，建设单位应当保证建筑材料、建筑构配件和设备符合设计文件和合同要求。

建设单位不得明示或者暗示施工单位使用不合格的建筑材料、建筑构配件和设备。

第十五条　涉及建筑主体和承重结构变动的装修工程，建设单位应当在施工前委托原设计单位或者具有相应资质等级的设计单位提出设计方案；没有设计方案的，不得施工。

房屋建筑使用者在装修过程中，不得擅自变动房屋建筑主体和承重结构。

第十六条　建设单位收到建设工程竣工报告后，应当组织设计、施工、工程监理等有关单位进行竣工验收。

建设工程竣工验收应当具备下列条件：

（一）完成建设工程设计和合同约定的各项内容；

（二）有完整的技术档案和施工管理资料；

（三）有工程使用的主要建筑材料、建筑构配件和设备的进场试验报告；

（四）有勘察、设计、施工、工程监理等单位分别签署的质量合格文件；

（五）有施工单位签署的工程保修书。

建设工程经验收合格的，方可交付使用。

第十七条　建设单位应当严格按照国家有关档案管理的规定，及时收集、整理建设项目各环节的文件资料，建立、健全建设项目档案，并在建设工程竣工验收后，及时向建设行政主管部门或者其他有关部门移交建设项目档案。

第十八条　从事建设工程勘察、设计的单位应当依法取得相应等级的资质证书，并在其资质等级许可的范围内承揽工程。

禁止勘察、设计单位超越其资质等级许可的范围或者以其他勘察、设计单位的名义承揽工程。禁止勘察、设计单位允许其他单位或者个人以本单位的名义承揽工程。

勘察、设计单位不得转包或者违法分包所承揽的工程。

第十九条　勘察、设计单位必须按照工程建设强制性标准进行勘察、设计，并对其勘察、设计的质量负责。

注册建筑师、注册结构工程师等注册执业人员应当在设计文件上签字，对设计文件负责。

第二十条　勘察单位提供的地质、测量、水文等勘察成果必须真实、准确。

第二十一条　设计单位应当根据勘察成果文件进行建设工程设计。

设计文件应当符合国家规定的设计深度要求，注明工程合理使用年限。

第二十二条　设计单位在设计文件中选用的建筑材料、建筑构配件和设备，应当注明规格、型号、性能等技术指标，其质量要求必须符合国家规定的标准。

除有特殊要求的建筑材料、专用设备、工艺生产线等外，设计单位不得指定生产厂、供应商。

第二十三条　设计单位应当就审查合格的施工图设计文件向施工单位作出详细说明。

第二十四条　设计单位应当参与建设工程质量事故分析，并对因设计造成的质量事故，提出相应的技术处理方案。

第二十五条　施工单位应当依法取得相应等级的资质证书，并在其资质等级许可的范围内承揽工程。

禁止施工单位超越本单位资质等级许可的业务范围或者以其他施工单位的名义承揽工程。禁止施工单位允许其他单位或者个人以本单位的名义承揽工程。

施工单位不得转包或者违法分包工程。

第二十六条　施工单位对建设工程的施工质量负责。

施工单位应当建立质量责任制，确定工程项目的项目经理、技术负责人和施工管理负责人。

建设工程实行总承包的，总承包单位应当对全部建设工程质量负责；建设工程勘察、设计、施工、设备采购的一项或者多项实行总承包的，总承包单位应当对其承包的建设工程或者采购的设备的质量负责。

第二十七条　总承包单位依法将建设工程分包给其他单位的，分包单位应当按照分包合同的约定对其分包工程的质量向总承包单位负责，总承包单位与分包单位对分包工程的质量承担连带责任。

第二十八条　施工单位必须按照工程设计图纸和施工技术标准施工，不得擅自修改工程设计，不得偷工减料。

施工单位在施工过程中发现设计文件和图纸有差错的，应当及时提出意见和建议。

第二十九条　施工单位必须按照工程设计要求、施工技术标准和合同约定，对建筑材料、建筑构配件、设备和商品混凝土进行检验，检验应当有书面记录和专人签字；未经检验或者检验不合格的，不得使用。

第三十条　施工单位必须建立、健全施工质量的检验制度，严格工序管理，作好隐蔽工程的质量检查和记录。隐蔽工程在隐蔽前，施工单位应当通知建设单位和建设工程质量监督机构。

第三十一条　施工人员对涉及结构安全的试块、试件以及有关材料，应当在建设单位或者工程监理单位监督下现场取样，并送具有相应资质等级的质量检测单位进行检测。

第三十二条　施工单位对施工中出现质量问题的建设工程或者竣工验收不合格的建设工程，应当负责返修。

第三十三条　施工单位应当建立、健全教育培训制度，加强对职工的教育培训；未经教育培训或者考核不合格的人员，不得上岗作业。

第三十四条　工程监理单位应当依法取得相应等级的资质证书，并在其资质等级许可的范围内承担工程监理业务。

禁止工程监理单位超越本单位资质等级许可的范围或者以其他工程监理单位的名义承担工程监理业务。禁止工程监理单位允许其他单位或者个人以本单位的名义承担工程监理业务。

工程监理单位不得转让工程监理业务。

第三十五条　工程监理单位与被监理工程的施工承包单位以及建筑材料、建筑构配件和设备供应单位有隶属关系或者其他利害关系的，不得承担该项建设工程的监理业务。

第三十六条　工程监理单位应当依照法律、法规以及有关技术标准、设计文件和建设工程承包合同，代表建设单位对施工质量实施监理，并对施工质量承担监理责任。

第三十七条　工程监理单位应当选派具备相应资格的总监理工程师和监理工程师进驻施工现场。

未经监理工程师签字，建筑材料、建筑构配件和设备不得在工程上使用或者安装，施工单位不得进行下一道工序的施工。未经总监理工程师签字，建设单位不拨付工程款，不进行竣工验收。

第三十八条　监理工程师应当按照工程监理规范的要求，采取旁站、巡视和平行检验等形式，对建设工程实施监理。

第三十九条　建设工程实行质量保修制度。

建设工程承包单位在向建设单位提交工程竣工验收报告时，应当向建设单位出具质量保修书。质量保修书中应当明确建设工程的保修范围、保修期限和保修责任等。

第四十条　在正常使用条件下，建设工程的最低保修期限为：

（一）基础设施工程、房屋建筑的地基基础工程和主体结构工程，为设计文件规定的该工程的合理使用年限；

（二）屋面防水工程、有防水要求的卫生间、房间和外墙面的防渗漏，为5年；

（三）供热与供冷系统，为2个采暖期、供冷期；

（四）电气管线、给排水管道、设备安装和装修工程，为2年。

其他项目的保修期限由发包方与承包方约定。

建设工程的保修期，自竣工验收合格之日起计算。

第四十一条　建设工程在保修范围和保修期限内发生质量问题的，施工单位应当履行保修义务，并对造成的损失承担赔偿责任。

第四十二条　建设工程在超过合理使用年限后需要继续使用的，产权所有人应当委托具有相应资质等级的勘察、设计单位鉴定，并根据鉴定结果采取加固、维修等措施，重新界定使用期。

第四十三条　国家实行建设工程质量监督管理制度。

国务院建设行政主管部门对全国的建设工程质量实施统一监督管理。国务院铁路、交通、水利等有关部门按照国务院规定的职责分工，负责对全国的有关专业建设工程质量的监督管理。

县级以上地方人民政府建设行政主管部门对本行政区域内的建设工程质量实施监督管理。县级以上地方人民政府交通、水利等有关部门在各自的职责范围内，负责对本行政区域内的专业建设工程质量的监督管理。

第四十四条　国务院建设行政主管部门和国务院铁路、交通、水利等有关部门应当加强对有关建设工程质量的法律、法规和强制性标准执行情况的监督检查。

第四十五条　国务院发展计划部门按照国务院规定的职责，组织稽察特派员，对国家出资的重大建设项目实施监督检查。

国务院经济贸易主管部门按照国务院规定的职责，对国家重大技术改造项目实施监督检查。

第四十六条　建设工程质量监督管理，可以由建设行政主管部门或者其他有关部门委托的建设工程质量监督机构具体实施。

从事房屋建筑工程和市政基础设施工程质量监督的机构，必须按照国家有关规定经国务院建设行政主管部门或者省、自治区、直辖市人民政府建设行政主管部门考核；从事专业建设工程质量监督的机构，必须按照国家有关规定经国务院有关部门或者省、自治区、直辖市人民政府有关部门考核。经考核合格后，方可实施质量监督。

第四十七条　县级以上地方人民政府建设行政主管部门和其他有关部门应当加强对有关建设工程质量的法律、法规和强制性标准执行情况的监督检查。

第四十八条　县级以上人民政府建设行政主管部门和其他有关部门履行监督检查职责时，有权采取下列措施：

（一）要求被检查的单位提供有关工程质量的文件和资料；

（二）进入被检查单位的施工现场进行检查；

（三）发现有影响工程质量的问题时，责令改正。

第四十九条　建设单位应当自建设工程竣工验收合格之日起15日内，将建设工程竣工验收报告和规划、公安消防、环保等部门出具的认可文件或者准许使用文件报建设行政主管部门或者其他有关部门备案。

建设行政主管部门或者其他有关部门发现建设单位在竣工验收过程中有违反国家有关建设工程质量管理规定行为的，责令停止使用，重新组织竣工验收。

第五十条　有关单位和个人对县级以上人民政府建设行政主管部门和其他有关部门进行的监督检查应当支持与配合，不得拒绝或者阻碍建设工程质量监督检查人员依法执行职务。

第五十一条　供水、供电、供气、公安消防等部门或者单位不得明示或者暗示建设单位、施工单位购买其指定的生产供应单位的建筑材料、建筑构配件和设备。

第五十二条　建设工程发生质量事故，有关单位应当在24小时内向当地建设行政主管部门和其他有关部门报告。对重大质量事故，事故发生地的建设行政主管部门和其他有关部门应当按照事故类别和等级向当地人民政府和上级建设行政主管部门和其他有关部门报告。

特别重大质量事故的调查程序按照国务院有关规定办理。

第五十三条　任何单位和个人对建设工程的质量事故、质量缺陷都有权检举、控告、投诉。

第五十四条　违反本条例规定，建设单位将建设工程发包给不具有相应资质等级的勘察、设计、施工单位或者委托给不具有相应资质等级的工程监理单位的，责令改正，处50万元以上100万元以下的罚款。

第五十五条　违反本条例规定，建设单位将建设工程肢解发包的，责令改正，处工程合同价款百分之零点五以上百分之一以下的罚款；对全部或者部分使用国有资金的项目，并可以暂停项目执行或者暂停资金拨付。

第五十六条　违反本条例规定，建设单位有下列行为之一的，责令改正，处20万元以上50万元以下的罚款：

（一）迫使承包方以低于成本的价格竞标的；

（二）任意压缩合理工期的；

（三）明示或者暗示设计单位或者施工单位违反工程建设强制性标准，降低工程质量的；

（四）施工图设计文件未经审查或者审查不合格，擅自施工的；

（五）建设项目必须实行工程监理而未实行工程监理的；

（六）未按照国家规定办理工程质量监督手续的；

（七）明示或者暗示施工单位使用不合格的建筑材料、建筑构配件和设备的；

（八）未按照国家规定将竣工验收报告、有关认可文件或者准许使用文件报送备案的。

第五十七条　违反本条例规定，建设单位未取得施工许可证或者开工报告未经批准，擅自施工的，责令停止施工，限期改正，处工程合同价款百分之一以上百分之二以下的罚款。

第五十八条　违反本条例规定，建设单位有下列行为之一的，责令改正，处工程合同价款百分之二以上百分之四以下的罚款；造成损失的，依法承担赔偿责任：

（一）未组织竣工验收，擅自交付使用的；

（二）验收不合格，擅自交付使用的；

（三）对不合格的建设工程按照合格工程验收的。

第五十九条　违反本条例规定，建设工程竣工验收后，建设单位未向建设行政主管部门或者其他有关部门移交建设项目档案的，责令改正，处1万元以上10万元以下的罚款。

第六十条　违反本条例规定，勘察、设计、施工、工程监理单位超越本单位资质等级承揽工程的，责令停止违法行为，对勘察、设计单位或者工程监理单位处合同约定的勘察费、设计费或者监理酬金1倍以上2倍以下的罚款；对施工单位处工程合同价款百分之二以上百分之四以下的罚款，可以责令停业整顿，降低资质等级；情节严重的，吊销资质证书；有违法所得的，予以没收。

未取得资质证书承揽工程的，予以取缔，依照前款规定处以罚款；有违法所得的，予以没收。以欺骗手段取得资质证书承揽工程的，吊销资质证书，依照本条第一款规定处以罚款；有违法所得的，予以没收。

第六十一条　违反本条例规定，勘察、设计、施工、工程监理单位允许其他单位或者个人以本单位名义承揽工程的，责令改正，没收违法所得，对勘察、设计单位和工程监理单位处合同约定的勘察费、设计费和监理酬金1倍以上2倍以下的罚款；对施工单位处工程合同价款百分之二以上百分之四以下的罚款；可以责令停业整顿，降低资质等级；情节严重的，吊销资质证书。

第六十二条　违反本条例规定，承包单位将承包的工程转包或者违法分包的，责令改正，没收违法所得，对勘察、设计单位处合同约定的勘察费、设计费百分之二十五以上百分之五十以下的罚款；对施工单位处工程合同价款百分之零点五以上百分之一以下的罚款；可以责令停业整顿，降低资质等级；情节严重的，吊销资质证书。

工程监理单位转让工程监理业务的，责令改正，没收违法所得，处合同约定的监理酬金百分之二十五以上百分之五十以下的罚款；可以责令停业整顿，降低资质等级；情节严重的，吊销资质证书。

第六十三条　违反本条例规定，有下列行为之一的，责令改正，处10万元以上30万元以下的罚款：

（一）勘察单位未按照工程建设强制性标准进行勘察的；

（二）设计单位未根据勘察成果文件进行工程设计的；

（三）设计单位指定建筑材料、建筑构配件的生产厂、供应商的；

（四）设计单位未按照工程建设强制性标准进行设计的。

有前款所列行为，造成工程质量事故的，责令停业整顿，降低资质等级；情节严重的，吊销资质证书；造成损失的，依法承担赔偿责任。

第六十四条　违反本条例规定，施工单位在施工中偷工减料的，使用不合格的建筑材料、建筑构配件和设备的，或者有不按照工程设计图纸或者施工技术标准施工的其他行为的，责令改正，处工程合同价款百分之二以上百分之四以下的罚款；造成建设工程质量不符合规定的质量标准的，负责返工、修理，并赔偿因此造成的损失；情节严重的，责令停业整顿，降低资质等级或者吊销资质证书。

第六十五条　违反本条例规定，施工单位未对建筑材料、建筑构配件、设备和商品混凝土进行检验，或者未对涉及结构安全的试块、试件以及有关材料取样检测的，责令改正，处10万元以上20万元以下的罚款；情节严重的，责令停业整顿，降低资质等级或者吊销资质证书；造成损失的，依法承担赔偿责任。

第六十六条　违反本条例规定，施工单位不履行保修义务或者拖延履行保修义务的，责令改正，处10万元以上20万元以下的罚款，并对在保修期内因质量缺陷造成的损失承担赔偿责任。

第六十七条　工程监理单位有下列行为之一的，责令改正，处50万元以上100万元以下的罚款，降低资质等级或者吊销资质证书；有违法所得的，予以没收；造成损失的，承担连带赔偿责任：

（一）与建设单位或者施工单位串通，弄虚作假、降低工程质量的；

（二）将不合格的建设工程、建筑材料、建筑构配件和设备按照合格签字的。

第六十八条　违反本条例规定，工程监理单位与被监理工程的施工承包单位以及建筑材料、建筑构配件和设备供应单位有隶属关系或者其他利害关系承担该项建设工程的监理业务的，责令改正，处5万元以上10万元以下的罚款，降低资质等级或者吊销资质证书；有违法所得的，予以没收。

第六十九条　违反本条例规定，涉及建筑主体或者承重结构变动的装修工程，没有设计方案擅自施工的，责令改正，处50万元以上100万元以下的罚款；房屋建筑使用者在装修过程中擅自变动房屋建筑主体和承重结构的，责令改正，处5万元以上10万元以下的罚款。

有前款所列行为，造成损失的，依法承担赔偿责任。

第七十条　发生重大工程质量事故隐瞒不报、谎报或者拖延报告期限的，对直接负责的主管人员和其他责任人员依法给予行政处分。

第七十一条　违反本条例规定，供水、供电、供气、公安消防等部门或者单位明示或者暗示建设单位或者施工单位购买其指定的生产供应单位的建筑材料、建筑构配件和设备的，责令改正。

第七十二条　违反本条例规定，注册建筑师、注册结构工程师、监理工程师等注册执业人员因过错造成质量事故的，责令停止执业1年；造成重大质量事故的，吊销执业资格证书，5年以内不予注册；情节特别恶劣的，终身不予注册。

第七十三条　依照本条例规定，给予单位罚款处罚的，对单位直接负责的主管人员和其他直接责任人员处单位罚款数额百分之五以上百分之十以下的罚款。

第七十四条　建设单位、设计单位、施工单位、工程监理单位违反国家规定，降低工程质量标准，造成重大安全事故，构成犯罪的，对直接责任人员依法追究刑事责任。

第七十五条　本条例规定的责令停业整顿，降低资质等级和吊销资质证书的行政处罚，由颁发资质证书的机关决定；其他行政处罚，由建设行政主管部门或者其他有关部门依照法定职权决定。

依照本条例规定被吊销资质证书的，由工商行政管理部门吊销其营业执照。

第七十六条　国家机关工作人员在建设工程质量监督管理工作中玩忽职守、滥用职权、徇私舞弊，构成犯罪的，依法追究刑事责任；尚不构成犯罪的，依法给予行政处分。

第七十七条　建设、勘察、设计、施工、工程监理单位的工作人员因调动工作、退休等原因离开该单位后，被发现在该单位工作期间违反国家有关建设工程质量管理规定，造成重大工程质量事故的，仍应当依法追究法律责任。

第七十八条　本条例所称肢解发包，是指建设单位将应当由一个承包单位完成的建设工程分解成若干部分发包给不同的承包单位的行为。

本条例所称违法分包，是指下列行为：

（一）总承包单位将建设工程分包给不具备相应资质条件的单位的；

（二）建设工程总承包合同中未有约定，又未经建设单位认可，承包单位将其承包的部分建设工程交由其他单位完成的；

（三）施工总承包单位将建设工程主体结构的施工分包给其他单位的；

(四)分包单位将其承包的建设工程再分包的。

本条例所称转包,是指承包单位承包建设工程后,不履行合同约定的责任和义务,将其承包的全部建设工程转给他人或者将其承包的全部建设工程肢解以后以分包的名义分别转给其他单位承包的行为。

第七十九条　本条例规定的罚款和没收的违法所得,必须全部上缴国库。

第八十条　抢险救灾及其他临时性房屋建筑和农民自建低层住宅的建设活动,不适用本条例。

第八十一条　军事建设工程的管理,按照中央军事委员会的有关规定执行。

6.《建设工程安全生产管理条例》

《建设工程安全生产管理条例》规定:

《建设工程安全生产管理条例》

第一条　为了加强建设工程安全生产监督管理,保障人民群众生命和财产安全,根据《中华人民共和国建筑法》、《中华人民共和国安全生产法》,制定本条例。

第二条　在中华人民共和国境内从事建设工程的新建、扩建、改建和拆除等有关活动及实施对建设工程安全生产的监督管理,必须遵守本条例。

本条例所称建设工程,是指土木工程、建筑工程、线路管道和设备安装工程及装修工程。

第三条　建设工程安全生产管理,坚持安全第一、预防为主的方针。

第四条　建设单位、勘察单位、设计单位、施工单位、工程监理单位及其他与建设工程安全生产有关的单位,必须遵守安全生产法律、法规的规定,保证建设工程安全生产,依法承担建设工程安全生产责任。

第五条　国家鼓励建设工程安全生产的科学技术研究和先进技术的推广应用,推进建设工程安全生产的科学管理。

第六条　建设单位应当向施工单位提供施工现场及毗邻区域内供水、排水、供电、供气、供热、通信、广播电视等地下管线资料,气象和水文观测资料,相邻建筑物和构筑物、地下工程的有关资料,并保证资料的真实、准确、完整。

建设单位因建设工程需要,向有关部门或者单位查询前款规定的资料时,有关部门或者单位应当及时提供。

第七条　建设单位不得对勘察、设计、施工、工程监理等单位提出不符合建设工程安全生产法律、法规和强制性标准规定的要求,不得压缩合同约定的工期。

第八条　建设单位在编制工程概算时,应当确定建设工程安全作业环境及安全施工措施所需费用。

第九条　建设单位不得明示或者暗示施工单位购买、租赁、使用不符合安全施工要求的安全防护用具、机械设备、施工机具及配件、消防设施和器材。

第十条　建设单位在申请领取施工许可证时,应当提供建设工程有关安全施工措施的资料。

依法批准开工报告的建设工程,建设单位应当自开工报告批准之日起 15 日内,将保证安全施工的措施报送建设工程所在地的县级以上地方人民政府建设行政主管部门或者其他有关部门备案。

第十一条　建设单位应当将拆除工程发包给具有相应资质等级的施工单位。

建设单位应当在拆除工程施工 15 日前,将下列资料报送建设工程所在地的县级以上地方人民政府建设行政主管部门或者其他有关部门备案：

（一）施工单位资质等级证明；

（二）拟拆除建筑物、构筑物及可能危及毗邻建筑的说明；

（三）拆除施工组织方案；

（四）堆放、清除废弃物的措施。

实施爆破作业的，应当遵守国家有关民用爆炸物品管理的规定。

第十二条　勘察单位应当按照法律、法规和工程建设强制性标准进行勘察，提供的勘察文件应当真实、准确，满足建设工程安全生产的需要。

勘察单位在勘察作业时，应当严格执行操作规程，采取措施保证各类管线、设施和周边建筑物、构筑物的安全。

第十三条　设计单位应当按照法律、法规和工程建设强制性标准进行设计，防止因设计不合理导致生产安全事故的发生。

设计单位应当考虑施工安全操作和防护的需要，对涉及施工安全的重点部位和环节在设计文件中注明，并对防范生产安全事故提出指导意见。

采用新结构、新材料、新工艺的建设工程和特殊结构的建设工程，设计单位应当在设计中提出保障施工作业人员安全和预防生产安全事故的措施建议。

设计单位和注册建筑师等注册执业人员应当对其设计负责。

第十四条　工程监理单位应当审查施工组织设计中的安全技术措施或者专项施工方案是否符合工程建设强制性标准。

工程监理单位在实施监理过程中，发现存在安全事故隐患的，应当要求施工单位整改；情况严重的，应当要求施工单位暂时停止施工，并及时报告建设单位。施工单位拒不整改或者不停止施工的，工程监理单位应当及时向有关主管部门报告。

工程监理单位和监理工程师应当按照法律、法规和工程建设强制性标准实施监理，并对建设工程安全生产承担监理责任。

第十五条　为建设工程提供机械设备和配件的单位，应当按照安全施工的要求配备齐全有效的保险、限位等安全设施和装置。

第十六条　出租的机械设备和施工机具及配件，应当具有生产（制造）许可证、产品合格证。

出租单位应当对出租的机械设备和施工机具及配件的安全性能进行检测，在签订租赁协议时，应当出具检测合格证明。

禁止出租检测不合格的机械设备和施工机具及配件。

第十七条　在施工现场安装、拆卸施工起重机械和整体提升脚手架、模板等自升式架设设施，必须由具有相应资质的单位承担。

安装、拆卸施工起重机械和整体提升脚手架、模板等自升式架设设施，应当编制拆装方案、制定安全施工措施，并由专业技术人员现场监督。

施工起重机械和整体提升脚手架、模板等自升式架设设施安装完毕后，安装单位应当自检，出具自检合格证明，并向施工单位进行安全使用说明，办理验收手续并签字。

第十八条　施工起重机械和整体提升脚手架、模板等自升式架设设施的使用达到国家规定的检验检测期限的，必须经具有专业资质的检验检测机构检测。经检测不合格的，不得继续使用。

第十九条　检验检测机构对检测合格的施工起重机械和整体提升脚手架、模板等自升式架设设施，应当出具安全合格证明文件，并对检测结果负责。

第二十条　施工单位从事建设工程的新建、扩建、改建和拆除等活动，应当具备国家规定的注册资本、专业技术人员、技术装备和安全生产等条件，依法取得相应等级的资质证书，并在其资质等级许可的范围内承揽工程。

第二十一条　施工单位主要负责人依法对本单位的安全生产工作全面负责。施工单位应当建立健全安全生产责任制度和安全生产教育培训制度，制定安全生产规章制度和操作规程，保证本单位安全生产条件所需资金的投入，对所承担的建设工程进行定期和专项安全检查，并做好安全检查记录。

施工单位的项目负责人应当由取得相应执业资格的人员担任，对建设工程项目的安全施工负责，落实安全生产责任制度、安全生产规章制度和操作规程，确保安全生产费用的有效使用，并根据工程的特点组织制定安全施工措施，消除安全事故隐患，及时、如实报告生产安全事故。

第二十二条　施工单位对列入建设工程概算的安全作业环境及安全施工措施所需费用，应当用于施工安全防护用具及设施的采购和更新、安全施工措施的落实、安全生产条件的改善，不得挪作他用。

第二十三条　施工单位应当设立安全生产管理机构，配备专职安全生产管理人员。

专职安全生产管理人员负责对安全生产进行现场监督检查。发现安全事故隐患，应当及时向项目负责人和安全生产管理机构报告；对违章指挥、违章操作的，应当立即制止。

专职安全生产管理人员的配备办法由国务院建设行政主管部门会同国务院其他有关部门制定。

第二十四条　建设工程实行施工总承包的，由总承包单位对施工现场的安全生产负总责。

总承包单位应当自行完成建设工程主体结构的施工。

总承包单位依法将建设工程分包给其他单位的，分包合同中应当明确各自的安全生产方面的权利、义务。总承包单位和分包单位对分包工程的安全生产承担连带责任。

分包单位应当服从总承包单位的安全生产管理，分包单位不服从管理导致生产安全事故的，由分包单位承担主要责任。

第二十五条　垂直运输机械作业人员、安装拆卸工、爆破作业人员、起重信号工、登高架设作业人员等特种作业人员，必须按照国家有关规定经过专门的安全作业培训，并取得特种作业操作资格证书后，方可上岗作业。

第二十六条　施工单位应当在施工组织设计中编制安全技术措施和施工现场临时用电方案，对下列达到一定规模的危险性较大的分部分项工程编制专项施工方案，并附具安全验算结果，经施工单位技术负责人、总监理工程师签字后实施，由专职安全生产管理人员进行现场监督：

（一）基坑支护与降水工程；

（二）土方开挖工程；

（三）模板工程；

（四）起重吊装工程；

（五）脚手架工程；

（六）拆除、爆破工程；

（七）国务院建设行政主管部门或者其他有关部门规定的其他危险性较大的工程。

对前款所列工程中涉及深基坑、地下暗挖工程、高大模板工程的专项施工方案，施工单位还应当组织专家进行论证、审查。

本条第一款规定的达到一定规模的危险性较大工程的标准，由国务院建设行政主管部门会同国务院其他有关部门制定。

第二十七条　建设工程施工前，施工单位负责项目管理的技术人员应当对有关安全施工的技术要求向施工作业班组、作业人员作出详细说明，并由双方签字确认。

第二十八条　施工单位应当在施工现场入口处、施工起重机械、临时用电设施、脚手架、出入通道口、楼梯口、电梯井口、孔洞口、桥梁口、隧道口、基坑边沿、爆破物及有害危险气体和液体存放处等危险部位，设置明显的安全警示标志。安全警示标志必须符合国家标准。

施工单位应当根据不同施工阶段和周围环境及季节、气候的变化，在施工现场采取相应的安全施工措施。施工现场暂时停止施工的，施工单位应当做好现场防护，所需费用由责任方承担，或者按照合同约定执行。

第二十九条　施工单位应当将施工现场的办公、生活区与作业区分开设置，并保持安全距离；办公、生活区的选址应当符合安全性要求。职工的膳食、饮水、休息场所等应当符合卫生标准。施工单位不得在尚未竣工的建筑物内设置员工集体宿舍。

施工现场临时搭建的建筑物应当符合安全使用要求。施工现场使用的装配式活动房屋应当具有产品合格证。

第三十条　施工单位对因建设工程施工可能造成损害的毗邻建筑物、构筑物和地下管线等，应当采取专项防护措施。

施工单位应当遵守有关环境保护法律、法规的规定，在施工现场采取措施，防止或者减少粉尘、废气、废水、固体废物、噪声、振动和施工照明对人和环境的危害和污染。

在城市市区内的建设工程，施工单位应当对施工现场实行封闭围挡。

第三十一条　施工单位应当在施工现场建立消防安全责任制度，确定消防安全责任人，制定用火、用电、使用易燃易爆材料等各项消防安全管理制度和操作规程，设置消防通道、消防水源，配备消防设施和灭火器材，并在施工现场入口处设置明显标志。

第三十二条　施工单位应当向作业人员提供安全防护用具和安全防护服装，并书面告知危险岗位的操作规程和违章操作的危害。

作业人员有权对施工现场的作业条件、作业程序和作业方式中存在的安全问题提出批评、检举和控告，有权拒绝违章指挥和强令冒险作业。

在施工中发生危及人身安全的紧急情况时，作业人员有权立即停止作业或者在采取必要的应急措施后撤离危险区域。

第三十三条　作业人员应当遵守安全施工的强制性标准、规章制度和操作规程，正确使用安全防护用具、机械设备等。

第三十四条　施工单位采购、租赁的安全防护用具、机械设备、施工机具及配件，应当具有生产（制造）许可证、产品合格证，并在进入施工现场前进行查验。

施工现场的安全防护用具、机械设备、施工机具及配件必须由专人管理，定期进行检查、维修和保养，建立相应的资料档案，并按照国家有关规定及时报废。

第三十五条　施工单位在使用施工起重机械和整体提升脚手架、模板等自升式架设设施前，应当组织有关单位进行验收，也可以委托具有相应资质的检验检测机构进行验收；使用承租的机械设备和施工机具及配件的，由施工总承包单位、分包单位、出租单位和安装单位共同进行验收。验收合格的方可使用。

《特种设备安全监察条例》规定的施工起重机械，在验收前应当经有相应资质的检验检测机构监督检验合格。

施工单位应当自施工起重机械和整体提升脚手架、模板等自升式架设设施验收合格之日起 30 日内，向建设行政主管部门或者其他有关部门登记。登记标志应当置于或者附着于该设备的显著位置。

第三十六条　施工单位的主要负责人、项目负责人、专职安全生产管理人员应当经建设行政主管部门或者其他有关部门考核合格后方可任职。

施工单位应当对管理人员和作业人员每年至少进行一次安全生产教育培训，其教育培训情况记入个人工作档案。安全生产教育培训考核不合格的人员，不得上岗。

第三十七条　作业人员进入新的岗位或者新的施工现场前，应当接受安全生产教育培训。未经教育培训或者教育培训考核不合格的人员，不得上岗作业。

施工单位在采用新技术、新工艺、新设备、新材料时，应当对作业人员进行相应的安全生产教育培训。

第三十八条　施工单位应当为施工现场从事危险作业的人员办理意外伤害保险。

意外伤害保险费由施工单位支付。实行施工总承包的，由总承包单位支付意外伤害保险费。意外伤害保险期限自建设工程开工之日起至竣工验收合格止。

第三十九条　国务院负责安全生产监督管理的部门依照《中华人民共和国安全生产法》的规定，对全国建设工程安全生产工作实施综合监督管理。

县级以上地方人民政府负责安全生产监督管理的部门依照《中华人民共和国安全生产法》的规定，对本行政区域内建设工程安全生产工作实施综合监督管理。

第四十条　国务院建设行政主管部门对全国的建设工程安全生产实施监督管理。国务院铁路、交通、水利等有关部门按照国务院规定的职责分工，负责有关专业建设工程安全生产的监督管理。

县级以上地方人民政府建设行政主管部门对本行政区域内的建设工程安全生产实施监督管理。县级以上地方人民政府交通、水利等有关部门在各自的职责范围内，负责本行政区域内的专业建设工程安全生产的监督管理。

第四十一条　建设行政主管部门和其他有关部门应当将本条例第十条、第十一条规定的有关资料的主要内容抄送同级负责安全生产监督管理的部门。

第四十二条　建设行政主管部门在审核发放施工许可证时，应当对建设工程是否有安全施工措施进行审查，对没有安全施工措施的，不得颁发施工许可证。

建设行政主管部门或者其他有关部门对建设工程是否有安全施工措施进行审查时，不得收取费用。

第四十三条　县级以上人民政府负有建设工程安全生产监督管理职责的部门在各自的职责范围内履行安全监督检查职责时，有权采取下列措施：

（一）要求被检查单位提供有关建设工程安全生产的文件和资料；

（二）进入被检查单位施工现场进行检查；

（三）纠正施工中违反安全生产要求的行为；

（四）对检查中发现的安全事故隐患，责令立即排除；重大安全事故隐患排除前或者排除过程中无法保证安全的，责令从危险区域内撤出作业人员或者暂时停止施工。

第四十四条 建设行政主管部门或者其他有关部门可以将施工现场的监督检查委托给建设工程安全监督机构具体实施。

第四十五条 国家对严重危及施工安全的工艺、设备、材料实行淘汰制度。具体目录由国务院建设行政主管部门会同国务院其他有关部门制定并公布。

第四十六条 县级以上人民政府建设行政主管部门和其他有关部门应当及时受理对建设工程生产安全事故及安全事故隐患的检举、控告和投诉。

第四十七条 县级以上地方人民政府建设行政主管部门应当根据本级人民政府的要求，制定本行政区域内建设工程特大生产安全事故应急救援预案。

第四十八条 施工单位应当制定本单位生产安全事故应急救援预案，建立应急救援组织或者配备应急救援人员，配备必要的应急救援器材、设备，并定期组织演练。

第四十九条 施工单位应当根据建设工程施工的特点、范围，对施工现场易发生重大事故的部位、环节进行监控，制定施工现场生产安全事故应急救援预案。实行施工总承包的，由总承包单位统一组织编制建设工程生产安全事故应急救援预案，工程总承包单位和分包单位按照应急救援预案，各自建立应急救援组织或者配备应急救援人员，配备救援器材、设备，并定期组织演练。

第五十条 施工单位发生生产安全事故，应当按照国家有关伤亡事故报告和调查处理的规定，及时、如实地向负责安全生产监督管理的部门、建设行政主管部门或者其他有关部门报告；特种设备发生事故的，还应当同时向特种设备安全监督管理部门报告。接到报告的部门应当按照国家有关规定，如实上报。

实行施工总承包的建设工程，由总承包单位负责上报事故。

第五十一条 发生生产安全事故后，施工单位应当采取措施防止事故扩大，保护事故现场。需要移动现场物品时，应当做出标记和书面记录，妥善保管有关证物。

第五十二条 建设工程生产安全事故的调查、对事故责任单位和责任人的处罚与处理，按照有关法律、法规的规定执行。

第五十三条 违反本条例的规定，县级以上人民政府建设行政主管部门或者其他有关行政管理部门的工作人员，有下列行为之一的，给予降级或者撤职的行政处分；构成犯罪的，依照刑法有关规定追究刑事责任：

（一）对不具备安全生产条件的施工单位颁发资质证书的；

（二）对没有安全施工措施的建设工程颁发施工许可证的；

（三）发现违法行为不予查处的；

（四）不依法履行监督管理职责的其他行为。

第五十四条 违反本条例的规定，建设单位未提供建设工程安全生产作业环境及安全施工措施所需费用的，责令限期改正；逾期未改正的，责令该建设工程停止施工。

建设单位未将保证安全施工的措施或者拆除工程的有关资料报送有关部门备案的，责令限期改正，给予警告。

第五十五条 违反本条例的规定，建设单位有下列行为之一的，责令限期改正，处 20 万元以上 50 万元以下的罚款；造成重大安全事故，构成犯罪的，对直接责任人员，依照刑法有关规定追究刑事责任；造成损失的，依法承担赔偿责任：

（一）对勘察、设计、施工、工程监理等单位提出不符合安全生产法律、法规和强制性标准规定的要求的；

（二）要求施工单位压缩合同约定的工期的；

（三）将拆除工程发包给不具有相应资质等级的施工单位的。

第五十六条　违反本条例的规定，勘察单位、设计单位有下列行为之一的，责令限期改正，处10万元以上30万元以下的罚款；情节严重的，责令停业整顿，降低资质等级，直至吊销资质证书；造成重大安全事故，构成犯罪的，对直接责任人员，依照刑法有关规定追究刑事责任；造成损失的，依法承担赔偿责任：

（一）未按照法律、法规和工程建设强制性标准进行勘察、设计的；

（二）采用新结构、新材料、新工艺的建设工程和特殊结构的建设工程，设计单位未在设计中提出保障施工作业人员安全和预防生产安全事故的措施建议的。

第五十七条　违反本条例的规定，工程监理单位有下列行为之一的，责令限期改正；逾期未改正的，责令停业整顿，并处10万元以上30万元以下的罚款；情节严重的，降低资质等级，直至吊销资质证书；造成重大安全事故，构成犯罪的，对直接责任人员，依照刑法有关规定追究刑事责任；造成损失的，依法承担赔偿责任：

（一）未对施工组织设计中的安全技术措施或者专项施工方案进行审查的；

（二）发现安全事故隐患未及时要求施工单位整改或者暂时停止施工的；

（三）施工单位拒不整改或者不停止施工，未及时向有关主管部门报告的；

（四）未依照法律、法规和工程建设强制性标准实施监理的。

第五十八条　注册执业人员未执行法律、法规和工程建设强制性标准的，责令停止执业3个月以上1年以下；情节严重的，吊销执业资格证书，5年内不予注册；造成重大安全事故的，终身不予注册；构成犯罪的，依照刑法有关规定追究刑事责任。

第五十九条　违反本条例的规定，为建设工程提供机械设备和配件的单位，未按照安全施工的要求配备齐全有效的保险、限位等安全设施和装置的，责令限期改正，处合同价款1倍以上3倍以下的罚款；造成损失的，依法承担赔偿责任。

第六十条　违反本条例的规定，出租单位出租未经安全性能检测或者经检测不合格的机械设备和施工机具及配件的，责令停业整顿，并处5万元以上10万元以下的罚款；造成损失的，依法承担赔偿责任。

第六十一条　违反本条例的规定，施工起重机械和整体提升脚手架、模板等自升式架设设施安装、拆卸单位有下列行为之一的，责令限期改正，处5万元以上10万元以下的罚款；情节严重的，责令停业整顿，降低资质等级，直至吊销资质证书；造成损失的，依法承担赔偿责任：

（一）未编制拆装方案、制定安全施工措施的；

（二）未由专业技术人员现场监督的；

（三）未出具自检合格证明或者出具虚假证明的；

（四）未向施工单位进行安全使用说明，办理移交手续的。

施工起重机械和整体提升脚手架、模板等自升式架设设施安装、拆卸单位有前款规定的第（一）项、第（三）项行为，经有关部门或者单位职工提出后，对事故隐患仍不采取措施，因而发生重大伤亡事故或者造成其他严重后果，构成犯罪的，对直接责任人员，依照刑法有关规定追究刑事责任。

第六十二条　违反本条例的规定，施工单位有下列行为之一的，责令限期改正；逾期未改正的，责令停业整顿，依照《中华人民共和国安全生产法》的有关规定处以罚款；造成重大安全事故，构成犯罪的，对直接责任人员，依照刑法有关规定追究刑事责任：

（一）未设立安全生产管理机构、配备专职安全生产管理人员或者分部分项工程施工时无专职安全生产管理人员现场监督的；

（二）施工单位的主要负责人、项目负责人、专职安全生产管理人员、作业人员或者特种作业人员，未经安全教育培训或者经考核不合格即从事相关工作的；

（三）未在施工现场的危险部位设置明显的安全警示标志，或者未按照国家有关规定在施工现场设置消防通道、消防水源、配备消防设施和灭火器材的；

（四）未向作业人员提供安全防护用具和安全防护服装的；

（五）未按照规定在施工起重机械和整体提升脚手架、模板等自升式架设设施验收合格后登记的；

（六）使用国家明令淘汰、禁止使用的危及施工安全的工艺、设备、材料的。

第六十三条　违反本条例的规定，施工单位挪用列入建设工程概算的安全生产作业环境及安全施工措施所需费用的，责令限期改正，处挪用费用20%以上50%以下的罚款；造成损失的，依法承担赔偿责任。

第六十四条　违反本条例的规定，施工单位有下列行为之一的，责令限期改正；逾期未改正的，责令停业整顿，并处5万元以上10万元以下的罚款；造成重大安全事故，构成犯罪的，对直接责任人员，依照刑法有关规定追究刑事责任：

（一）施工前未对有关安全施工的技术要求作出详细说明的；

（二）未根据不同施工阶段和周围环境及季节、气候的变化，在施工现场采取相应的安全施工措施，或者在城市市区内的建设工程的施工现场未实行封闭围挡的；

（三）在尚未竣工的建筑物内设置员工集体宿舍的；

（四）施工现场临时搭建的建筑物不符合安全使用要求的；

（五）未对因建设工程施工可能造成损害的毗邻建筑物、构筑物和地下管线等采取专项防护措施的。

施工单位有前款规定第（四）项、第（五）项行为，造成损失的，依法承担赔偿责任。

第六十五条　违反本条例的规定，施工单位有下列行为之一的，责令限期改正；逾期未改正的，责令停业整顿，并处10万元以上30万元以下的罚款；情节严重的，降低资质等级，直至吊销资质证书；造成重大安全事故，构成犯罪的，对直接责任人员，依照刑法有关规定追究刑事责任；造成损失的，依法承担赔偿责任：

（一）安全防护用具、机械设备、施工机具及配件在进入施工现场前未经查验或者查验不合格即投入使用的；

（二）使用未经验收或者验收不合格的施工起重机械和整体提升脚手架、模板等自升式架设设施的；

（三）委托不具有相应资质的单位承担施工现场安装、拆卸施工起重机械和整体提升脚手架、模板等自升式架设设施的；

（四）在施工组织设计中未编制安全技术措施、施工现场临时用电方案或者专项施工方案的。

第六十六条　违反本条例的规定，施工单位的主要负责人、项目负责人未履行安全生产管理职责的，责令限期改正；逾期未改正的，责令施工单位停业整顿；造成重大安全事故、重大伤亡事故或者其他严重后果，构成犯罪的，依照刑法有关规定追究刑事责任。

作业人员不服管理、违反规章制度和操作规程冒险作业造成重大伤亡事故或者其他严重后果，构成犯罪的，依照刑法有关规定追究刑事责任。

施工单位的主要负责人、项目负责人有前款违法行为，尚不够刑事处罚的，处 2 万元以上 20 万元以下的罚款或者按照管理权限给予撤职处分；自刑罚执行完毕或者受处分之日起，5 年内不得担任任何施工单位的主要负责人、项目负责人。

第六十七条　施工单位取得资质证书后，降低安全生产条件的，责令限期改正；经整改仍未达到与其资质等级相适应的安全生产条件的，责令停业整顿，降低其资质等级直至吊销资质证书。

第六十八条　本条例规定的行政处罚，由建设行政主管部门或者其他有关部门依照法定职权决定。

违反消防安全管理规定的行为，由公安消防机构依法处罚。

有关法律、行政法规对建设工程安全生产违法行为的行政处罚决定机关另有规定的，从其规定。

### 1.4.3　建设工程施工合同

《建设工程施工合同(示范文本)》

1. 实际开工日期的认定

(1) 承包人有证据证明实际开工日期的，则应认定该日期为实际开工日期。承包人的证据可以是发包人向承包人发出的通知、工程监理的记录、当事人的会议纪要、施工许可证等。

(2) 承包人虽无证据证明实际开工日期，但有开工报告，则应认定开工报告中记载的开工日期为实际开工日期。

(3) 若承包人无任何证据证明实际开工日期，亦无开工报告，则应以合同约定的开工日期为准。

2. 竣工日期的认定

《最高人民法院关于审理建设工程施工合同纠纷案件适用法律问题的解释》第十四条规定：

(1) 双方确认的日期为竣工日期；

(2) 建设工程经竣工验收合格的，以竣工验收合格之日为竣工日期(注意是经盖章的验收报告的时间，不是竣工验收备案日期，因为竣工验收备案是由建设单位来报送)；

(3) 承包人提交竣工验收报告，发包人拖延验收的，以承包人提交验收报告之日为竣工日期；

(4) 未经过竣工验收，发包人擅自使用的，以转移占有建设工程之日为竣工日期。

3. 几种影响工期的因素

(1) 施工许可证。

① 如未取得且未施工，以取得施工许可证之日作为开工日期；

② 如未取得且已经施工，则一般以施工开始日为开工日期。

(2) 拖欠工程款。

拖欠工程款且导致停工或缓慢施工，则工期可以顺延，但需要证明延误的天数及拖欠工程款与延误天数之因果关系。

(3) 设计变更。

① 设计变更在关键线路上,则工期可以顺延,但需要证明延误的天数及设计变更与延误天数之因果关系;

② 设计变更不在关键线路上,则不应以此为由顺延工期。

(4) 图纸延误。

① 设计变更在关键线路上,则工期可以顺延,但需要证明延误的天数及设计变更与延误天数之因果关系;

② 设计变更不在关键线路上,则不应以此为由顺延工期。

(5) 增加工程量。

① 设计变更在关键线路上,则工期可以顺延,但需要证明延误的天数及设计变更与延误天数之因果关系;

② 设计变更不在关键线路上,则不应以此为由顺延工期。

(6) 质量鉴定。

《最高人民法院关于审理建设工程施工合同纠纷案件适用法律问题的解释》第十五条规定:建设工程竣工前,当事人对工程质量发生争议,工程质量经鉴定合格的,鉴定期间为顺延工期期间。

① 鉴定合格,顺延工期;

② 鉴定不合格,视情况而定。

(7) 建设单位的其他原因。

如:指定的代表未按照约定提供指令、批准,致使施工不能正常进行;建设单位未按照约定时间和要求提供原材料、设备、场地等;隐蔽工程在隐蔽前,施工企业发出检查通知,建设单位未及时检查等。

① 设计变更在关键线路上,则工期可以顺延,但需要证明延误的天数及设计变更与延误天数之因果关系;

② 设计变更不在关键线路上,则不应以此为由顺延工期。

(8) 一周内,非施工单位原因停水、停电、停气造成停工累计超过8小时。

(9) 发生不可抗力事件。

无法预见、不可避免并不能克服,一旦发生,要积极采取措施,阻止和预防扩大损失,要及时按照合同约定的程序和时限报告。

## 1.5 建设程序和建设工程管理制度

### 1.5.1 建设程序

1. 建设程序的概念

所谓建设程序是指一项建设工程从设想、提出到决策,经过设计、施工,直至投产或交付使用的整个过程中应当遵守的内在规律。

按照建设工程的内在规律，投资建设一项工程应当经过投资决策、建设实施和交付使用三个发展时期。施工阶段的监理工作程序如图 1.4 所示。每个发展时期又可分为若干个阶段，各阶段以及每个阶段内的各项工作之间存在着不能随意颠倒的严格的先后顺序关系。科学的建设程序应当在坚持“先勘察、后设计、再施工”的原则基础上，突出优化决策、竞争择优、委托监理的原则。

新中国成立以来，我国的建设程序经过了一个不断完善的过程。目前我国的建设程序与计划经济时期相比较，已经发生了重要变化。其中，关键性的变化一是在投资决策阶段实行了项目决策咨询制度，二是实行了工程招标投标制度，三是实行了建设过程监理制度，四是实行了项目法人责任制度。

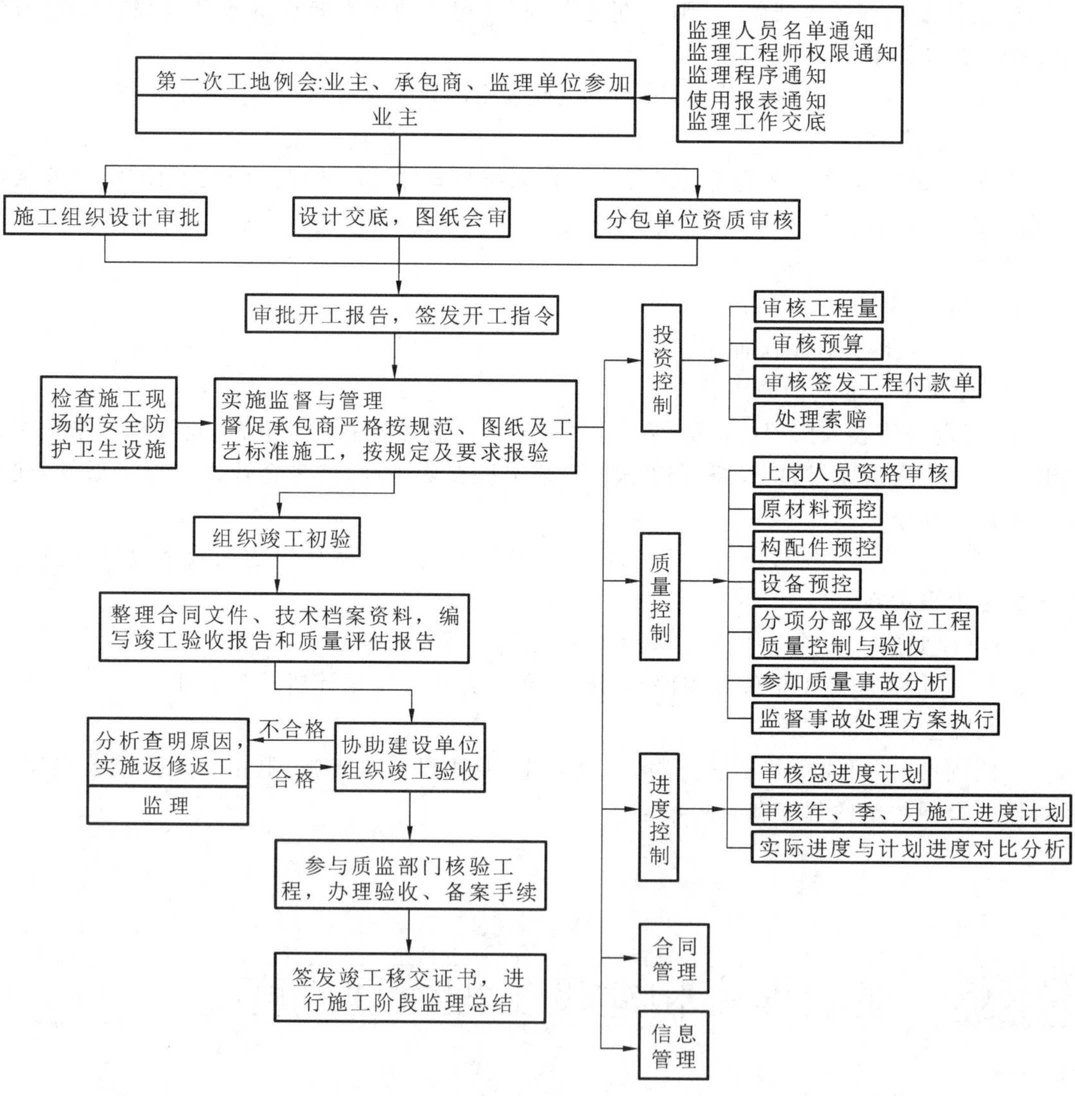


图 1.4 施工阶段的监理工作程序

2. 建设程序各阶段工作内容

我国现行的工程项目建设程序，主要包括项目决策阶段、建设准备阶段、工程实施阶段

(见表 1.1)。每个阶段都有其具体的内容和规定,凡国家、地方政府、国有企事业单位投资兴建的工程项目特别是大中型项目,必须遵循此建设程序。

**表 1.1 工程项目基本建设程序**

| 三大阶段 | 八小阶段 | 重要标志 |
|---|---|---|
| 项目决策阶段 | 项目建议书 | 批准的项目建议书 |
| | 可行性研究 | 批准的可行性研究报告,并作为勘察设计的依据;项目正式立项 |
| 建设准备阶段 | 勘察设计 | 工程地质勘查报告、施工图设计文件 |
| | 建设准备 | 通过技术、物资和组织等方面的准备,为工程施工创造有利条件,具备开工条件 |
| 工程实施阶段 | 建设实施 | 按照计划文件要求,完成工程实体 |
| | 生产准备 | 项目投产前由建设单位进行的一项重要工作,达到项目转入生产经营的必要条件 |
| | 竣工验收 | 按照验收条件开展,符合要求,验收合格,投入使用 |
| | 后评价 | 使用一段时间后(1～2 年),系统评价,总结及发现问题,提高项目决策水平和投资效果 |

1) 项目建议书阶段

项目建议书是向国家提出建设某一项目的建议性文件,是建设程序中最初阶段的工作,是投资决策前对拟建项目的轮廓设想。其主要作用是通过论述拟建项目的建设必要性可行性以及获利、获益的可能性,向国家推荐建设项目,供国家选择并确定是否进行下一步工作。项目建议书根据拟建项目规模报送有关部门审批。项目建议书批准后,项目即可列入项目建设前期工作计划,可以进行下一步的可行性研究工作。

2) 可行性研究阶段

可行性研究是指在项目决策之前,通过调查、研究、分析与项目有关的工程、技术、经济等方面的条件和情况,对可能的多种方案进行比较论证,同时对项目建成后的经济效益进行预测和评价的一种投资决策分析方法和科学分析活动。其主要作用是为建设项目投资决策提供依据,同时也为建设项目设计、银行贷款、申请开工建设、建设项目实施、项目评估、科学试验、设备制造等提供依据。可行性研究主要解决项目建设是否必要,技术方案是否可行,生产建设条件是否具备,项目建设是否经济合理等问题。批准的可行性研究报告是项目最终决策文件,经有关部门审查通过,拟建项目正式立项。

3) 设计阶段

设计是对拟建工程的实施在技术上和经济上所进行的全面而详细的安排,是项目建设计划的具体化,是组织施工的依据。设计质量直接关系到建设工程的质量,是建设工程的决定性环节。一般项目进行两阶段设计,即初步设计和施工图设计。技术上复杂而又缺乏设计经验的项目,在初步设计后加技术设计。

4) 建设准备阶段

在工程开工建设之前,应当切实做好各项准备工作。其中包括:组建项目法人;征地、拆迁和场地平整;做到水通、电通、路通;组织设备、材料订货;建设工程报建;委托工程监理;组织施工招标投标,择优选定施工单位;办理施工许可证。

5）施工安装阶段

建设工程具备了开工条件并取得施工许可证后才能开工。这是项目决策的实施、建成投产发挥效益的关键环节。新开工建设的时间，是指项目计划文件中规定的任何一项永久性工程第一次破土开槽开始施工的日期。本阶段的主要任务是按设计进行施工安装，建成工程实体。在施工安装阶段，施工承包单位应当认真做好图纸会审工作，参加设计交底，了解设计意图，明确质量要求；选择合适的材料供应商；做好人员培训；合理组织施工；建立并落实技术管理、质量管理体系和质量保证体系；严格把好中间质量验收和竣工验收环节。

6）生产准备阶段

生产准备的内容很多，不同类型的项目对生产准备的要求也各不相同，但从总的方面看，生产准备的主要内容有：招收和培训人员；生产组织准备；生产技术准备；生产物资准备。

7）竣工验收阶段

建设工程按设计文件规定的内容和标准全部完成，并按规定将工程内外全部清理完毕后，达到竣工验收条件，建设单位即可组织勘察、设计、施工、监理等有关单位进行竣工验收。竣工验收是考核建设成果、检验设计和施工质量的关键步骤，是由投资成果转入生产或使用的标志。竣工验收合格后，建设工程方可交付使用。

建设工程竣工验收的条件

（1）竣工验收程序。

按照住建部《房屋建筑和市政基础设施工程竣工验收规定》的有关内容，工程竣工验收应当按以下程序进行：

① 工程完工后，施工单位向建设单位提交工程竣工报告，申请工程竣工验收。实行监理的工程，工程竣工报告须经总监理工程师签署意见。

② 建设单位收到工程竣工报告后，对符合竣工验收要求的工程，组织勘察、设计、施工、监理等单位组成验收组，制定验收方案。对于重大工程和技术复杂工程，根据需要可邀请有关专家参加验收组。

③ 建设单位应当在工程竣工验收 7 个工作日前将验收的时间、地点及验收组名单书面通知负责监督该工程的工程质量监督机构。

④ 建设单位组织工程竣工验收。

a. 建设、勘察、设计、施工、监理单位分别汇报工程合同履约情况和在工程建设各个环节执行法律、法规和工程建设强制性标准的情况；

b. 审阅建设、勘察、设计、施工、监理单位的工程档案资料；

c. 实地查验工程质量；

d. 对工程勘察、设计、施工、设备安装质量和各管理环节等方面作出全面评价，形成经验收组人员签署的工程竣工验收意见。

参与工程竣工验收的建设、勘察、设计、施工、监理等各方不能形成一致意见时，应当协商提出解决的方法，待意见一致后，重新组织工程竣工验收。

以上是建设主管部门对建设工程竣工验收的有关规定，除此之外，建设单位还应就工程项目取得规划部门、公安消防部门以及环保单位出具的认可文件或准许使用文件，并在建设工程竣工验收合格之日起 15 日内按建设工程项目分级管理权限向建设行政主管部门办理备案手续。

(2) 竣工验收的组织。

竣工验收时要重点审查工程建设的各个环节,听取各有关单位的工作报告,审阅工程档案资料并实地察验建设工程和设备安装情况,对工程设计、施工和设备质量等方面做出全面的评价。不合格的工程不予验收;对遗留问题提出具体解决意见,限期落实完成。

3. 坚持建设程序的意义

建设程序反映了工程建设过程的客观规律。坚持建设程序在以下几方面有重要意义:

(1) 依法管理工程建设,保证正常建设秩序;

(2) 科学决策,保证投资效果;

(3) 顺利实施建设工程,保证工程质量;

(4) 顺利开展建设工程监理。

### 1.5.2 建设工程管理制度

按照我国有关规定,在工程建设中,应当实行项目决策咨询制、项目法人责任制、工程招标投标制、建设工程监理制、合同管理制等主要制度。这些制度共同构成了建设工程管理制度体系。

1. 项目决策咨询制

项目决策阶段,各项技术经济决策对项目的工程造价有重大影响,特别是建设标准的确定、建设地点的选择、工艺的评选、设备选用等,直接关系到工程造价的高低。据有关资料统计,在项目建设各阶段中,投资决策阶段影响工程造价的程度最高,达到70%~90%。因此,项目决策阶段一定要坚持项目决策咨询制,在详细调查摸底的基础上,充分听取社会各界的意见和建议,进行详细的项目技术、经济方案论证,确保项目决策的正确性,避免决策失误。

2. 项目法人责任制

为了建立投资约束机制,规范建设单位的行为,建设工程应当按照政企分开的原则组建项目法人,实行项目法人责任制,即由项目法人对项目的策划、资金筹措、建设实施、生产经营、债务偿还和资产的保值增值,实行全过程负责的制度。

国有单位经营性大中型建设工程必须在建设阶段组建项目法人。项目法人可按《中华人民共和国公司法》(以下简称《公司法》)的规定设立有限责任公司(包括国有独资公司)和股份有限公司等。

新上项目在项目建议书被批准后,应及时组建项目法人筹备组,具体负责项目法人的筹建工作。筹备组主要由项目投资方派代表组成。

申报项目可行性研究报告时,需同时提出项目法人组建方案。否则,其可行性研究报告不予审批。项目可行性研究报告经批准后,正式成立项目法人,并按有关规定确保资金按时到位。

3. 工程招标投标制

为了在工程建设领域引入竞争机制,择优选定勘察单位、设计单位、施工单位以及材料、设备供应单位,需要实行工程招标投标制。

1999 年 8 月 30 日,全国人大常委会通过了《中华人民共和国招标投标法》,并于 2000 年 1 月 1 日起施行。这部法律基本上是针对建设工程发包活动而言的,其中大量采用了国际惯例或通用做法,带来了招投标体制的巨大变革。

根据规定，达到下列标准之一的必须进行招标：

(1) 施工单项合同估算价在200万元以上的；

(2) 重要设备、材料等货物的采购，单项合同估算价在100万元以上的；

(3) 勘察、设计、监理等服务的采购，单项合同估算价在50万元以上的。

《招标投标法》对招标范围和规模标准、招标方式和程序、招标投标活动的监督等内容做出了相应的规定，明确规定招标方式包含公开招标和邀请招标，不再包括议标方式，这是个重大的转变，它标志着我国招标投标的发展进入了全新的历史阶段。

招标投标法律、法规和规章不断完善和细化，招标程序不断规范，必须招标和必须公开招标范围得到了明确，招标覆盖面进一步扩大和延伸，工程招标已从单一的土建安装延伸到道桥、装潢、建筑设备和工程监理等。

公开招标的全面实施对节约国有资金、保障国有资金有效使用，以及从源头上防止腐败滋生，都起到了积极作用。目前，我们的市场还存在着政企不分，行政干预多，部门和地方保护，市场和招标操作程序不统一规范，市场主体的守法意识较差，过度竞争，中介组织不健全等现象。《招标投标法》正是国家通过法律手段来推行招标投标制度，以达到规范招标投标活动，保护国家和公共利益，提高公共采购效益和质量的目的。

建设项目招标的程序是：

(1) 招标活动的准备工作(确定招标方式、标段的划分两个内容)；

(2) 招标公告和投标邀请书的编制与发布；

(3) 资格审查，包括基本资格审查和专业资格审查两部分，主要是对潜在投标人是否具有履行合同的能力、专业技术资格、资金、设备、管理经验、信誉等条件的审查；

(4) 编制和发售招标文件；

(5) 踏勘现场与召开投标预备会；

(6) 建设项目投标；

(7) 开标、评标和定标。

4.建设工程监理制

建设工程监理制于1988年开始试点，5年后逐步推开，1997年《建筑法》以法律制度的形式做出规定，国家推行建设工程监理制度，从而使建设工程监理在全国范围内进入全面推行阶段。

所谓建设工程监理，是指具有相应资质的监理单位受工程项目建设单位的委托，依据国家有关工程建设的法律、法规，经建设主管部门批准的工程项目建设文件，建设委托监理合同，对工程建设实施的专业化管理。实行建设工程监理制，目的在于提高工程建设的投资效益和社会效益。建设工程监理的主要方法是规划、控制、协调，主要任务是控制建设工程的投资、进度和质量，最终应当达到的基本目的是协助建设单位在计划的目标内将建设工程建成投入使用。

坚持建设工程监理制度，有利于提高建设工程投资决策科学化水平；有利于规范工程建设参与各方的建设行为；有利于促使承建单位保证建设工程质量和使用安全；有利于实现建设工程投资效益最大化。

建设工程监理实行总监理工程师负责制，项目监理机构的组成人员主要包括总监理工程师、总监理工程师代表、专业监理工程师和监理员。其中，总监理工程师、总监理工程师代表、专业监理工程师必须为国家注册监理工程师。

随着项目法人责任制的不断完善，以及民营企业和私人投资项目的大量增加，建设单位对工程投资效益愈加重视，工程前期决策阶段的监理将日益增多。从发展趋势看，代表建设单位进行全方位、全过程的工程项目管理，将是我国工程监理行业发展的趋向。不仅要进行施工阶段质量、投资和进度控制，做好合同管理、信息管理、安全管理和组织协调工作，而且要进行决策阶段和设计阶段的监理。只有实施全方位、全过程监理，才能更好地发挥建设工程监理的作用。

5.合同管理制

合同管理制的基本内容是：建设工程的勘察、设计、施工、材料设备采购和建设工程监理都要依法订立合同。各类合同都要有明确的质量要求、履约担保和违约处罚条款。违约方要承担相应的法律责任。

组成建设工程施工合同的文件包括：

(1) 施工合同协议书；

(2) 中标通知书；

(3) 投标书及其附件；

(4) 施工合同专用条款；

(5) 施工合同通用条款；

(6) 标准、规范及有关技术文件；

(7) 图纸；

(8) 工程量清单；

(9)工程报价单或预算书。

上述合同文件应能够互相解释、互相说明。当合同文件中出现不一致时，上面的顺序就是合同的有限解释顺序。当合同文件出现含糊不清或者当事人有不同理解时，按照合同争议的解决方式处理。

国家规定的工程变更程序是 2 个 14 天，即：① 承包人在工程设计变更确定后 14 天内提出变更工程价款的报告；② 收到变更工程价款报告的一方，应在收到之日起 14 天内予以确认或提出协商意见；③ 自变更工程价款报告送达之日起 14 天内，对方未确认也未提出协商意见的，视为变更工程价款报告已被确认。

## 小结

我国的工程监理制度先后经历了试点、稳步发展和全面推行三个阶段。建设工程监理的主要任务是对建设项目进行投资控制、质量控制、进度控制、合同管理、信息管理、安全管理、组织协调等，简称“三控制、三管理、一协调”，中心任务是控制工程项目目标。建设工程监理具有服务性、科学性、独立性和公正性等性质。我国建设工程监理的相关法律法规的框架已基本形成，有《建筑法》《招标投标法》《建设工程质量管理条例》《建设工程安全生产管理条例》《建设工程监理规范》等。我国现行的工程项目建设程序，主要包括项目决策阶段、建设准备阶段、工程实施阶段。科学的建设程序应当在坚持“先勘察、后设计、再施工”的原则基础上，突出优化决策、竞争择优、委托监理的原则。

## 巩固训练

**一、单项选择题**

1. 建设工程监理的行为主体是（　　）。

A. 建设单位　　B. 工程监理企业

C. 承建单位　　D. 建设行政主管单位

2. 建设工程监理的实施（　　）。

A. 需要业主的委托　　B. 需要监理人员的委托

C. 需要施工方的授权　　D. 需要监理人员的授权

3. 建设工程监理的中心任务是（　　）。

A. 控制工程项目建设　　B. 控制监理单位的职权

C. 控制工程项目目标　　D. 控制工程进度

4. 所谓建设工程监理是指具有相应资质的监理单位，接受（　　）的委托，对工程建设实施的社会化、专业化监督管理。

A. 政府部门　　B. 主管部门　　C. 建设单位　　D. 承包单位

5.《建设工程监理范围和规模标准规定》中要求建筑面积在（　　）平方米以上的住宅建设工程必须实行监理。

A. 1 万　　B. 2 万　　C. 3 万　　D. 5 万

6. 如果监理工程师与建设单位或施工企业串通，弄虚作假，降低工程质量，从而引发安全事故，则（　　）。

A. 监理工程师承担责任，质量、安全事故责任主体不承担责任

B. 监理工程师不承担责任，质量、安全事故责任主体承担责任

C. 监理工程师应当与质量、安全责任主体平均分担责任

D. 监理工程师应当与质量、安全责任主体承担连带责任

7. 在正常使用条件下，房屋建设工程中的电气管线、给排水管道、设备安装最低保修期限为（　　）。

A. 5 年

B. 2 年

C. 产权年限

D. 设计文件规定的该工程的合理使用年限

8. 工程安全生产管理必须坚持（　　）的方针，建立健全安全生产责任制度和群防群治制度。

A.“安全第一、预防为主”　　B.“预防为主、安全第一”

C.“群防群治、综合治理”　　D.“综合治理、群防群治”

9. 监理单位与承建单位不得有隶属关系和其他利害关系，是建设工程监理的（　　）。

A. 科学性　　B. 独立性　　C. 公正性　　D. 服务性

10. 2020 年 4 月 15 日，酒店工程竣工验收合格，则竣工验收备案应在（　　）前办理完毕。

A. 2020 年 4 月 22 日　　B. 2020 年 5 月 25 日
C. 2020 年 4 月 30 日　　D. 2020 年 5 月 15 日

11. 关于工程总承包企业的责任，下列说法中正确的是（　　）。

A. 建设工程总承包单位按照总承包合同的约定对建设单位负责
B. 总承包单位和分包单位就分包工程对建设单位承担按份责任
C. 建设工程实行总承包的，分包单位应当对全部建设工程质量负责
D. 总承包单位和分包单位就分包工程对建设单位承担无过错责任

12. 建设单位领取了施工许可证，因故不能按期开工，应当向发证机关申请延期，延期（　　）。

A. 以 2 次为限，每次不超过 3 个月　　B. 以 1 次为限，最长不超过 3 个月
C. 以 2 次为限，每次不超过 1 个月　　D. 以 1 次为限，最长不超过 1 个月

13. 根据《中华人民共和国建筑法》，从事建筑活动的专业技术人员，应当依法取得相应的（　　），并在执业资格证书许可的范围内从事建筑活动。

A. 执业资格证书　　B. 上岗证书
C. 技术职称证书　　D. 岗位技能证书

14. 根据《中华人民共和国建筑法》，大型建设工程或者结构复杂的建设工程，可以由（　　）以上的承包单位联合共同承包。

A. 2 个　　B. 3 个　　C. 4 个　　D. 5 个

15. 根据《建设工程质量管理条例》关于质量保修制度的规定，屋面防水工程、有防水要求的卫生间、房间和外墙面防渗漏的最低保修期为（　　）年。

A. 1　　B. 2　　C. 3　　D. 5

16. 根据《建设工程质量管理条例》，（　　）应按照国家有关规定组织竣工验收，建设工程验收合格的，方可交付使用。

A. 建设单位　　B. 施工单位　　C. 监理单位　　D. 设计单位

17. 某新建酒店原定于 2019 年 12 月 18 日开业，可由于工期延误，不得不将开业日期推迟到 2020 年 2 月 18 日，那么在开业前应由（　　）来办理工程竣工验收备案。

A. 酒店投资方　　B. 酒店经营方
C. 施工企业　　D. 最后完工者

18.《建设工程质量管理条例》规定，从事建设工程活动，必须严格执行基本建设程序，坚持（　　）的原则。

A. 先设计、后勘察、再施工　　B. 边设计、边修改、边施工
C. 勘察、设计、施工交叉进行　　D. 先勘察、后设计、再施工

19. 评标委员会由招标人的代表和有关技术、经济等方面的专家组成，成员人数为 5 人以上单数，其中招标人以外的专家不得少于总成员的（　　）。

A. 1/2　　B. 1/3　　C. 2/3　　D. 3/4

20. 根据《中华人民共和国招标投标法》，中标通知书发出后，招标人和中标人应在(　　)天内订立书面合同。

A. 10　　B. 20　　C. 30　　D. 40

**二、多项选择题**

1. 在下列工程中，属于实行强制性监理工程范围的有(　　)。

A. 项目总投资为 4000 万元的给水工程

B. 项目总投资为 2000 万元的供热工程

C. 建筑面积为 8 万平方米的住宅建设工程

D. 建筑面积为 4 万平方米的住宅建设工程

E. 总投资为 1000 万元的学校

2.《建设工程质量管理条例》规定，在正常使用条件下，建设工程的最低保修期限为(　　)。

A. 主体结构工程为合理使用年限　　B. 主体结构工程为 10 年

C. 屋面防水工程为 10 年　　D. 屋面防水工程为 5 年

E. 设备安装和装修工程为 2 年

3. 下列建设工程项目中，必须实行工程监理的有(　　)。

A. 国家重点建设工程

B. 非成片开发建设的住宅小区工程

C. 中型公用事业工程

D. 外企在某城市投资建设的办公大厦

E. 利用国际组织贷款建设的水利枢纽工程

4. 施工单位必须建立、健全施工质量的检验制度，严格工序管理，做好隐蔽工程的质量检查和记录。隐蔽工程在隐蔽前，施工单位应当通知(　　)。

A. 勘察单位　　B. 设计单位　　C. 建设单位

D. 建设工程质量监督机构　　E. 安全生产监督管理部门

5. 根据《建设工程质量管理条例》，依法对建设工程质量负责的单位是(　　)。

A. 建设单位　　B. 勘察、设计单位　　C. 施工单位

D. 工程造价咨询单位　　E. 工程监理单位

**三、名词解释**

1. 建设工程监理：

2. 旁站监理：

3. 建设程序：

4. 建设单位：

**四、简答题**

1. 哪些建设工程必须实行监理？

2. 申请领取施工许可证，应当具备哪些条件？

3. 建设工程监理的作用有哪些？

4. 建设工程监理的基本任务是什么？

5. 对达到一定规模的危险性较大的分部分项工程，施工单位应编制专项施工方案，并附具安全验算结果。有哪些危险性较大的工程？

**五、案例分析**

某工程，建设单位通过公开招标与甲施工单位签订了施工总承包合同，依据合同，甲施工单位通过招标将钢结构工程分包给乙施工单位。施工过程中发生了下列事件：

事件1：甲施工单位项目经理安排技术员兼任施工现场安全员工作，并安排其负责编制深基坑支护与降水工程专项施工方案，项目经理对该施工方案进行安全验算后，即组织现场施工，并将施工方案及验算结果报送项目监理机构。

事件2：乙施工单位采购的特殊规格钢板，因供应商未能提供出厂合格证明，乙施工单位按规定要求进行了检验，检验合格后向项目监理机构报验。为不影响工程进度，总监理工程师要求甲施工单位在监理人员的见证下取样复检，复验结果合格后，同意该批钢板进场使用。

事件3：为满足钢结构吊装施工的需要，甲施工单位向设备租赁公司租用了一台大型起重塔吊，委托一家有相应资质的安装单位进行塔吊安装。安装完成后，由甲、乙施工单位对该塔吊共同进行验收，验收合格后投入使用，并到有关部门办理了登记。

事件4：钢结构工程施工中，专业监理工程师在现场发现乙施工单位使用的高强螺栓未经报验，存在严重的质量隐患，即向乙施工单位签发了“工程暂停令”，并报告了总监理工程师。甲施工单位得知后也要求乙施工单位立刻停工整改。乙施工单位为赶工期，边施工边报验，项目监理机构及时报告了有关主管部门。报告发出的当天，发生了因高强螺栓不符合质量标准导致的钢梁高空坠落事故，造成一人重伤，直接经济损失4.6万元。

问题：

1. 指出事件1中甲施工单位项目经理做法的不妥之处，写出正确做法。

2. 事件2中，总监理工程师的处理是否妥当？说明理由。

3. 指出事件3中塔吊验收的不妥之处。

4. 指出事件4中专业监理工程师做法的不妥之处，说明理由。

5. 事件4中的质量事故，甲施工单位和乙施工单位各承担什么责任？说明理由。监理单位是否有责任？说明理由。该事故属于哪一类工程质量事故？处理此事故的依据是什么？

# 工作手册2

# 监理工程师与监理企业

JIANLI GONGCHENGSHI YU JIANLI QIYE

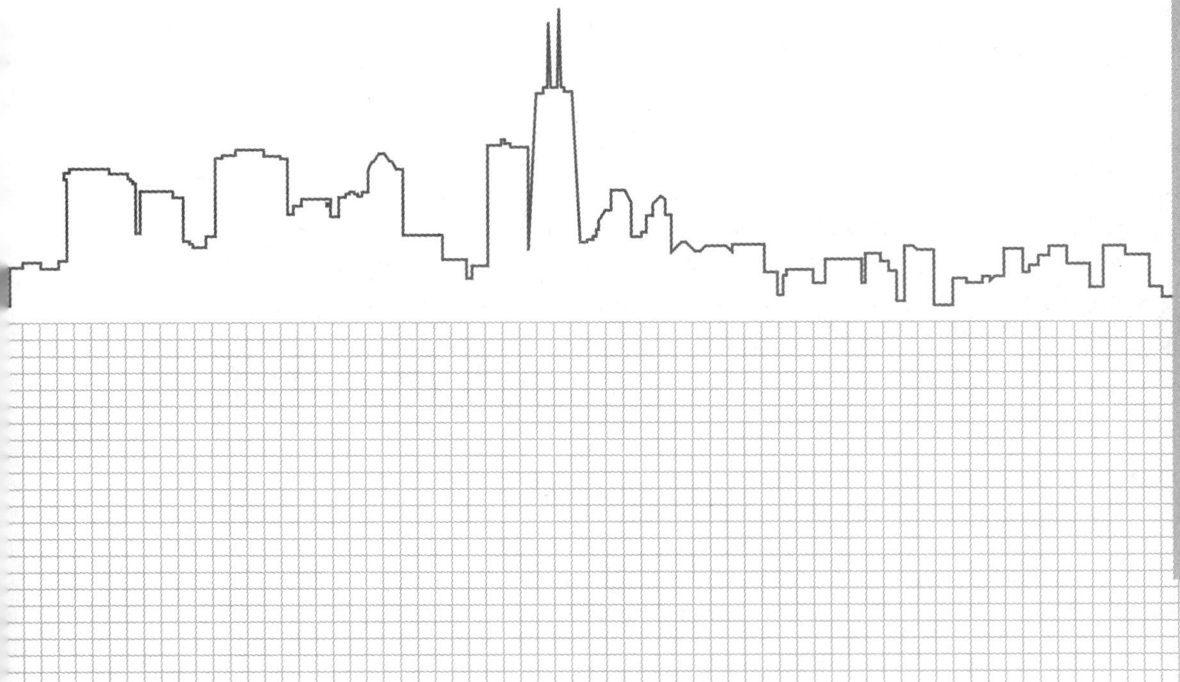

**知识目标**

掌握监理人员的职责、监理企业的设立条件和资质管理；熟悉监理工程师的概念与素质、监理工程师的法律地位与责任，以及工程监理费的计算方法和取费规定；了解监理工程师的资格管理。

**能力目标**

具备理解监理工程师素质要求和执业资格考试注册要求的基本能力；具备理解建筑工程监理企业资质要求的基本能力；能够运用工程监理企业的法律责任和经营管理的相关知识解决工程项目实际问题。

**工程案例**

某工程，建设单位将土建工程、安装工程分别发包给甲、乙两家施工单位。在合同履行过程中发生了如下事件：

事件1：项目监理机构在审查土建工程施工组织设计时，认为脚手架工程危险性较大，要求甲施工单位编制脚手架工程专项施工方案。甲施工单位项目经理编制了专项施工方案，凭以往经验进行了安全估算，认为方案可行，并安排质量检查员兼任施工现场安全员工作，遂将方案报送总监理工程师签认。

监理工程师通知单　　工程暂停令的签发

事件2：专业监理工程师在检查甲施工单位投入的施工机械设备时，发现数量偏少，即向甲施工单位发出了“监理工程师通知单”，要求整改；在巡视时发现乙施工单位已安装的管道存在严重质量隐患，即向乙施工单位签发了“工程暂停令”，要求对该分部工程停工整改。

问题：

1. 指出事件1中脚手架工程专项施工方案编制和报审过程中的不妥之处，写出正确做法。

2. 指出事件2中专业监理工程师的做法是否妥当。不妥之处，说明理由并写出正确做法。

参考答案

# 2.1 监理工程师

监理工程师是工程监理企业的主要技术监理人员，是具有一定的专业水平和工程实践经验，经过考试合格并经注册的监理人员。监理工程师注册制度是政府对监理人员实行市场准入控制的有效手段。

## 2.1.1 监理工程师的概念及素质

1. 监理工程师的概念

《建设工程监理规范》

根据《建设工程监理规范》(GB/T 50319－2013)，注册监理工程师是指取得国务院建设主管部门颁发的中华人民共和国注册监理工程师注册执业证书和执业印章，从事建设工程监理与相关服务等活动的人员。监理工程师是一种岗位职务、执业资格称谓，不是技术职称。取得监理工程师执业资格的人员一般要求在建设工程监理工作岗位上工作，经全国统一考试合格，并经有关部门注册方可上岗执业。监理工程师的概念包含三层含义：第一，注册监理工程师是从事建设监理工作的人员；第二，注册监理工程师已经取得国家确认的监理工程师资格证书；第三，注册监理工程师是经国务院批准注册，取得注册执业证书和执业印章的人员。

参加工程建设的监理人员，根据工作岗位设定的需要可分为总监理工程师(简称总监)、总监理工程师代表、专业监理工程师和监理员等。工程项目建设监理实行总监理工程师负责制。工程项目总监理工程师对监理单位负责；总监理工程师代表和专业监理工程师对总监理工程师负责；监理员对监理工程师负责。监理单位的常设机构都要为工程项目的监理提供服务。

总监理工程师是由工程监理单位法定代表人书面任命，负责履行建设工程监理合同、主持项目监理机构工作的注册监理工程师。

总监理工程师代表是经工程监理单位法定代表人同意，由总监理工程师书面授权，代表总监理工程师行使其部分职责和权力，具有工程类注册执业资格或具有中级及以上专业技术职称、3 年及以上工程实践经验并经监理业务培训的人员。

专业监理工程师是由总监理工程师授权，负责实施某一专业或某一岗位的监理工作，有相应监理文件签发权，具有工程类注册执业资格或具有中级及以上专业技术职称、2 年及以上工程实践经验并经监理业务培训的人员。

监理员是指从事具体监理工作，具有中专及以上学历并经过监理业务培训的人员。

2. 监理工程师的素质

具体从事监理工作的监理人员，不仅要有一定的工程技术或工程经济方面的专业知识、较强的专业技术能力，能够对工程建设进行监督管理，提出指导性的意见，而且要有一定的组织协调能力，能够组织、协调工程建设有关各方共同完成工程建设任务。因此，监理工程师应具备以下素质。

1）较高的专业学历和复合型的知识结构

至少应掌握一种专业理论知识，至少应具有工程类大专以上学历，并应了解或掌握一定的工程建设经济、法律和组织管理等方面的理论知识，不断了解新技术、新设备、新材料、新工艺，熟悉相关现行法律法规、政策规定，成为一专多能的复合型人才，持续保持较高的知识水准。

2）丰富的工程建设实践经验

工程建设中的实践经验主要包括立项评估、地质勘测、规划设计、工程招标投标、工程设计及设计管理、工程施工及施工管理、工程监理、设备制造等。

3）良好的品德

监理工程师的良好品德主要体现在以下几个方面：

（1）热爱本职工作；

（2）具有科学的工作态度；

（3）具有廉洁奉公、为人正直、办事公道的高尚情操；

（4）能够听取不同方面的意见，冷静分析问题。

4）健康的体魄和充沛的精力

我国对年满65周岁的监理工程师不再进行注册，主要就是考虑监理从业人员身体健康状况的适应能力而设定的条件。

3. 监理工程师的职业道德

为了规范监理工作行为，确保建设监理事业的健康发展，我国现行有关法律、法规对监理工程师的职业道德和工作纪律都做了具体的规定。在建设监理行业中，监理工程师应遵守以下职业道德：

（1）维护国家的荣誉和利益，按照“公平、独立、诚信、科学”的准则执业。

（2）执行有关建设工程的法律、法规、规范、标准和制度，履行建设工程委托监理合同规定的义务和职责。

（3）努力学习专业技术和建设工程监理知识，不断提高业务能力和监理水平。

（4）不以个人名义承揽监理业务。

（5）不同时在2个或2个以上工程监理企业注册和从事监理活动，不在政府部门和施工单位、材料和设备的生产供应单位等兼职。

（6）不为所监理项目指定承包单位、建筑构配件、设备、材料和施工方法。

（7）不收受被监理单位的任何礼品、礼金和有价证券等。

（8）不泄露所监理工程各方认为需要保密的事项。

（9）坚持独立自主地开展工作。

### 2.1.2　监理工程师的执业特点

监理工程师是建设工程监理制的核心。我国监理工程师执业特点主要表现在以下几个方面。

1. 执业范围广泛

就监理工程类别看，包括土木工程、建筑工程、线路管道与设备安装工程和装修工程等；就监理过程看，包括工程项目前期决策、招标投标、勘察设计、施工、项目运行等各阶段。

2. 执业内容复杂

监理工程师执业内容的基础是合同管理，主要工作内容是建设工程目标控制和协调管理，执业方式包括监督管理和咨询服务。执业内容包括：

（1）工程项目建设前期阶段，为业主提供投资决策咨询，协助业主进行工程项目可行性研究，提出项目评估；

（2）在设计阶段，审查、评选设计方案，选择勘察、设计单位，协助业主签订勘察、设计合同，监督、管理合同的实施，审核设计概算；

（3）在施工阶段，监督、管理工程承包合同的履行，协调业主与工程建设有关各方的工作关系，控制工程质量、进度和造价，组织工程竣工预验收，参与工程竣工验收，审核工程结算；

（4）在工程保修期内，检查工程质量状况，鉴定质量问题责任，督促责任单位维修。

3. 执业技能全面

监理工作需要一专多能的复合型人才来承担，监理工程师应具备复合型的知识结构，不仅要有理论知识，还要熟悉设计、施工、管理，要有组织、协调能力，能够综合应用各种知识解决工程建设中的各种问题。

4. 执业责任重大

责任包括两个方面：一是国家法律法规赋予的行政责任；二是委托监理合同约定的监理人义务，体现为监理工程师的合同民事责任。

没有专业技能的人不能从事监理工作；有一定专业技能、从事多年工程建设工作，但没有学习过工程监理知识，也难以开展监理工作。

### 2.1.3 监理人员的职责

项目监理机构的监理人员应由总监理工程师、专业监理工程师和监理员组成，且专业配套、数量应满足建设工程监理工作需要，必要时可设总监理工程师代表。工程监理单位调换总监理工程师时，应征得建设单位书面同意；调换专业监理工程师时，总监理工程师应书面通知建设单位。一名注册监理工程师可担任一项建设工程监理合同的总监理工程师。当需要同时担任多项建筑工程监理合同的总监理工程师时，应经建设单位书面同意，且最多不得超过三项。

1. 总监理工程师

（1）确定项目监理机构人员及其岗位职责。

（2）组织编制监理规划，审批监理实施细则。

（3）根据工程进展及监理工作情况调配监理人员，检查监理人员工作。

（4）组织召开监理例会。

（5）组织审核分包单位资格。

（6）组织审查施工组织设计、（专项）施工方案。

（7）审查工程开复工报审表，签发工程开工令、暂停令和复工令。

(8) 组织检查施工单位现场质量、安全生产管理体系的建立及运行情况。

(9) 组织审核施工单位的付款申请，签发工程款支付证书，组织审核竣工结算。

(10) 组织审查和处理工程变更。

(11) 调解建设单位与施工单位的合同争议，处理工程索赔。

(12) 组织验收分部工程，组织审查单位工程质量检验资料。

(13) 审查施工单位的竣工申请，组织工程竣工预验收，组织编写工程质量评估报告，参与工程竣工验收。

(14) 参与或配合工程质量安全事故的调查和处理。

(15) 组织编写监理月报、监理工作总结，组织整理监理文件资料。

小贴士

总监理工程师不得将下列工作委托给总监理工程师代表：

(1) 组织编制监理规划，审批监理实施细则。

(2) 根据工程进展及监理工作情况调配监理人员。

(3) 组织审查施工组织设计、(专项)施工方案。

(4) 签发工程开工令、暂停令和复工令。

(5) 签发工程款支付证书，组织审核竣工结算。

(6) 调解建设单位与施工单位的合同争议，处理工程索赔。

(7) 审查施工单位的竣工申请，组织工程竣工预验收，组织编写工程质量评估报告，参与工程竣工验收。

(8) 参与或配合工程质量安全事故的调查和处理。

2. 专业监理工程师

(1) 参与编制监理规划，负责编制监理实施细则。

(2) 审查施工单位提交的涉及本专业的报审文件，并向总监理工程师报告。

(3) 参与审核分包单位资格。

(4) 指导、检查监理员工作，定期向总监理工程师报告本专业监理工作实施情况。

(5) 检查进场的工程材料、构配件、设备的质量。

(6) 验收检验批、隐蔽工程、分项工程，参与验收分部工程。

(7) 处置发现的质量问题和安全事故隐患。

(8) 进行工程计量。

(9) 参与工程变更的审查和处理。

(10) 组织编写监理日志，参与编写监理月报。

(11) 收集、汇总、参与整理监理文件资料。

(12) 参与工程竣工预验收和竣工验收。

3. 监理员

(1) 检查施工单位投入工程的人力、主要设备的使用及运行状况。

(2) 进行见证取样。

(3) 复核工程计量有关数据。

(4) 检查工序施工结果。

(5) 发现施工作业中的问题，及时指出并向专业监理工程师报告。

### 2.1.4 监理工程师执业资格考试和注册

监理工程师执业资格考试由住房和城乡建设部、人力资源和社会保障部共同负责组织协调和监督管理。其中住房和城乡建设部负责组织拟定考试科目，编写考试大纲、培训教材和命题工作，统一规划和组织考前培训。人力资源和社会保障部负责审定考试科目、考试大纲和试题，组织实施各项考务工作；会同住房和城乡建设部对考试进行检查、监督、指导和确定考试合格标准。

注册监理工程师，是指经考试取得中华人民共和国监理工程师资格证书，并按照规定注册，取得中华人民共和国注册监理工程师注册执业证书和执业印章，从事工程监理及相关业务活动的专业技术人员。未取得注册执业证书和执业印章的人员，不得以注册监理工程师的名义从事工程监理及相关业务活动。

1. 监理工程师执业资格考试科目及报考条件

1) 监理工程师执业资格考试科目

监理工程师执业资格考试原则上每年举行一次，考试时间一般安排在5月中旬。原则上在省会城市设立考点。考试设“建设工程监理基本理论与相关法规”“建设工程合同管理”“建设工程质量、投资、进度控制”“建设工程监理案例分析”共4个科目。其中，《建设工程监理案例分析》为主观题，采用网络阅卷，在专用的答题卡上作答。参加全部4个科目考试的人员，必须在连续2个考试年度内通过全部科目考试；免试部分科目的人员，必须在1个考试年度内通过规定的2个科目的考试，方可取得监理工程师执业资格证书。监理工程师执业资格考试各科目合格标准为其总分的60%。考试合格者，由各省、自治区、直辖市人事(职改)部门颁发，人力资源和社会保障部统一印制，人力资源和社会保障部、住房和城乡建设部用印的《中华人民共和国监理工程师执业资格证书》，该证书在全国范围内有效。

2) 监理工程师执业资格考试报考条件

监理工程师考试报名条件如下：

凡遵守中华人民共和国宪法、法律、法规，具有良好的业务素质和道德品行，具备下列条件之一者，可以申请参加监理工程师职业资格考试：

① 具有各工程大类专业大学专科学历(或高等职业教育)，从事工程施工、监理、设计等业务工作满6年；

② 具有工学、管理科学与工程类专业大学本科学历或学位，从事工程施工、监理、设计等业务工作满4年；

③ 具有工学、管理科学与工程一级学科硕士学位或专业学位，从事工程施工、监理、设计等业务工作满2年；

④ 具有工学、管理科学与工程一级学科博士学位。

已取得监理工程师一种专业职业资格证书的人员，报名参加其他专业科目考试的，可免考基础科目。考试合格后，核发人力资源社会保障部门统一印制的相应专业考试合格证明。该证明作为注册时增加执业专业类别的依据。

具备以下条件之一的，参加考试可免考基础科目：

① 已取得公路水运工程监理工程师资格证书；

② 已取得水利工程建设监理工程师资格证书。

报名条件中有关学历的要求是指经国家教育部承认的正规学历，从事相关专业工作年限的计算截止日期一般为考试报名年度当年年底，详细信息以各地区具体规定为准。

2. 监理工程师注册

注册监理工程师依据其所学专业、工作经历、工程业绩，按照《工程监理企业资质管理规定》划分的工程类别，按专业注册。每人最多可以申请两个专业注册。取得资格证书的人员，经过注册方能以注册监理工程师的名义执业。取得资格证书的人员申请注册，由省、自治区、直辖市人民政府建设主管部门初审，国务院建设主管部门审批。注册证书和执业印章是注册监理工程师的执业凭证，由注册监理工程师本人保管、使用。注册证书和执业印章的有效期为3年。

1）注册形式

根据《注册监理工程师管理规定》（建设部令第147号），监理工程师的注册分三种形式，即初始注册、延续注册和变更注册。

(1) 初始注册。

初始注册者，可自资格证书签发之日起3年内提出申请。逾期未申请者，须符合继续教育的要求后方可申请初始注册。申请初始注册，应当具备以下条件：

《注册监理工程师管理规定》

① 经全国注册监理工程师执业资格统一考试合格，取得资格证书；

② 受聘于一个相关单位；

③ 达到继续教育要求；

④ 没有《注册监理工程师管理规定》第十三条所列情形。

初始注册需要提交下列材料：

① 申请人的注册申请表；

② 申请人的资格证书和身份证复印件；

③ 申请人与聘用单位签订的聘用劳动合同复印件；

④ 所学专业、工作经历、工程业绩、工程类中级及中级以上职称证书等有关证明材料；

⑤ 逾期初始注册的，应当提供达到继续教育要求的证明材料。

(2) 延续注册。

注册监理工程师每一注册有效期为3年，注册有效期满需继续执业的，应当在注册有效期满30日前，按照《注册监理工程师管理规定》第七条规定的程序申请延续注册。延续注册有效期3年。延续注册需要提交下列材料：

① 申请人延续注册申请表；

② 申请人与聘用单位签订的聘用劳动合同复印件；

③ 申请人注册有效期内达到继续教育要求的证明材料。

(3) 变更注册。

在注册有效期内，注册监理工程师变更执业单位，应当与原聘用单位解除劳动关系，并按《注册监理工程师管理规定》第七条规定的程序办理变更注册手续，变更注册后仍延续原注册有效期。

变更注册需要提交下列材料：

① 申请人变更注册申请表；

② 申请人与新聘用单位签订的聘用劳动合同复印件；

③ 申请人的工作调动证明(与原聘用单位解除聘用劳动合同或者聘用劳动合同到期的证明文件、退休人员的退休证明)。

2) 不予注册的情形

申请人有下列情形之一的，不予初始注册、延续注册或者变更注册：

① 不具有完全民事行为能力的；

② 刑事处罚尚未执行完毕或者因从事工程监理或者相关业务受到刑事处罚，自刑事处罚执行完毕之日起至申请注册之日止不满 2 年的；

③ 未达到监理工程师继续教育要求的；

④ 在两个或者两个以上单位申请注册的；

⑤ 以虚假的职称证书参加考试并取得资格证书的；

⑥ 年龄超过 65 周岁的；

⑦ 法律、法规规定不予注册的其他情形。

3) 注册证书和执业印章失效的情形

注册监理工程师有下列情形之一的，其注册证书和执业印章失效：

① 聘用单位破产的；

② 聘用单位被吊销营业执照的；

③ 聘用单位被吊销相应资质证书的；

④ 已与聘用单位解除劳动关系的；

⑤ 注册有效期满且未延续注册的；

⑥ 年龄超过 65 周岁的；

⑦ 死亡或者丧失行为能力的；

⑧ 其他导致注册失效的情形。

4) 注销注册的情形

注册监理工程师有下列情形之一的，负责审批的部门应当办理注销手续，收回注册证书和执业印章或者公告其注册证书和执业印章作废：

① 不具有完全民事行为能力的；

② 申请注销注册的；

③ 有《注册监理工程师管理规定》第十四条所列情形发生的；

④ 依法被撤销注册的；

⑤ 依法被吊销注册证书的；

⑥ 受到刑事处罚的；

⑦ 法律、法规规定应当注销注册的其他情形。

### 2.1.5 注册监理工程师执业和继续教育

1. 注册监理工程师执业

取得资格证书的人员，应当受聘于一个具有建设工程勘察、设计、施工、监理、招标代理、造价咨询等一项或者多项资质的单位，经注册后方可从事相应的执业活动。从事工程监理执业活动的，应当受聘并注册于一个具有工程监理资质的单位。注册监理工程师可以从事工程监理、工程经济与技术咨询、工程招标与采购咨询、工程项目管理服务以及国务院有关部门规定的其他业务。工程监理活动中形成的监理文件由注册监理工程师按照规定签字盖章后方可生效。

修改经注册监理工程师签字盖章的工程监理文件，应当由该注册监理工程师进行；因特殊情况，该注册监理工程师不能进行修改的，应当由其他注册监理工程师修改，并签字、加盖执业印章，对修改部分承担责任。注册监理工程师从事执业活动，由所在单位接受委托并统一收费。

因工程监理事故及相关业务造成的经济损失，聘用单位应当承担赔偿责任；聘用单位承担赔偿责任后，可依法向负有过错的注册监理工程师追偿。

2. 注册监理工程师继续教育

通过开展继续教育使注册监理工程师及时掌握与工程监理有关的法律法规、标准规范和政策，熟悉工程监理与工程项目管理的新理论、新方法，了解工程建设新技术、新材料、新设备及新工艺，适时更新业务知识，不断提高注册监理工程师的业务素质和执业水平，以适应开展工程监理业务和工程监理事业发展的需要。

《注册监理工程师继续教育暂行办法》

注册监理工程师在每一注册有效期内应当达到国务院建设主管部门规定的继续教育要求。继续教育分为必修课和选修课，在每一注册有效期内各为48学时。继续教育可采用脱产学习、集中听课、参加研讨会、工程项目管理现场参观、撰写专业论文等方式。继续教育的内容应紧密结合业务内容，逐年更新。继续教育作为注册监理工程师逾期初始注册、延续注册和重新申请注册的条件之一。

### 2.1.6 注册监理工程师的权利和义务

1. 权利

注册监理工程师享有下列权利：

(1) 使用注册监理工程师称谓；

(2) 在规定范围内从事执业活动；

(3) 依据本人能力从事相应的执业活动；

(4) 保管和使用本人的注册证书和执业印章；

(5) 对本人执业活动进行解释和辩护；

(6) 接受继续教育；

(7) 获得相应的劳动报酬；

(8) 对侵犯本人权利的行为进行申诉。

2. 义务

注册监理工程师应当履行下列义务：

(1) 遵守法律、法规和有关管理规定；

(2) 履行管理职责，执行技术标准、规范和规程；

(3) 保证执业活动成果的质量,并承担相应责任;

(4) 接受继续教育,努力提高执业水准;

(5) 在本人执业活动所形成的工程监理文件上签字、加盖执业印章;

(6) 保守在执业中知悉的国家秘密和他人的商业、技术秘密;

(7) 不得涂改、倒卖、出租、出借或者以其他形式非法转让注册证书或者执业印章;

(8) 不得同时在两个或者两个以上单位受聘或者执业;

(9) 在规定的执业范围和聘用单位业务范围内从事执业活动;

(10) 协助注册管理机构完成相关工作。

### 2.1.7 监理工程师的法律责任

监理工程师的法律责任建立在法律法规和建设工程委托监理合同的基础上。监理工程师法律责任的表现行为主要分为两种,一种是违反法律法规的行为,另一种是违反合同约定的行为。

1. 违反法律法规的行为

现行法律法规专门对监理工程师的法律责任做了具体规定,这些法律责任包括刑事责任、民事责任和行政责任,例如以下法律:

《中华人民共和国刑法》第一百三十七条规定,建设单位、设计单位、施工单位、工程监理单位违反国家规定,降低工程质量标准,造成重大安全事故的,对直接责任人员,处 5 年以下有期徒刑或者拘役,并处罚金;后果特别严重的,处 5 年以上 10 年以下有期徒刑,并处罚金。

《中华人民共和国建筑法》第六十八条规定,在工程发包与承包中索贿、受贿、行贿,构成犯罪的,依法追究刑事责任;不构成犯罪的,分别处以罚款,没收贿赂的财物,对直接负责的主管人员和其他直接责任人员给予处分;对在工程承包中行贿的承包单位,除依照前款规定处罚外,可以责令停业整顿,降低资质等级或者吊销资质证书。第六十九条规定,工程监理单位与建设单位或者建筑施工企业串通,弄虚作假、降低工程质量的,责令改正,处以罚款,降低资质等级或者吊销资质证书;有违法所得的,予以没收;造成损失的,承担连带赔偿责任;构成犯罪的,依法追究刑事责任。工程监理单位转让监理业务的,责令改正,没收违法所得,可以责令停业整顿,降低资质等级;情节严重的,吊销资质证书。

《建设工程质量管理条例》第六十条规定,违反本条例规定,勘察、设计、施工、工程监理单位超越本单位资质等级承揽工程的,责令停止违法行为,对勘察、设计单位或者工程监理单位处合同约定的勘察费、设计费或者监理酬金 1 倍以上 2 倍以下的罚款;对施工单位处工程合同价款百分之二以上百分之四以下的罚款,可以责令停业整顿,降低资质等级;情节严重的,吊销资质证书;有违法所得的,予以没收。

《建设工程质量管理条例》

未取得资质证书承揽工程的,予以取缔,依照前款规定处以罚款;有违法所得的,予以没收。

以欺骗手段取得资质证书承揽工程的,吊销资质证书,依照本条第一款规定处以罚款;有违法所得的,予以没收。

《建设工程质量管理条例》第六十一条规定,违反本条例规定,勘察、设计、施工、工程监理单位允许其他单位或者个人以本单位名义承揽工程的，责令改正，没收违法所得，对勘察、设计单位和工程监理单位处合同约定的勘察费、设计费和监理酬金1倍以上2倍以下的罚款；对施工单位处工程合同价款百分之二以上百分之四以下的罚款；可以责令停业整顿，降低资质等级；情节严重的，吊销资质证书。

《建设工程质量管理条例》第六十七条规定，工程监理单位有下列行为之一的，责令改正，处50万元以上100万元以下的罚款，降低资质等级或者吊销资质证书；有违法所得的，予以没收；造成损失的，承担连带赔偿责任：

与建设单位或者施工单位串通，弄虚作假、降低工程质量的；

将不合格的建设工程、建筑材料、建筑构配件和设备按照合格签字的。

《建设工程质量管理条例》第七十二条规定，违反本条例规定，注册建筑师、注册结构工程师、监理工程师等注册执业人员因过错造成质量事故的，责令停止执业1年；造成重大质量事故的，吊销执业资格证书，5年以内不予注册；情节特别恶劣的，终身不予注册。

《建设工程质量管理条例》第七十四条规定，建设单位、设计单位、施工单位、工程监理单位违反国家规定，降低工程质量标准，造成重大安全事故，构成犯罪的，对直接责任人员依法追究刑事责任。

《建设工程安全生产管理条例》第五十七条规定，违反本条例的规定，工程监理单位有下列行为之一的，责令限期改正；逾期未改正的，责令停业整顿，并处10万元以上30万元以下的罚款；情节严重的，降低资质等级，直至吊销资质证书；造成重大安全事故，构成犯罪的，对直接责任人员，依照刑法有关规定追究刑事责任；造成损失的，依法承担赔偿责任：

《建设工程安全生产管理条例》

未对施工组织设计中的安全技术措施或者专项施工方案进行审查的；

发现安全事故隐患未及时要求施工单位整改或者暂时停止施工的；

施工单位拒不整改或者不停止施工，未及时向有关主管部门报告的；

未依照法律、法规和工程建设强制性标准实施监理的。

2. 违约行为

监理工程师一般主要受聘于工程监理企业，从事工程监理业务。工程监理企业是订立建设工程委托监理合同的当事人，是法定意义上的合同主体。但建设工程委托监理合同在具体履行时，是由监理工程师代表监理企业来实现的。因此，如果监理工程师出现工作过失，违反了建设工程委托监理合同中的约定，其行为将被视为工程监理企业违约，由工程监理企业承担相应的违约责任。当然，工程监理企业在承担违约赔偿责任后，有权在企业内部向有相应过失行为的监理工程师索赔部分损失。所以，由监理工程师个人过失引发的建设工程委托监理合同违约行为，监理工程师应当与工程监理企业承担一定的连带责任。其连带责任的基础是工程监理企业与监理工程师签订的聘用协议或责任保证书，或工程监理企业法定代表人对监理工程师签发的授权委托书。一般来说，授权委托书应包含职权范围和相应责任条款。

监理人的违约责任包括过失责任和不作为责任。

(1) 过失责任。

监理人在责任期内，由于自身的过失造成损失，应承担过失责任，并按建设工程委托监理合同予以赔偿。例如：发出错误的指令，造成质量降低，工期拖延，费用增加；做出错误的判断，造成质量降低，工期拖延，费用增加；违反职业道德而引起的后果等。

(2) 不作为责任。

对违反“监理人在履行本合同的义务期间，应认真、勤奋地工作，为委托人提供与其水平相适应的咨询意见，公正维护各方面的合法权益”有关的事宜，监理人向委托人承担赔偿责任。当发生承包人或委托人违约违法的情况时，监理人应及时向承包人以书面(同时将副本交委托人)提出劝告、警告、通知，下达停工令等监理意见，也对业主方的不规范行为和偏离合同的做法，提出咨询、劝阻意见。如果监理人没有做到这一点且发生了责任事件，则不论何种理由，监理人应承担不作为责任。

## 2.2 监理企业

工程监理企业是指依法成立并取得建设主管部门颁发的工程监理企业资质证书，从事建设工程监理或相关服务活动的服务机构。

### 2.2.1 工程监理企业资质

《工程监理企业资质管理规定》

从事建设工程监理活动的企业，应当按照《工程监理企业资质管理规定》(建设部令第 158 号)的规定取得工程监理企业资质，并在工程监理企业资质证书(以下简称资质证书)许可的范围内从事工程监理活动。

工程监理企业资质分为综合资质、专业资质和事务所资质。其中，综合资质、事务所资质不分级别。专业资质分为甲级、乙级；其中，房屋建筑、水利水电、公路和市政公用专业资质可设立丙级。

1. 综合资质标准

(1) 具有独立法人资格且注册资本不少于 600 万元。

(2) 企业技术负责人应为注册监理工程师，并具有 15 年以上从事工程建设工作的经历或者具有工程类高级职称。

(3) 具有 5 个以上工程类别的专业甲级工程监理资质。

(4) 注册监理工程师不少于 60 人，注册造价工程师不少于 5 人，一级注册建造师、一级注册建筑师、一级注册结构工程师或者其他勘察设计注册工程师合计不少于 15 人次。

(5) 企业具有完善的组织结构和质量管理体系，有健全的技术、档案等管理制度。

(6) 企业具有必要的工程试验检测设备。

(7) 申请工程监理资质之日前一年内没有规定禁止的行为。

(8) 申请工程监理资质之日前一年内没有因本企业监理责任造成重大质量事故。

(9) 申请工程监理资质之日前一年内没有因本企业监理责任发生三级以上工程建设重大安全事故或者发生两起以上四级工程建设安全事故。

2. 专业资质标准

1）甲级

① 具有独立法人资格且注册资本不少于300万元。

② 企业技术负责人应为注册监理工程师，并具有15年以上从事工程建设工作的经历或者具有工程类高级职称。

③ 注册监理工程师、注册造价工程师、一级注册建造师、一级注册建筑师、一级注册结构工程师或者其他勘察设计注册工程师合计不少于25人次；其中，相应专业注册监理工程师不少于“专业资质注册监理工程师人数配备表”（见表2.1）中要求配备的人数，注册造价工程师不少于2人。

④ 企业近2年内独立监理过3个以上相应专业的二级工程项目，但是具有甲级设计资质或一级及以上施工总承包资质的企业申请本专业工程类别甲级资质的除外。

⑤ 企业具有完善的组织结构和质量管理体系，有健全的技术、档案等管理制度。

⑥ 企业具有必要的工程试验检测设备。

⑦ 申请工程监理资质之日前一年内没有规定禁止的行为。

⑧ 申请工程监理资质之日前一年内没有因本企业监理责任造成重大质量事故。

⑨ 申请工程监理资质之日前一年内没有因本企业监理责任发生三级以上工程建设重大安全事故或者发生两起以上四级工程建设安全事故。

2）乙级

① 具有独立法人资格且注册资本不少于100万元。

② 企业技术负责人应为注册监理工程师，并具有10年以上从事工程建设工作的经历。

③ 注册监理工程师、注册造价工程师、一级注册建造师、一级注册建筑师、一级注册结构工程师或者其他勘察设计注册工程师合计不少于15人次。其中，相应专业注册监理工程师不少于“专业资质注册监理工程师人数配备表”（见表2.1）中要求配备的人数，注册造价工程师不少于1人。

④ 有较完善的组织结构和质量管理体系，有技术、档案等管理制度。

⑤ 有必要的工程试验检测设备。

⑥ 申请工程监理资质之日前一年内没有规定禁止的行为。

⑦ 申请工程监理资质之日前一年内没有因本企业监理责任造成重大质量事故。

⑧ 申请工程监理资质之日前一年内没有因本企业监理责任发生三级以上工程建设重大安全事故或者发生两起以上四级工程建设安全事故。

3）丙级

① 具有独立法人资格且注册资本不少于50万元。

② 企业技术负责人应为注册监理工程师，并具有8年以上从事工程建设工作的经历。

③ 相应专业的注册监理工程师不少于“专业资质注册监理工程师人数配备表”（见表2.1）中要求配备的人数。

④ 有必要的质量管理体系和规章制度。

⑤ 有必要的工程试验检测设备。

4）事务所资质标准

① 取得合伙企业营业执照，具有书面合作协议书。

② 合伙人中有3名以上注册监理工程师，合伙人均有5年以上从事建设工程监理的工

作经历。

③ 有固定的工作场所。

④ 有必要的质量管理体系和规章制度。

⑤ 有必要的工程试验检测设备。

**表 2.1　专业资质注册监理工程师人数配备表**　（单位：人）

| 序　号 | 工程类别 | 甲　级 | 乙　级 | 丙　级 |
|---|---|---|---|---|
| 1 | 房屋建筑工程 | 15 | 10 | 5 |
| 2 | 冶炼工程 | 15 | 10 | |
| 3 | 矿山工程 | 20 | 12 | |
| 4 | 化工石油工程 | 15 | 10 | |
| 5 | 水利水电工程 | 20 | 12 | 5 |
| 6 | 电力工程 | 15 | 10 | |
| 7 | 农林工程 | 15 | 10 | |
| 8 | 铁路工程 | 23 | 14 | |
| 9 | 公路工程 | 20 | 12 | 5 |
| 10 | 港口与航道工程 | 20 | 12 | |
| 11 | 航天航空工程 | 20 | 12 | |
| 12 | 通信工程 | 20 | 12 | |
| 13 | 市政公用工程 | 15 | 10 | 5 |
| 14 | 机电安装工程 | 15 | 10 | |

注：表中各专业资质注册监理工程师人数配备是指企业取得本专业工程类别注册的注册监理工程师人数。

### 2.2.2 工程监理企业资质相应许可的业务范围

1. 综合资质

可以承担所有专业工程类别建设工程项目的工程监理业务。

2. 专业资质

1）专业甲级资质

可承担相应专业工程类别建设工程项目的工程监理业务（见表 2.2）。

2）专业乙级资质

可承担相应专业工程类别二级以下（含二级）建设工程项目的工程监理业务（见表 2.2）。

3）专业丙级资质

可承担相应专业工程类别三级建设工程项目的工程监理业务（见表 2.2）。

3. 事务所资质

可承担三级建设工程项目的工程监理业务（见表 2.2），但是，国家规定必须实行强制监理的工程除外。

工程监理企业可以开展相应类别建设工程的项目管理、技术咨询等业务。

表 2.2 专业工程类别和等级表

| 序号 | 工程类别 | | 一级 | 二级 | 三级 |
|---|---|---|---|---|---|
| 1 | 房屋建筑工程 | 一般公共建筑 | 28 层以上;36 米跨度以上(轻钢结构除外);单项工程建筑面积 3 万平方米以上 | 14～28 层;24～36 米跨度(轻钢结构除外);单项工程建筑面积 1 万～3 万平方米 | 14 层以下;24 米跨度以下(轻钢结构除外);单项工程建筑面积 1 万平方米以下 |
| | | 高耸构筑工程 | 高度 120 米以上 | 高度 70～120 米 | 高度 70 米以下 |
| | | 住宅工程 | 小区建筑面积 12 万平方米以上;单项工程 28 层以上 | 建筑面积 6 万～12 万平方米;单项工程 14～28 层 | 建筑面积 6 万平方米以下;单项工程 14 层以下 |
| 2 | 冶炼工程 | 钢铁冶炼、连铸工程 | 年产 100 万吨以上;单座高炉炉容 1250 立方米以上;单座公称容量转炉 100 吨以上;电炉 50 吨以上;连铸年产 100 万吨以上或板坯连铸单机 1450 毫米以上 | 年产 100 万吨以下;单座高炉炉容 1250 立方米以下;单座公称容量转炉 100 吨以下;电炉 50 吨以下;连铸年产 100 万吨以下或板坯连铸单机 1450 毫米以下 | |
| | | 轧钢工程 | 热轧年产 100 万吨以上,装备连续、半连续轧机;冷轧带板年产 100 万吨以上,冷轧线材年产 30 万吨以上或装备连续、半连续轧机 | 热轧年产 100 万吨以下,装备连续、半连续轧机;冷轧带板年产 100 万吨以下,冷轧线材年产 30 万吨以下或装备连续、半连续轧机 | |
| | | 冶炼辅助工程 | 炼焦工程年产 50 万吨以上或炭化室高度 4.3 米以上;单台烧结机 100 平方米以上;小时制氧 300 立方米以上 | 炼焦工程年产 50 万吨以下或炭化室高度 4.3 米以下;单台烧结机 100 平方米以下;小时制氧 300 立方米以下 | |
| | | 有色冶炼工程 | 有色冶炼年产 10 万吨以上;有色金属加工年产 5 万吨以上;氧化铝工程 40 万吨以上 | 有色冶炼年产 10 万吨以下;有色金属加工年产 5 万吨以下;氧化铝工程 40 万吨以下 | |
| | | 建材工程 | 水泥日产 2000 吨以上;浮化玻璃日熔量 400 吨以上;池窑拉丝玻璃纤维、特种纤维;特种陶瓷生产线工程 | 水泥日产 2000 吨以下;浮化玻璃日熔量 400 吨以下;普通玻璃生产线;组合炉拉丝玻璃纤维;非金属材料、玻璃钢、耐火材料、建筑及卫生陶瓷厂工程 | |

续表

| 序号 | 工程类别 | | 一级 | 二级 | 三级 |
|---|---|---|---|---|---|
| 3 | 矿山工程 | 煤矿工程 | 年产120万吨以上的井工矿工程；年产120万吨以上的洗选煤工程；深度800米以上的立井井筒工程；年产400万吨以上的露天矿山工程 | 年产120万吨以下的井工矿工程；年产120万吨以下的洗选煤工程；深度800米以下的立井井筒工程；年产400万吨以下的露天矿山工程 | |
| | | 冶金矿山工程 | 年产100万吨以上的黑色矿山采选工程；年产100万吨以上的有色砂矿采、选工程；年产60万吨以上的有色脉矿采、选工程 | 年产100万吨以下的黑色矿山采选工程；年产100万吨以下的有色砂矿采、选工程；年产60万吨以下的有色脉矿采、选工程 | |
| | | 化工矿山工程 | 年产60万吨以上的磷矿、硫铁矿工程 | 年产60万吨以下的磷矿、硫铁矿工程 | |
| | | 铀矿工程 | 年产10万吨以上的铀矿；年产200吨以上的铀选冶 | 年产10万吨以下的铀矿；年产200吨以下的铀选冶 | |
| | | 建材类非金属矿工程 | 年产70万吨以上的石灰石矿；年产30万吨以上的石膏矿、石英砂岩矿 | 年产70万吨以下的石灰石矿；年产30万吨以下的石膏矿、石英砂岩矿 | |
| 4 | 化工石油工程 | 油田工程 | 原油处理能力150万吨/年以上、天然气处理能力150万方/天以上、产能50万吨以上及配套设施 | 原油处理能力150万吨/年以下、天然气处理能力150万方/天以下、产能50万吨以下及配套设施 | |
| | | 油气储运工程 | 压力容器8 MPa以上；油气储罐10万立方米/台以上；长输管道120千米以上 | 压力容器8 MPa以下；油气储罐10万立方米/台以下；长输管道120千米以下 | |
| | | 炼油化工工程 | 原油处理能力在500万吨/年以上的一次加工及相应二次加工装置和后加工装置 | 原油处理能力在500万吨/年以下的一次加工及相应二次加工装置和后加工装置 | |
| | | 基本原材料工程 | 年产30万吨以上的乙烯工程；年产4万吨以上的合成橡胶、合成树脂及塑料和化纤工程 | 年产30万吨以下的乙烯工程；年产4万吨以下的合成橡胶、合成树脂及塑料和化纤工程 | |
| | | 化肥工程 | 年产20万吨以上合成氨及相应后加工装置；年产24万吨以上磷氨工程 | 年产20万吨以下合成氨及相应后加工装置；年产24万吨以下磷氨工程 | |

续表

| 序号 | 工程类别 | | 一级 | 二级 | 三级 |
|---|---|---|---|---|---|
| 4 | 化工石油工程 | 酸碱工程 | 年产硫酸16万吨以上;年产烧碱8万吨以上;年产纯碱40万吨以上 | 年产硫酸16万吨以下;年产烧碱8万吨以下;年产纯碱40万吨以下 | |
| | | 轮胎工程 | 年产30万套以上 | 年产30万套以下 | |
| | | 核化工及加工工程 | 年产1000吨以上的铀转换化工工程;年产100吨以上的铀浓缩工程;总投资10亿元以上的乏燃料后处理工程;年产200吨以上的燃料元件加工工程;总投资5000万元以上的核技术及同位素应用工程 | 年产1000吨以下的铀转换化工工程;年产100吨以下的铀浓缩工程;总投资10亿元以下的乏燃料后处理工程;年产200吨以下的燃料元件加工工程;总投资5000万元以下的核技术及同位素应用工程 | |
| | | 医药及其他化工工程 | 总投资1亿元以上 | 总投资1亿元以下 | |
| 5 | 水利水电工程 | 水库工程 | 总库容1亿立方米以上 | 总库容1000万～1亿立方米 | 总库容1000万立方米以下 |
| | | 水力发电站工程 | 总装机容量300 MW以上 | 总装机容量50～300 MW | 总装机容量50 MW以下 |
| | | 其他水利工程 | 引调水堤防等级1级;灌溉排涝流量5立方米/秒以上;河道整治面积30万亩以上;城市防洪城市人口50万人以上;围垦面积5万亩以上;水土保持综合治理面积1000平方公里以上 | 引调水堤防等级2、3级;灌溉排涝流量0.5～5立方米/秒;河道整治面积3万～30万亩;城市防洪城市人口20万～50万人;围垦面积0.5万～5万亩;水土保持综合治理面积100～1000平方公里 | 引调水堤防等级4、5级;灌溉排涝流量0.5立方米/秒以下;河道整治面积3万亩以下;城市防洪城市人口20万人以下;围垦面积0.5万亩以下;水土保持综合治理面积100平方公里以下 |
| 6 | 电力工程 | 火力发电站工程 | 单机容量30万千瓦以上 | 单机容量30万千瓦以下 | |
| | | 输变电工程 | 330千伏以上 | 330千伏以下 | |
| | | 核电工程 | 核电站;核反应堆工程 | | |
| 7 | 农林工程 | 林业局(场)总体工程 | 面积35万公顷以上 | 面积35万公顷以下 | |
| | | 林产工业工程 | 总投资5000万元以上 | 总投资5000万元以下 | |
| | | 农业综合开发工程 | 总投资3000万元以上 | 总投资3000万元以下 | |
| | | 种植业工程 | 2万亩以上或总投资1500万元以上 | 2万亩以下或总投资1500万元以下 | |

续表

| 序号 | 工程类别 | | 一级 | 二级 | 三级 |
|---|---|---|---|---|---|
| 7 | 农林工程 | 兽医/畜牧工程 | 总投资1500万元以上 | 总投资1500万元以下 | |
| | | 渔业工程 | 渔港工程总投资3000万元以上;水产养殖等其他工程总投资1500万元以上 | 渔港工程总投资3000万元以下;水产养殖等其他工程总投资1500万元以下 | |
| | | 设施农业工程 | 设施园艺工程1公顷以上;农产品加工等其他工程总投资1500万元以上 | 设施园艺工程1公顷以下;农产品加工等其他工程总投资1500万元以下 | |
| | | 核设施退役及放射性三废处理处置工程 | 总投资5000万元以上 | 总投资5000万元以下 | |
| 8 | 铁路工程 | 铁路综合工程 | 新建、改建一级干线;单线铁路40千米以上;双线30千米以上及枢纽 | 单线铁路40千米以下;双线30千米以下;二级干线及站线;专用线、专用铁路 | |
| | | 铁路桥梁工程 | 桥长500米以上 | 桥长500米以下 | |
| | | 铁路隧道工程 | 单线3000米以上;双线1500米以上 | 单线3000米以下;双线1500米以下 | |
| | | 铁路通信、信号、电力电气化工程 | 新建、改建铁路(含枢纽、配、变电所、分区亭)单双线200千米及以上 | 新建、改建铁路(不含枢纽、配、变电所、分区亭)单双线200千米及以下 | |
| 9 | 公路工程 | 公路工程 | 高速公路 | 高速公路路基工程及一级公路 | 一级公路路基工程及二级以下各级公路 |
| | | 公路桥梁工程 | 独立大桥工程;特大桥总长1000米以上或单跨跨径150米以上 | 大桥、中桥桥梁总长30～1000米或单跨跨径20～150米 | 小桥总长30米以下或单跨跨径20米以下;涵洞工程 |
| | | 公路隧道工程 | 隧道长度1000米以上 | 隧道长度500～1000米 | 隧道长度500米以下 |
| | | 其他工程 | 通信、监控、收费等机电工程,高速公路交通安全设施、环保工程和沿线附属设施 | 一级公路交通安全设施、环保工程和沿线附属设施 | 二级及以下公路交通安全设施、环保工程和沿线附属设施 |
| 10 | 港口与航道工程 | 港口工程 | 集装箱、件杂、多用途等沿海港口工程20000吨级以上;散货、原油沿海港口工程30000吨级以上;1000吨级以上内河港口工程 | 集装箱、件杂、多用途等沿海港口工程20000吨级以下;散货、原油沿海港口工程30000吨级以下;1000吨级以下内河港口工程 | |
| | | 通航建筑与整治工程 | 1000吨级以上 | 1000吨级以下 | |

续表

| 序号 | 工程类别 | | 一级 | 二级 | 三级 |
|---|---|---|---|---|---|
| 10 | 港口与航道工程 | 航道工程 | 通航30000吨级以上船舶沿海复杂航道；通航1000吨级以上船舶的内河航运工程项目 | 通航30000吨级以下船舶沿海航道；通航1000吨级以下船舶的内河航运工程项目 | |
| | | 修造船水工工程 | 10000吨位以上的船坞工程；船体重量5000吨位以上的船台、滑道工程 | 10000吨位以下的船坞工程；船体重量5000吨位以下的船台、滑道工程 | |
| | | 防波堤、导流堤等水工工程 | 最大水深6米以上 | 最大水深6米以下 | |
| | | 其他水运工程项目 | 建安工程费6000万元以上的沿海水运工程项目；建安工程费4000万元以上的内河水运工程项目 | 建安工程费6000万元以下的沿海水运工程项目；建安工程费4000万元以下的内河水运工程项目 | |
| 11 | 航天航空工程 | 民用机场工程 | 飞行区指标为4E及以上及其配套工程 | 飞行区指标为4D及以下及其配套工程 | |
| | | 航空飞行器 | 航空飞行器（综合）工程总投资1亿元以上；航空飞行器（单项）工程总投资3000万元以上 | 航空飞行器（综合）工程总投资1亿元以下；航空飞行器（单项）工程总投资3000万元以下 | |
| | | 航天空间飞行器 | 工程总投资3000万元以上；面积3000平方米以上：跨度18米以上 | 工程总投资3000万元以下；面积3000平方米以下；跨度18米以下 | |
| 12 | 通信工程 | 有线、无线传输通信工程，卫星、综合布线 | 省际通信、信息网络工程 | 省内通信、信息网络工程 | |
| | | 邮政、电信、广播枢纽及交换工程 | 省会城市邮政、电信枢纽 | 地市级城市邮政、电信枢纽 | |
| | | 发射台工程 | 总发射功率500千瓦以上短波或600千瓦以上中波发射台；高度200米以上广播电视发射塔 | 总发射功率500千瓦以下短波或600千瓦以下中波发射台；高度200米以下广播电视发射塔 | |
| 13 | 市政公用工程 | 城市道路工程 | 城市快速路、主干路，城市互通式立交桥及单孔跨径100米以上桥梁；长度1000米以上的隧道工程 | 城市次干路工程，城市分离式立交桥及单孔跨径100米以下的桥梁；长度1000米以下的隧道工程 | 城市支路工程、过街天桥及地下通道工程 |

续表

| 序号 | 工程类别 | | 一级 | 二级 | 三级 |
|---|---|---|---|---|---|
| 13 | 市政公用工程 | 给水排水工程 | 10 万吨/日以上的给水厂；5 万吨/日以上污水处理工程；3 立方米/秒以上的给水、污水泵站；15 立方米/秒以上的雨泵站；直径 2.5 米以上的给排水管道 | 2 万～10 万吨/日的给水厂；1 万～5 万吨/日污水处理工程；1～3 立方米/秒的给水、污水泵站；5～15 立方米/秒的雨泵站；直径 1～2.5 米的给水管道；直径 1.5～2.5 米的排水管道 | 2 万吨/日以下的给水厂；1 万吨/日以下污水处理工程；1 立方米/秒以下的给水、污水泵站；5 立方米/秒以下的雨泵站；直径 1 米以下的给水管道；直径 1.5 米以下的排水管道 |
| | | 燃气热力工程 | 总储存容积 1000 立方米以上液化气贮罐场（站）；供气规模 15 万立方米/日以上的燃气工程；中压以上的燃气管道、调压站；供热面积 150 万平方米以上的热力工程 | 总储存容积 1000 立方米以下的液化气贮罐场（站）；供气规模 15 万立方米/日以下的燃气工程；中压以下的燃气管道、调压站；供热面积 50 万～150 万平方米的热力工程 | 供热面积 50 万平方米以下的热力工程 |
| | | 垃圾处理工程 | 1200 吨/日以上的垃圾焚烧和填埋工程 | 500～1200 吨/日的垃圾焚烧及填埋工程 | 500 吨/日以下的垃圾焚烧及填埋工程 |
| | | 地铁轻轨工程 | 各类地铁轻轨工程 | | |
| | | 风景园林工程 | 总投资 3000 万元以上 | 总投资 1000 万～3000 万元 | 总投资 1000 万元以下 |
| 14 | 机电安装工程 | 机械工程 | 总投资 5000 万元以上 | 总投资 5000 万以下 | |
| | | 电子工程 | 总投资 1 亿元以上；含有净化级别 6 级以上的工程 | 总投资 1 亿元以下；含有净化级别 6 级以下的工程 | |
| | | 轻纺工程 | 总投资 5000 万元以上 | 总投资 5000 万元以下 | |
| | | 兵器工程 | 建安工程费 3000 万元以上的坦克装甲车辆、炸药、弹箭工程；建安工程费 2000 万元以上的枪炮、光电工程；建安工程费 1000 万元以上的防化民爆工程 | 建安工程费 3000 万元以下的坦克装甲车辆、炸药、弹箭工程；建安工程费 2000 万元以下的枪炮、光电工程；建安工程费 1000 万元以下的防化民爆工程 | |
| | | 船舶工程 | 船舶制造工程总投资 1 亿元以上；船舶科研、机械、修理工程总投资 5000 万元以上 | 船舶制造工程总投资 1 亿元以下；船舶科研、机械、修理工程总投资 5000 万元以下 | |
| | | 其他工程 | 总投资 5000 万元以上 | 总投资 5000 万元以下 | |

注：1. 表中的“以上”含本数，“以下”不含本数。

2. 未列入本表中的其他专业工程，由国务院有关部门按照有关规定在相应的工程类别中划分等级。

3. 房屋建筑工程包括结合城市建设与民用建筑修建的附建人防工程。

## 2.2.3　工程监理企业资质申请与审批

《关于促进工程监理行业转型升级创新发展的意见》

《工程监理企业资质管理规定》(建设部令第 158 号)是工程监理企业资质申请与审批的实施依据。工程监理企业资质申请与审批流程如图2.1所示。

新设立的工程监理企业，到工商行政管理部门登记注册并取得企业法人营业执照后，方可到建设行政主管部门办理资质申请手续。申请综合资质、专业甲级资质的，应当向企业工商注册所在地的省、自治区、直辖市人民政府建设主管部门提出申请。专业乙级、丙级资质和事务所资质由企业所在地省、自治区、直辖市人民政府建设主管部门审批。工程监理企业资质证书分为正本和副本，每套资质证书包括一本正本，四本副本。正、副本具有同等法律效力。工程监理企业资质证书的有效期为 5 年。工程监理企业资质证书由国务院建设主管部门统一印制并发放。

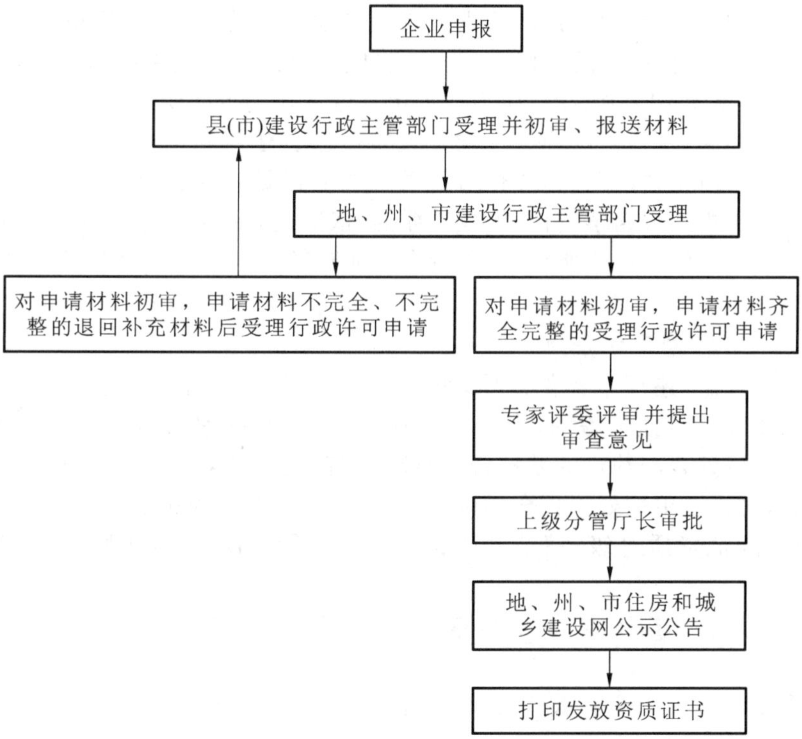


图 2.1　工程监理企业资质申请与审批流程

申请工程监理企业资质，应当提交以下材料：

(1) 工程监理企业资质申请表(一式三份)及相应电子文档；

(2) 企业法人、合伙企业营业执照；

(3) 企业章程或合伙人协议；

(4) 企业法定代表人、企业负责人和技术负责人的身份证明、工作简历及任命(聘用)文件；

(5) 工程监理企业资质申请表中所列注册监理工程师及其他注册执业人员的注册执业证书；

(6) 有关企业质量管理体系、技术和档案等管理制度的证明材料；

(7) 有关工程试验检测设备的证明材料。

取得专业资质的企业申请晋升专业资质等级或者取得专业甲级资质的企业申请综合资质的，除前款规定的材料外，还应当提交企业原工程监理企业资质证书正、副本复印件，企业《监理业务手册》及近两年已完成代表工程的监理合同、监理规划、工程竣工验收报告及监理工作总结。

资质有效期届满，工程监理企业需要继续从事工程监理活动的，应当在资质证书有效期届满60日前，向原资质许可机关申请办理延续手续。对在资质有效期内遵守有关法律、法规、规章、技术标准，信用档案中无不良记录，且专业技术人员满足资质标准要求的企业，经资质许可机关同意，有效期延续5年。

### 2.2.4 工程监理企业的法律责任

《建筑法》

1.《建筑法》

第三十五条的规定：工程监理单位不按照委托监理合同的约定履行监理义务，对应当监督检查的项目不检查或者不按照规定检查，给建设单位造成损失的，应当承担相应的赔偿责任。工程监理单位与承包单位串通，为承包单位谋取非法利益，给建设单位造成损失的，应当与承包单位承担连带赔偿责任。

第六十九条的规定：工程监理单位与建设单位或者建筑施工企业串通，弄虚作假、降低工程质量的，责令改正，处以罚款，降低资质等级或者吊销资质证书；有违法所得的，予以没收；造成损失的，承担连带赔偿责任；构成犯罪的，依法追究刑事责任。工程监理单位转让监理业务的，责令改正，没收违法所得，可以责令停业整顿，降低资质等级；情节严重的，吊销资质证书。

2.《建设工程质量管理条例》

《建设工程质量管理条例》

第六十条的规定：违反本条例规定，勘察、设计、施工、工程监理单位超越本单位资质等级承揽工程的，责令停止违法行为，对勘察、设计单位或者工程监理单位处合同约定的勘察费、设计费或者监理酬金1倍以上2倍以下的罚款；对施工单位处工程合同价款2%以上4%以下的罚款，可以责令停业整顿，降低资质等级；情节严重的，吊销资质证书；有违法所得的，予以没收。

未取得资质证书承揽工程的，予以取缔，依照前款规定处以罚款；有违法所得的，予以没收。

以欺骗手段取得资质证书承揽工程的，吊销资质证书，依照本条第一款规定处以罚款；有违法所得的，予以没收。

第六十一条的规定：违反本条例规定，勘察、设计、施工、工程监理单位允许其他单位或者个人以本单位名义承揽工程的，责令改正，没收违法所得，对勘察、设计单位和工程监理单位处合同约定的勘察费、设计费和监理酬金1倍以上2倍以下的罚款；对施工单位处工程合同价款2%以上4%以下的罚款；可以责令停业整顿，降低资质等级；情节严重的，吊销资质证书。

第六十二条的规定：违反本条例规定，承包单位将承包的工程转包或者违法分包的，责令改正，没收违法所得，对勘察、设计单位处合同约定的勘察费、设计费25%以上50%以下的罚款；对施工单位处工程合同价款0.5%以上1%以下的罚款；可以责令停业整顿，降低资质等级；情节严重的，吊销资质证书。

工程监理单位转让工程监理业务的，责令改正，没收违法所得，处合同约定的监理酬金

25%以上50%以下的罚款;可以责令停业整顿,降低资质等级;情节严重的,吊销资质证书。

第六十七条的规定:工程监理单位有下列行为之一的,责令改正,处50万元以上100万元以下的罚款,降低资质等级或者吊销资质证书;有违法所得的,予以没收;造成损失的,承担连带赔偿责任:

(一)与建设单位或者施工单位串通,弄虚作假、降低工程质量的;

(二)将不合格的建设工程、建筑材料、建筑构配件和设备按照合格签字的。

第六十八条的规定:违反本条例规定,工程监理单位与被监理工程的施工承包单位以及建筑材料、建筑构配件和设备供应单位有隶属关系或者其他利害关系承担该项建设工程的监理业务的,责令改正,处5万元以上10万元以下的罚款,降低资质等级或者吊销资质证书;有违法所得的,予以没收。

第七十条的规定:发生重大工程质量事故隐瞒不报、谎报或者拖延报告期限的,对直接负责的主管人员和其他责任人员依法给予行政处分。

3.《建设工程安全生产管理条例》

第五十二条的规定:建设工程生产安全事故的调查、对事故责任单位和责任人的处罚与处理,按照有关法律、法规的规定执行。

第五十七条的规定:工程监理单位有下列行为之一的,责令限期改正;逾期未改正的,责令停业整顿,并处10万元以上30万元以下的罚款;情节严重的,降低资质等级,直至吊销资质证书;造成重大安全事故,构成犯罪的,对直接责任人员,依照刑法有关规定追究刑事责任;造成损失的,依法承担赔偿责任:

《建设工程安全生产管理条例》

(1)未对施工组织设计中的安全技术措施或者专项施工方案进行审查的;

(2)发现安全事故隐患未及时要求施工单位整改或者暂时停止施工的;

(3)施工单位拒不整改或者不停止施工,未及时向有关主管部门报告的;

(4)未依照法律、法规和工程建设强制性标准实施监理的。

## 小 结

监理工程师是一种岗位职务、执业资格称谓,不是技术职称。监理工程师应具备的素质有:较高的专业学历和复合型的知识结构、丰富的工程建设实践经验、良好的品德、健康的体魄和充沛的精力等。我国监理工程师执业特点主要表现在执业范围广泛、执业内容复杂、执业技能全面、执业责任重大等方面。监理工程师执业资格考试原则上每年举行一次,考试时间一般安排在5月中旬。考试设"建设工程监理基本理论与相关法规""建设工程合同管理""建设工程质量、投资、进度控制""建设工程监理案例分析"共4个科目。监理工程师的注册分初始注册、延续注册和变更注册三种形式。工程监理企业资质分为综合资质、专业资质和事务所资质。其中,综合资质、事务所资质不分级别。专业资质分为甲级、乙级;其中,房屋建筑、水利水电、公路和市政公用专业资质可设立丙级。工程监理企业资质证书分为正本和副本,每套资质证书包括一本正本,四本副本。正、副本具有同等法律效力。工程监理企业资质证书的有效期为5年。工程监理企业资质证书由国务院建设主管部门统一印制并发放。

## 巩固训练

**一、单项选择题**

1. 我国的监理工程师是指(　　)的一类人。

A. 具有中级以上专业技术职称的从事监理工作

B. 取得监理工程师资格证书

C. 取得监理工程师注册证书和执业印章

D. 监理单位从事技术工程、技术管理工作

2. 报考全国监理工程师执业资格考试的条件中规定，取得工程技术或工程经济专业中级职务的人员，任职期限必须满(　　)。

A. 1 年　　B. 2 年　　C. 3 年　　D. 5 年

3. 总监理工程师需要同时担任多项委托监理合同的项目总监理工程师时，必须经过(　　)的同意，且最多不得超过三项。

A. 承建单位　　B. 设计单位　　C. 政府主管部门　　D. 项目业主

4. 工程监理单位应当在其资质等级许可的监理范围内，承担工程监理业务。工程监理单位应当根据建设单位的委托，客观、(　　)地执行监理任务。

A. 公平　　B. 公正　　C. 公开　　D. 独立

5. 甲级监理企业可以监理经核定的工程类别中的(　　)工程。

A. 一类、二类、三类　　B. 一类、二类

C. 一类、三类　　D. 二类、三类

6. 甲级监理单位注册资金不得少于(　　)。

A. 600 万元　　B. 300 万元　　C. 100 万元　　D. 80 万元

7. 乙级工程监理企业的资质等级标准要求其企业技术负责人应为注册监理工程师，并具有(　　)年以上从事工程建设工作的经历。

A. 5　　B. 10　　C. 8　　D. 15

8. 综合资质工程监理企业的资质等级标准要求，注册监理工程师不少于(　　)人。

A. 100　　B. 25　　C. 60　　D. 45

9. 以下专业乙级工程监理企业资质中，不可以设立丙级的是(　　)。

A. 房屋建筑专业　　B. 水利水电专业

C. 市政公用专业　　D. 机电安装专业

10. 监理工程师应严格遵守的职业道德守则是(　　)。

A. 热爱本职工作　　B. 保证执业活动成果的质量

C. 坚持独立自主地开展工作　　D. 为监理项目指定合理的施工方法

11. 在监理单位与项目法人签订了工程建设监理合同之后，监理单位与项目承建单位之间就变成(　　)关系。

A. 委托与被委托　　B. 授权与被授权

C. 代理与被代理　　D. 咨询与被咨询

12. 项目监理机构应当配备满足监理工作需要的（　　）。

A. 所有监理设施　　B. 主要监理设施

C. 所有检测设备和工具　　D. 常规检测设备和工具

13. 如果监理工程师出现工作过失，违反了合同约定，由（　　）向建设单位承担违约责任。

A. 工程监理企业　　B. 总监

C. 监理工程师　　D. 工程监理企业和监理工程师共同

14. 新设立的监理单位，应当在（　　）后，方可到建设行政主管部门办理资质申请手续。

A. 其主管部门同意　　B. 取得企业法人营业执照

C. 达到规定的监理业绩　　D. 达到规定的年限

15. 监理工程师每人最多可以申请（　　）个专业注册。

A. 1　　B. 2　　C. 3　　D. 4

16. 下列不属于工程监理企业事务所资质业务范围的是（　　）。

A. 建设工程的技术咨询　　B. 建设工程的项目管理

C. 二级建设工程项目的工程监理业务　　D. 三级建设工程项目的工程监理业务

**二、多项选择题**

1. 下列工作事项中，属于注册监理工程师义务的有（　　）。

A. 依据本人能力从事相应的执业活动

B. 对本人执业活动进行解释和辩护

C. 在规定的执业范围和聘用单位业务范围内从事执业活动

D. 接受继续教育，努力提高执业水准

E. 保管和使用本人的注册证书和执业印章

2. 根据《注册监理工程师管理规定》，下列权利和义务中，属于注册监理工程师享有的权利是（　　）。

A. 保证执业活动成果的质量

B. 依据本人能力从事相应的执业活动

C. 在规定的执业范围和聘用单位业务范围内从事执业活动

D. 接受继续教育，努力提高执业水准

E. 获得相应的劳动报酬

3. 监理工程师职业道德守则有（　　）。

A. 不得以个人名义承揽监理业务

B. 不泄露所监理工程各方认为需要保密的事项

C. 只收取正当合理报酬，保持廉洁

D. 坚持独立自主地开展工作

E. 不得在政府单位兼职

4. 下列关于工程监理企业综合资质标准的说法，正确的有（　　）。

A. 具有独立法人资格且注册资本不少于 300 万元

B. 企业具有必要的工程试验检测设备

C. 申请工程监理资质之日前一年内没有规定禁止的行为

D. 具有5个以上工程类别的专业甲级工程监理资质

E. 注册监理工程师不少于60人

5. 在下列工作中，总监理工程师不得委托给总监理工程师代表的有（　　）。

A. 签发工程开工令、暂停令和复工令

B. 签发工程款支付证书，组织审核竣工结算

C. 参与或配合工程质量安全事故的调查和处理

D. 组织编制监理规划，审批监理实施细则

E. 调解建设单位与施工单位的合同争议，处理工程索赔

**三、名词解释**

1. 监理工程师：

2. 专业监理工程师：

3. 监理员：

4. 工程监理企业：

**四、简答题**

1. 监理工程师应具备哪些素质？

2. 监理工程师的执业特点是什么？

3. 工程监理企业专业资质标准的甲级标准是什么？

4. 总监理工程师的职责是什么？

5. 工程监理企业资质分为哪几类？

**五、案例分析**

某工程，实施过程中发生如下事件：

事件1：监理合同签订后，监理单位法定代表人要求项目监理机构在收到设计文件和施工组织设计后方可编制监理规划；同意技术负责人要求委托具有类似工程经验的副总工程师审批监理规划；不同意总监理工程师拟定的担任总监理工程师代表的人选，理由是该人选仅有工程师职称和5年工程实践经验，虽经监理业务培训，但不具有注册监理工程师资格。

事件2：专业监理工程师在审查施工单位报送的工程开工报审表及相关资料时认为，现场质量、安全生产管理体系已建立，管理及施工人员已到位，进场道路及水、电、通信满足开工要求，但其他开工条件尚不具备。

事件3：施工过程中，总监理工程师安排专业监理工程师审批监理实施细则，并委托总监理工程师代表负责调配监理人员、检查监理人员工作和参与工程质量事故的调查。

事件4：专业监理工程师巡视施工现场时，发现正在施工的部位存在安全事故隐患，立即签发“监理通知单”，要求施工单位整改，施工单位拒不整改，总监理工程师拟签发“工程暂停令”，要求施工单位停止施工，建设单位以工期紧为由不同意停工，总监理工程师没有签发“工程暂停令”，也没有及时向有关主管部门报告。最终因该事故隐患未能及时排除而导致严重的生产安全事故。

问题：

1.指出事件1中监理单位法定代表人的做法有哪些不妥，分别写出正确做法。

2.指出事件2中工程开工还应具备哪些条件。

3.指出事件3中总监理工程师的做法有哪些不妥，分别写出正确做法。

4.分别指出事件4中建设单位、施工单位和总监理工程师对该生产安全事故是否承担责任，并说明理由。

# 工作手册3

## 建设工程质量控制

JIANSHE GONGCHENG ZHILIANG KONGZHI

**知识目标**

掌握建设工程施工质量控制的基本原理；掌握建设工程质量施工准备阶段和施工阶段控制要点和方法；掌握建设工程质量缺陷和质量事故的定义以及处理方法；熟悉建设工程质量影响因素；了解建设工程质量的定义及质量的特点；了解建设工程质量控制的原则和依据。

**能力目标**

具备建设工程质量控制的基本能力；能够运用建设工程质量控制的基本原理、基本程序和基本方法解决建设工程质量控制工作中遇到的实际问题，正确处理各种质量缺陷和质量事故问题。

**工程案例**

某建设工程项目，业主将该工程项目的施工任务委托给某施工单位。业主通过招标选择某监理单位承担该施工阶段的监理任务。签订工程项目委托监理合同后，总监理工程师组建了监理组织机构，并重点提出了该工程质量目标控制措施如下：①熟悉质量控制依据和文件；②确定质量控制要点，落实质量控制手段；③完善职责分工及有关质量的监督制度，落实质量控制责任；④对不符合合同质量要求的，拒签付款凭证；⑤审查施工单位提交的施工组织设计和施工方案。

参考答案

问题：

1.监理工程师在进行目标控制时应采取哪些方面的措施？上述总监理工程师提出的质量目标控制措施各属于哪一种措施？

2.分析总监理工程师提出的质量目标控制措施哪些是主动控制措施，哪些是被动控制措施。

## 3.1　建设工程质量控制基础知识

### 3.1.1　建设工程质量的定义及特点

1.建设工程质量的定义

建设工程质量简称工程质量，是指建设工程满足相关标准规定和合同约定要求的程度，包括其在安全、使用功能、耐久性能、节能与环境保护等方面所有明示和隐含的固有特性。质量是满足要求的程度，要求是指明示的（如合同、规范、标准、技术文件、图纸中明确规定的）、通常隐含的（如组织的惯例、一般习惯）或必须履行的（如法律、法规、行业规则）需要和期望。建设工程质量的特性主要表现在以下七个方面。

装配式建筑施工质量控制要点及质量通病防治措施

1）适用性

适用性是指工程满足使用目的的各种性能，包括：理化性能，如尺寸、规格、保温、隔热、隔音等物理性能，耐酸、耐碱、耐腐蚀、防火、防风化、防尘等化学性能；结构性能，如地基基础牢固程度，结构的足够强度、刚度和稳定性；使用性能，如民用住宅工程要能使居住者安居等，建设工程的组成部件、配件、水、暖、电、卫生器具、设备也要能满足其使用功能；外观性能，如建筑物的造型、布置、室内装饰效果、色彩等美观大方、协调等。

2）耐久性

耐久性即寿命，是指工程在规定的条件下，满足规定功能要求使用的年限，也就是工程竣工后的合理使用寿命周期。目前国家对建设工程的合理使用寿命周期还缺乏统一的规定，仅在少数技术标准中提出了明确的要求。对工程组成部件（如管道、屋面防水、电梯等）也视生产厂家设计的产品性质及工程的合理使用寿命周期而规定不同的耐用年限。

3）安全性

安全性是指工程建成后在使用过程中保证结构安全、保证人身和环境免受危害的程度。建设工程产品的结构安全度，抗震、耐火及防火能力，人民防空工程的抗辐射、抗核污染、抗爆炸冲击波等能力，是否能达到特定的要求，都是安全性的重要标志。工程交付使用之后，必须保证人身财产、工程整体都能免遭工程结构破坏及外来危害的伤害。工程组成部件，如阳台栏杆、楼梯扶手、电气产品漏电保护装置、电梯及各类设备等，也要保证使用者的安全。

4）可靠性

可靠性是指工程在规定的时间和规定的条件下完成规定功能的能力。工程不仅要求在竣工验收时要达到规定的要求，而且要求在一定的使用时期内要保持应有的正常功能。如工程上的防洪与抗震能力，防水隔热、恒温恒湿措施，工业生产用的管道防“跑、冒、滴、漏”等，都属可靠性的质量范畴。

5）经济性

经济性是指工程从规划、勘察、设计、施工到整个产品使用寿命周期内的成本和消耗的费用。工程经济性具体表现为设计成本、施工成本、使用成本三者之和。包括征地、拆迁、勘察、设计、采购（材料、设备）、施工、配套设施等建设全过程的总投资和工程使用阶段运维费用及改建更新的使用维修费用。通过分析比较，判断工程是否符合经济性要求。

6）协调性

协调性是指工程与其周围生态环境协调，与所在地区经济环境协调，以及与周围已建工程相协调，以适应可持续发展的要求。

7）节能性

节能性是指工程在设计与建造过程及使用过程中满足节能减排、降低能耗的标准和有关要求的程度。

2. 建设工程质量的特点

建设工程质量特点由其建筑产品特点及产品生产过程特点决定，主要表现在：一是产品固定性与生产流动性；二是产品的多样性与生产的单件性；三是产品形体庞大、高投入，生产周期长、具有风险性；四是产品的社会性与生产外部约束性。建设工程质量的特点具体表现在以下几个方面。

《建设工程质量管理条例》

1）影响因素多

工程项目建设过程中受到多种因素的影响，如决策、设计、材料、机具设备、施工方法、施工工艺、技术措施、人员素质、工期、工程造价等，这些因素将直接或间接地影响工程项目质量。

2）质量波动大

由于建设工程产品生产的单件性、流动性，建设工程质量的影响因素多，既有偶然性因素，也有系统性因素，其中任一因素发生变动，都会使工程质量产生波动，所以工程质量容易产生波动且波动大。如材料规格品种使用错误、施工方法不当、操作未按规程进行、机械设备过度磨损或出现故障、设计计算失误等，都会发生质量波动，产生系统因素的质量变异，造成工程质量事故。为此，要严防出现系统性因素的质量变异，要把质量波动控制在允许范围内。

3）质量隐蔽性

建设工程在施工过程中，分项工程交接多、中间产品多、隐蔽工程多，因此质量存在隐蔽性。若在施工中不及时进行质量检查，事后只能从表面上检查，就很难发现内在的质量问题，这样就容易产生判断错误，即第二类判断错误（将不合格品误认为合格品）。

4）终检的局限性

工程项目建成后不可能像一般工业产品那样依靠终检来判断产品质量，或将产品拆卸、解体来检查其内在的质量，或对不合格零部件进行更换。工程项目的终检（竣工验收）较难进行工程内在质量的检验，发现隐蔽的质量缺陷。因此，工程项目的终检存在一定的局限性。

5）评价方法的特殊性

工程质量的检查评定及验收是按检验批、分项工程、分部工程、单位工程进行的。检验批的质量是分项工程乃至整个工程质量检验的基础，检验批质量合格主要取决于对主控项目和一般项目的抽样检验结果。隐蔽工程在隐蔽前要检查合格后验收，涉及结构安全的试块、试件以及有关材料应按规定进行见证取样检测，涉及结构安全和使用功能的重要分部工程要进行抽样检测。工程质量是在施工单位按合格质量标准自行检查评定的基础上，由监理工程师（或建设单位项目负责人）组织有关单位、人员进行检验确认验收。

综上所述，建设工程质量控制应从组织措施、技术措施、经济措施、合同措施等方面，以全员参与、全过程、全方位的质量控制意识进行控制。

### 3.1.2 建设工程质量的影响因素

1. 建设工程质量的形成

建设工程质量形成贯穿工程项目建设的全过程，建设工程不同的建设阶段，对建设工程的质量的影响是有差别的，建设工程决策及设计阶段对建设工程质量的影响较大，甚至影响施工阶段质量控制，必须给予重视。建设工程项目的质量、投资与进度三项目标是相互制约的关系，进行建设工程质量控制，应采用全局观念看问题，而不是片面追求进度或投资方面的效益而忽略质量方面的要求。建设工程全过程质量形成及影响如表3.1所示。

**表3.1 建设工程全过程质量形成及影响**

| | 项目建议书阶段 | 可行性研究阶段 | 设 计 阶 段 | 施 工 阶 段 | 项目竣工阶段 |
|---|---|---|---|---|---|
| 主要工作内容 | 提出轮廓设想，其中包括产品方案、拟建规模、建设地点、投资估算等。为可行性研究提供依据 | 对建设项目从技术上、经济上的可行性和对国家及社会的影响上进行论证，并做多方案比较，从而推荐最佳方案。为项目决策提供依据 | 对决策阶段提出的质量要求进行具体化 | 根据设计文件的要求进行施工，是把设想变成工程实体的过程 | 对施工阶段的质量效果进行试运转、检查、评定与考核，评价是否达到决策、设计阶段的质量目标 |
| 对建设项目质量影响程度 | 有潜在影响 | 有重要影响 | 决定着建设项目建成后的使用价值和功能 | 施工阶段是质量控制的最重要环节 | 影响工程投入使用后各项功能发挥 |

2. 影响建设工程质量的因素——4M1E

影响建设工程质量的因素归纳起来主要表现在5个方面，即人（man）、材料（material）、机械（machine）、方法（method）和环境（environment），简称为“4M1E”因素。

1）人员素质

人是生产经营活动的主体，也是工程项目建设的决策者、管理者、操作者，工程建设的全过程都是通过人来完成的。人员的素质将直接和间接地对规划、决策、勘察、设计和施工的质量产生影响。规划是否合理，决策是否正确，设计是否符合所需要的质量功能，施工能否满足规范、技术标准、合同要求，符合设计目标等，都将对工程质量产生不同程度的影响，所以人员素质是影响工程质量至关重要的因素。建筑行业实行生产资质管理和各类专业从业人员持证上岗制度是保证人员素质的重要管理措施。

2）工程材料

工程材料泛指构成工程实体的各类建筑材料、构配件、半成品等，它们是工程建设的物质条件，是工程质量的基础。工程材料选用是否合理、产品是否合格、材质是否经过检验、保管使用是否得当等，都将直接影响建设工程的结构刚度和强度，影响工程外表及观感，影响工程的使用功能，影响工程的使用安全。

3）机械设备

机械设备可分为两类：一是指组成工程实体及配套的工艺设备和各类机具，如电梯、泵机、通风设备等，它们构成了建筑设备安装工程或工业设备安装工程，形成完整的使用功能；二是指施工过程中使用的各类机具设备，包括大型垂直与横向运输设备、各类操作工具、各种施工安全设施、各类测量仪器和计量器具等，简称施工机具设备，它们是施工生产的手段。机具设备对工程质量也有重要的影响。工程用机具设备质量优劣，直接影响工程使用功能质量。施工机具设备的类型是否符合工程施工特点，性能是否先进稳定，操作是否方便安全等，都将会影响工程项目的质量。

4）方法

方法是指工艺方法、操作方法和施工方案。在工程施工中，施工方案是否合理，施工工艺是否先进，施工操作是否正确，都将对工程质量产生重大的影响。积极采用新技术、新工艺、新方法，不断提高工艺技术水平，是保证工程质量稳定提高的重要因素。

5）环境条件

环境条件是指对工程质量特性起重要作用的环境因素，包括：工程技术环境，如工程地质、水文、气象等；工程作业环境，如施工环境作业面大小、防护设施、通风照明和通信条件等；工程管理环境，主要指工程实施的合同结构与管理关系的确定、组织体制及管理制度等；周边环境，如工程邻近的地下管线、建（构）筑物等。环境条件往往对工程质量产生特定的影响。加强环境管理，改进作业条件，把握好技术环境，辅以必要的措施，是控制环境对质量影响的重要保证。

## 3.2 建设工程质量控制

### 3.2.1 建设工程质量控制的依据、原则与程序

监理质量控制要点

1. 建设工程质量控制的主要依据

项目监理机构进行质量控制的主要依据有：

1）工程合同类文件

项目监理机构进行质量控制的合同类依据主要包括建设工程监理合同、建设单位与施工单位签订的施工合同、建设单位与材料设备供应单位签订的材料设备采购合同等。项目监理机构既要履行建设工程监理合同条款，又要监督施工单位、材料设备供应单位履行有关工程质量合同条款。熟知、掌握相关合同文本内容是工程项目监理机构进行质量控制的重要前提。

2）工程勘察、设计文件

工程勘察包括工程测量、工程地质和水文地质勘查等内容。工程勘察成果文件为工程项目选址、工程设计和施工提供科学可靠的依据，也是项目监理机构审批工程施工组织设计或施工方案、工程地基基础验收等工程质量控制的重要依据。经过批准的设计图纸和技术说明书等设计文件，是质量控制的主要依据。施工图审查报告与审查批准书、施工过程中设计单位出具的工程变更设计都属于设计文件的范畴，是项目监理机构进行质量控制的重要依据。

《中华人民共和国防震减灾法》

《中华人民共和国节约能源法》

《民用建筑节能条例》

《建筑工程施工许可管理办法》

3）有关质量管理方面的法律法规、部门规章与规范性文件

此类依据主要为国家及政府有关部门颁布的有

关质量管理方面的法律、法规性文件。建设工程质量控制的法律性文件有《中华人民共和国建筑法》《中华人民共和国防震减灾法》《中华人民共和国节约能源法》等；行政法规类文件有《建设工程质量管理条例》《民用建筑节能条例》等；部门规章类文件有《建筑工程施工许可管理办法》《实施工程建设强制性标准监督规定》《房屋建筑和市政基础设施工程质量监督管理规定》等；规范性文件有《房屋建筑工程施工旁站监理管理办法（试行）》《建设工程质量责任主体和有关机构不良记录管理办法（试行）》《关于建设行政主管部门对工程监理企业履行质量责任加强监督的若干意见》等，以及国家发改委等七部委局颁发的规范性文件——《关于加强重大工程安全质量保障措施的通知》等。

《实施工程建设强制性标准监督规定》

《房屋建筑工程施工旁站监理管理办法（试行）》

4）质量标准与技术规范

质量标准与技术规范（规程）是针对不同行业、不同的质量控制对象而制定的，包括各种有关的标准、规范或规程。项目监理机构在质量控制中应遵循的质量标准与技术规范主要有以下几类：

（1）工程项目施工质量验收标准。

这类标准主要是由国家或部门统一制定的，用以作为检验和验收工程项目质量水平所依据的技术法规性文件，如《建筑工程施工质量验收统一标准》（GB 50300—2013）、《混凝土结构工程施工质量验收规范》（GB 50204—2015）、《建筑装饰装修工程质量验收标准》（GB 50210—2018）等，其他专业的工程应遵循相应专业的相关规范。

《建筑工程施工质量验收统一标准》（GB 50300—2013）

《混凝土结构工程施工质量验收规范》（GB 50204—2015）

（2）有关建筑工程材料、半成品和构配件质量控制方面的专门技术法规。

① 有关材料及其制品质量的技术标准，如《通用硅酸盐水泥》（GB 175—2007）、《烧结多孔砖和多孔砌块》（GB 13544—2011）、《铝合金门窗》（GB/T 8478—2020）等相关技术标准。

② 有关材料或半成品等的取样、试验等方面的技术标准或规程，例如木材的物理力学试验方法、钢材的机械及工艺试验取样法、水泥安定性检验方法等。

《建筑装饰装修工程质量验收标准》（GB 50210—2018）

③ 有关材料验收、包装、标志方面的技术标准和规定，如《型钢验收、包装、标志及质量证明书的一般规定》《钢丝验收、包装、标志及质量证明书的一般规定》等。

由于建筑工程材料、半成品和构配件是随着工程施工进行而陆续分期分批供应，项目监理机构应根据相应的技术标准和要求对工程材料、半成品和构配件进行检验，监督检查的频率和数量应符合相关标准要求。

（3）操作技术规程类文件。

建设工程质量控制操作技术规程类文件是规定建设工程在施工过程中进行某项工作施工操作时必须遵守的规章制度，如电焊施工质量控制的电焊操作规程、砌体操作规程、混凝土施工操作规程等。

建设工程中应用新工艺、新技术、新材料，应事先进行试验并有权威性技术部门的技术鉴定书及有关的质量数据、指标，以此制定相应的质量标准和工艺规程，而后作为判断与控制质量的依据。如果拟采用的新工艺、新技术、新材料，不符合现行强制性标准规定的，应当由拟采用单位提请建设单位组织专题技术论证，报批准标准的建设行政主管部门或国务院有关主管部门审定。

2. 建设工程质量控制的原则

项目监理机构质量控制人员在工作中应遵循以下原则。

1）坚持质量为本原则

建设工程质量不仅关系工程的适用性和建设项目投资效果，而且与人民群众生命财产安全息息相关。因此，在权衡处理投资、进度、质量三大目标控制关系时，应在质量控制工作中坚持“质量为本”的基本原则。

2）坚持以人为本原则

人是生产经营活动的主体，也是工程项目建设的决策者、组织者、管理者和操作者。因此，工程建设参与者的专业背景、技能水平和质量意识等都直接或间接地影响工程质量。所以，在工程质量控制中，应重视“人”在质量控制中的重要作用，做到人岗相适、人尽其才，充分发挥人的积极性和创造性，保障工程质量目标的顺利实现。

3）坚持预防为主原则

建设工程质量控制应该是针对工程特点和相应的施工方案，采用事前主动控制的方式，对各种可能出现的影响建设工程质量的因素进行分析，有针对性地采取相应措施进行主动干预，防止出现工程质量事故，并且应做好事中控制，以预防为主的观念加强过程和中间产品的质量检查和控制。

4）坚持质量标准原则

建设工程相关质量标准是评价产品质量的尺度，建设工程质量应符合设计文件、施工合同以及相关质量标准的要求。项目监理机构在建设工程质量控制工作中应通过一定的质量检验方式和手段进行检测，与相关质量要求及标准对照，符合质量标准要求评定为合格，否则为不合格，必须按照相应的程序和方式进行处理。

5）坚持独立、科学、客观、公正原则

建设工程监理机构在工程质量控制中，应该处理好与建设单位和施工单位的关系，以为社会负责的高度责任感对建设工程质量进行监督控制。因此，项目监理机构质量控制人员必须坚持独立、科学、客观、公正的原则，以事实为准绳，以数据资料为依据，客观、公正地进行建设工程质量控制。

3. 建设工程质量控制的程序

建设工程检验批、分项、分部工程验收与单位工程验收程序分别如图 3.1 与图 3.2 所示。

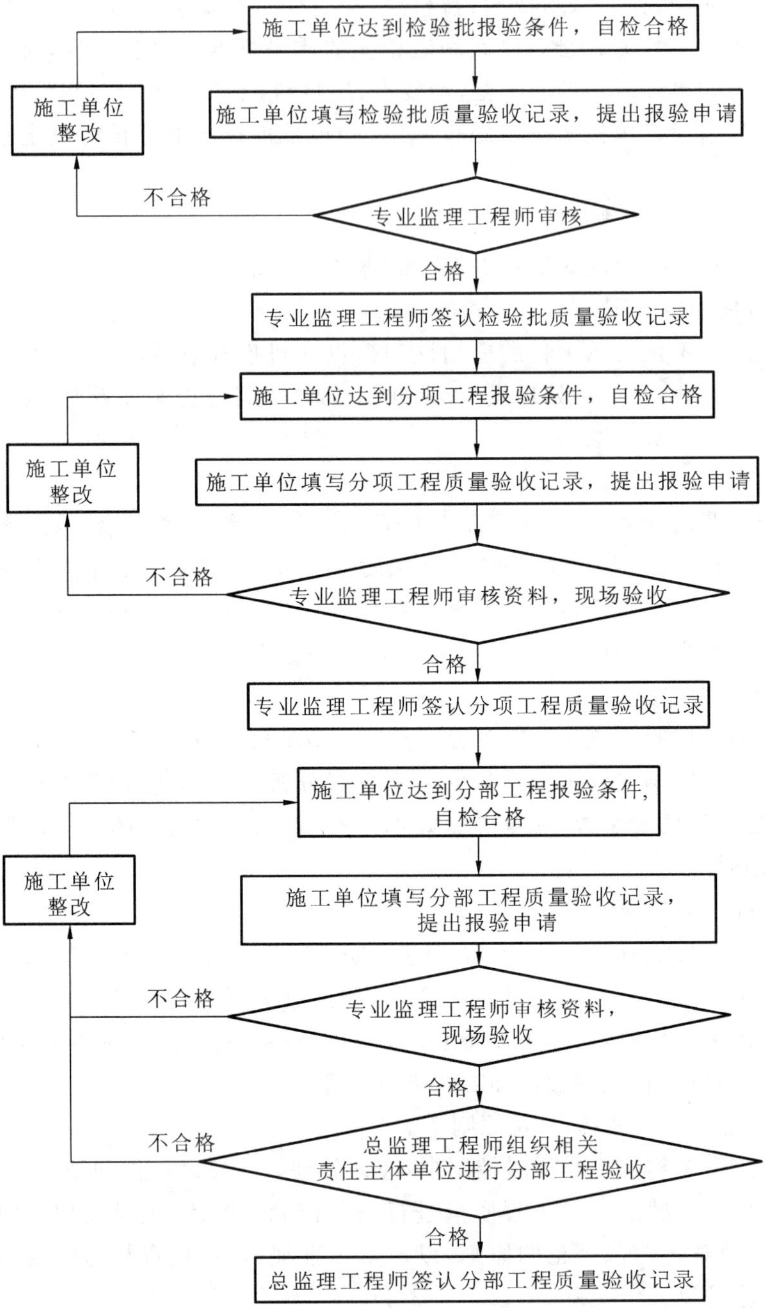


图 3.1　检验批、分项、分部工程验收的一般程序

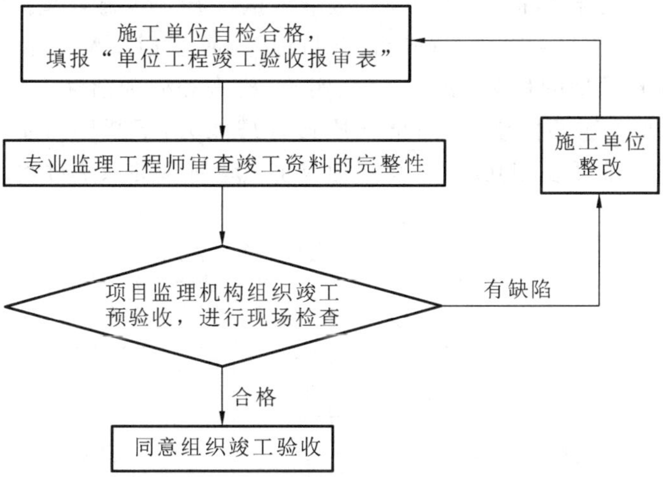


图3.2 单位工程竣工预验收的一般程序

### 3.2.2 建设工程质量控制的基本原理

1. PDCA 循环原理

PDCA 循环由美国质量管理专家戴明博士首先提出，故亦称戴明环。PDCA 循环是工程项目质量管理应遵循的科学程序。PDCA 循环的基本原理：建设工程质量控制被认为是一个持续进行的过程，首先根据已经确定的质量目标制订质量控制计划以及实现该计划需采取的方案；然后执行计划方案，在实施过程中适时检查、监测，得到计划方案执行的实际情况，然后与计划方案目标对比并判断一致性；最后对与计划目标不一致的工程质量问题进行处理。

1）计划——plan

计划是建设工程质量管理的首要环节，该过程的主要任务是确定质量管理的方针、目标，以及实现方针、目标的措施和行动方案。计划工作的主要内容包括质量管理目标的确定和质量保证工作计划。质量管理目标的确定，就是根据工程项目设计文件、施工合同文件以及国家相关法律、标准等对工程项目质量的要求，确定项目在计划期应达到的质量标准。质量保证工作计划，就是为实现上述质量管理目标所采用的施工质量控制具体措施的计划。

2）实施——do

实施即将计划阶段编制质量控制计划方案付诸实际行动，执行计划方案。

3）检查——check

检查就是对照计划目标，检查计划执行的情况和效果，及时发现计划执行过程中出现的偏差和问题。检查一般包括两个方面：一是检查是否严格执行计划的行动方案，检查实际条件是否发生变化，总结成功执行的经验，查明没按计划执行的原因；二是检查计划执行的结果，即施工质量是否达到标准的要求，并对此进行评价和确认。

4）处理——action

处理是以检查的结果为基础，对成功的经验加以积累和推广，以利于在今后的工作中以此作为处理的依据；对执行过程中出现的问题和偏差，应采取相应措施进行处理，吸取经验教训，避免重犯错误，对于尚未解决的问题，应继续执行 PDCA 循环直至问题解决。

从某种意义上说，质量管理就是确定任务目标，并通过 PDCA 循环来实现预期目标。每一循环都围绕着实现预期的目标，进行计划、实施、检查和处理活动。随着对存在问题的解决和改进，经过 PDCA 循环控制，不断增强质量管理能力，不断提高质量水平（见图 3.3）。每一个循环的四大职能活动相互联系，共同构成了质量管理的系统过程。

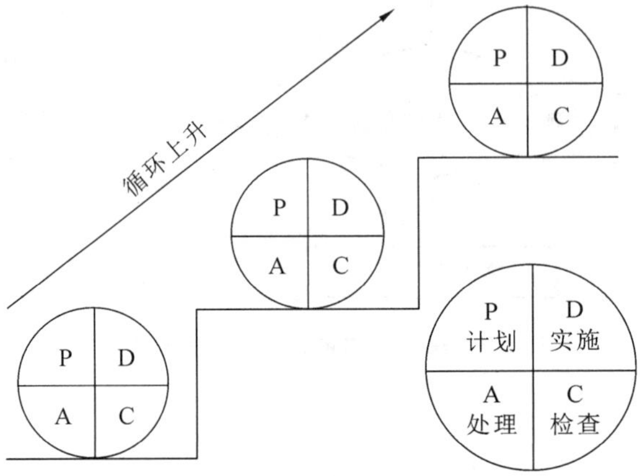


图 3.3　PDCA 循环的四个阶段

2. 三阶段控制原理

三阶段控制主要是运用动态控制的原理，进行建设工程质量的事前控制、事中控制和事后控制。

1）事前质量控制

在建设工程正式施工前进行事前主动质量控制，是通过编制施工质量计划，明确质量目标，制定施工方案，设置质量管理关键点，落实质量责任，分析可能导致质量目标偏离的各种影响因素，针对这些影响因素制定有效的预防措施，防患于未然。事前质量控制应重视“人”的因素在质量目标实现过程中的重要作用，必须充分发挥组织在技术和管理方面的整体优势，把长期工程质量控制工作中形成的先进技术、管理方法和经验智慧，创造性地运用于工程项目质量控制中。事前质量控制要求针对质量控制对象的控制目标、活动条件、影响因素进行周密分析，找出薄弱环节，制定有效的控制措施和对策。

2）事中质量控制

在建设工程质量形成过程中，针对影响施工质量的各种因素进行全面的动态控制。事中质量控制包括建筑施工企业的自我控制和相关部门的控制等方式。建筑施工企业的自我控制是第一位的，即施工企业作业者在作业过程中对自己质量活动行为的约束和技术能力的发挥，以完成符合预定质量目标的作业任务。相关部门的监控是对作业者的质量活动过程和结果的监控，由来自企业内部或企业外部有关方面的组织或人员进行监督检查，如工程监理机构、政府质量监督部门等的监控。

建筑施工企业的施工质量自控和相关部门的监控是相辅相成的系统过程。自控主体的质量意识和能力是施工质量的决定因素，各监控主体所进行的施工质量监控是对自控行为的推动和约束。建筑施工企业不能因为监控主体的存在和监控职能的实施而减轻或免除其质量责任。事中质量控制的目标是确保工序质量合格，杜绝质量事故发生；控制的关键是坚持质量标准；控制的重点是工序质量、工作质量和质量控制点的控制。

3）事后质量控制

事后质量控制是当不符合质量目标的情况出现后采取相应处理措施的过程，其目的是使不合格的工序或产品不流入下道工序或者不进入市场。事后控制的主要工作包括：对质量活动结果的评价及认定；对工序质量偏差的纠正；对不合格产品进行整改和处理。事后控制的重点是发现施工质量缺陷，提出施工质量改进有针对性的措施，保持建设工程质量始终处于受控状态。

3.“三全”控制原理

1）全面质量管理

建设工程项目的全面质量管理，是指项目参与各方所进行的工程项目质量管理的总称，其包括工程（建筑产品）质量和工作质量的全面管理。工作质量将直接影响产品质量。工程建设的参与方，包括建设单位、监理单位、勘察单位、设计单位、施工总承包单位、施工分包单位、材料设备供应商等，任何一方、任何环节的工作质量差或质量责任不落实都会对建设工程质量造成不利影响。

2）全过程质量管理

全过程质量管理，是指根据建设工程质量的形成过程及形成规律，从源头抓起，全过程实施质量控制工作，保证工程质量符合质量目标要求。质量控制的主要过程有：项目策划与决策过程、勘察设计过程、设备材料采购过程、施工组织与实施过程、检测设施控制与计量过程、施工生产的检验试验过程、工程质量的评定过程、工程竣工验收与交付过程、工程回访维修服务过程等。

3）全员参与质量管理

质量控制组织内部的每个部门和工作岗位都承担相应的质量控制职能，组织的最高管理者确定质量方针和目标，将组织的质量总目标逐级进行分解，然后组织和动员全员参与到实施质量控制的系统活动中去，使之形成自上而下的质量目标分解体系和自下而上的质量目标保证体系，发挥组织系统内部每个工作岗位、部门或团队在实现质量控制总目标过程中的作用。

### 3.2.3 建设工程施工准备阶段质量控制

1. 图纸会审与设计交底

1）图纸会审

图纸会审是建设单位、监理单位、施工单位、各种设备厂家等相关单位，在收到施工图审查机构审查合格的施工图设计文件后，在设计交底前进行的全面细致的熟悉和审查施工图纸的活动。图纸会审工作通常由建设单位主持。建设单位应及时主持召开图纸会审会议，组织项目监理机构、施工单位等相关人员进行图纸会审，并整理成会审问题清单，由建设单位在设计交底前约定的时间内提交设计单位。图纸会审时，由施工单位整理会议纪要，与会各方会签，形成会议纪要。图纸会审的意义是使各参建单位特别是施工单位熟悉设计图纸，领会设计意图，掌握工程特点及难点，找出需要解决的技术难题并拟定解决方案，从而将因设计缺陷而存在的问题消灭在施工之前。施工图纸会审会议纪要如表3.2所示。

**表 3.2　施工图纸会审会议纪要**

<table>
<tr><td>工程名称</td><td colspan="3">××百货大楼</td><td colspan="2">共 1 页　　第 1 页</td></tr>
<tr><td>会审地点</td><td></td><td>记录整理人</td><td></td><td>日期</td><td></td></tr>
<tr><td rowspan="4">参加人员</td><td colspan="3">建设单位：××有限公司</td><td colspan="2"></td></tr>
<tr><td colspan="3">设计单位：××设计院</td><td colspan="2"></td></tr>
<tr><td colspan="3">监理单位：××工程监理有限公司</td><td colspan="2"></td></tr>
<tr><td colspan="3">施工单位：××有限公司</td><td colspan="2"></td></tr>
<tr><td>序号</td><td>图纸编号</td><td colspan="2">提出图纸问题</td><td colspan="2">图纸修订意见</td></tr>
<tr><td>1</td><td></td><td colspan="2"></td><td colspan="2"></td></tr>
<tr><td>2</td><td></td><td colspan="2"></td><td colspan="2"></td></tr>
<tr><td>3</td><td></td><td colspan="2"></td><td colspan="2"></td></tr>
<tr><td>4</td><td></td><td colspan="2"></td><td colspan="2"></td></tr>
<tr><td>5</td><td></td><td colspan="2"></td><td colspan="2"></td></tr>
<tr><td colspan="2">建设单位：<br><br>年　月　日</td><td>设计院代表：<br><br>年　月　日</td><td>监理单位：<br><br>年　月　日</td><td colspan="2">施工单位：<br><br>年　月　日</td></tr>
</table>

注：1. 所有会审图纸均应记录在表内。无意见时，应在“提出图纸问题”“图纸修订意见”栏内注明“无”。
2. 本表一式四份，由施工单位填写、整理并存一份，与会单位会签各存一份。

项目监理机构总监理工程师组织监理人员熟悉图纸的主要目的：一是通过熟读工程设计文件及相关图纸，知晓设计意图和工程设计特点、工程关键部位的质量要求等；二是发现图纸差错，将图纸中存在的质量问题或者风险进行汇总并提出意见和建议，为设计单位优化设计提供依据或参考。图纸熟悉重点：设计思想与构思；设计依据、各专业设计说明等，以及工程设计文件对主要工程材料、构配件和设备的要求；对所采用的“四新”，即新材料、新工艺、新技术、新设备的要求；对施工技术的要求以及涉及工程质量、施工安全等应特别注意的事项。

图纸会审的要求：监理单位、施工单位应将各自提出的图纸问题及意见，按专业整理、汇总后报建设单位，由建设单位提交设计单位做交底准备。图纸会审会议纪要应由建设单位、设计单位、监理单位和施工单位的项目相关负责人签字确认，不得擅自在会审纪要上涂改、变更其内容。

图纸会审的内容一般包括：

① 审查设计图纸是否满足项目立项的功能、技术可靠、安全、经济适用的需求；

② 图纸是否已经审查机构签字、盖章；

③ 地质勘探资料是否齐全，设计图纸与说明是否齐全，设计深度是否达到规范要求；

④ 设计地震烈度是否符合当地要求；

⑤ 总平面图与施工图的几何尺寸、平面位置、标高等是否一致；

⑥ 防火、消防是否满足要求；

⑦ 各专业图纸本身是否有差错及矛盾，结构图与建筑图的平面尺寸及标高是否一致，建筑图与结构图的表示方法是否清楚，是否符合制图标准，预留、预埋件是否表示清楚；

⑧ 工程材料来源有无保证，新工艺、新材料、新技术的应用有无问题；

⑨ 地基处理方法是否合理，建筑与结构构造是否存在不能施工、不便于施工的技术问题或容易导致质量、安全、工程费用增加等方面的问题；

⑩ 工艺管道、电气线路、设备装置、运输道路与建筑物之间或相互间有无矛盾。

图纸会审的程序及注意事项

2）设计交底

建设工程项目开工前，建设单位应组织并主持召开工程项目设计技术交底会。通常程序是：先是设计单位进行设计交底，然后转入图纸会审问题解释，设计单位对图纸会审问题清单予以解答。通过建设单位、设计单位、监理单位、施工单位及其他有关单位研究协商，确定图纸存在的各种技术问题的解决方案。设计交底会议纪要由设计单位整理，参会各方会签。

项目监理机构参与设计交底，是其更加深刻了解设计意图和设计内容的重要环节，对于项目实施过程中进行项目监理有重要意义。设计单位交付工程设计文件后，应按照相关法律、设计合同文件就工程设计文件的内容向建设单位、施工单位和监理单位做出详细说明，以利于施工单位和监理单位正确贯彻设计意图，加深对设计文件特点、难点、疑点的理解，掌握关键工程部位的质量要求，以更好地确保工程质量。

设计交底的主要内容有：设计项目的总体概况、设计的意图说明、施工图设计文件总体介绍，特殊工艺要求的说明及质量把握重点，各专业在施工中的难点、疑点说明（如建筑、结构、工艺、设备等），以及对施工单位、监理单位、建设单位等在图纸会审阶段对设计图纸疑问的解释等。

监理工程师参加设计交底应重点了解的内容有：

（1）有关地形、地貌、水文气象、工程地质及水文地质等自然条件方面。

（2）主管部门及其他部门（如规划、环保、人防、农业、交通、旅游等）对本工程的要求、设计单位采用的主要设计规范、市场供应的建筑材料情况等。

（3）设计意图方面：诸如设计思想、设计方案、比选的情况、基础开挖及基础处理方案、结构设计意图、设备安装和调试要求、施工进度与工期安排等。

（4）施工应注意事项方面：如基础处理的要求、对建筑材料方面的要求、主体工程设计中采用新结构或新工艺对施工提出的要求、对大型设备安装的要求、为实现进度安排而应采用的施工组织和技术保证措施等。

2. 施工组织设计审查

依据《建筑施工组织设计规范》（GB/T 50502—2009），施工组织设计是以施工项目为对象编制的，用以指导施工的技术、经济和管理的综合性文件。单位工程施工组织设计是以单位工程为对象编制的，对单位工程施工过程起指导和制约作用的综合性文件。工程项目开工前，项目监理机构应审查施工单位报审的施工组织设计。项目监理机构应

如何编制施工组织设计？

要求施工单位按已批准的施工组织设计组织施工。在建设工程项目实施过程中，施工组织设计需要调整时，项目监理机构应按程序重新审查。

(1) 项目监理机构审查施工组织设计的服务范围与内容。

① 服务范围。

审批承包单位提交的工程项目施工组织设计及其专项施工技术方案，包括总承包单位提交的含各专业工程的施工组织设计(方案)及其批准并提交的各分包单位编制的专业施工组织设计(方案)。

② 服务内容。

审查并批准承包单位提交的施工组织设计(方案)。由承包单位编制的施工组织设计，结合工程的特点及具体情况，一般应具备下列内容：

a. 工程概况和施工条件。

b. 施工部署及施工技术方案。

c. 施工进度计划及各种资源(劳动力、材料、机械设备、构配件等)需用量计划。

d. 施工总平面图。

e. 主要施工技术及组织措施和主要技术经济指标(目标)。

(2) 施工组织设计审查应包括下列基本内容：

① 编审程序应符合相关规定；

② 施工进度、施工方案及工程质量保证措施应符合施工合同要求；

③ 资金、劳动力、材料、设备等资源供应计划应满足工程施工需要；

④ 安全技术、环境保护等措施应符合工程建设强制性标准；

⑤ 施工总平面布置应科学合理；

⑥ 其他根据建设工程实际情况需要审查的内容。

(3) 施工组织设计审查程序。

① 受理施工组织设计。施工组织设计的审查必须是在承包单位自审手续齐全(有编制人、承包单位技术负责人的签名和承包单位公章)的基础上，由承包单位填写“施工组织设计(方案)报审表”，并按合同约定时间报送项目监理机构；对于重大危险源专项施工方案，承包单位应组织专家会审并按专家意见修改后，报送项目监理机构审批。

② 总监理工程师应在约定的时间内，组织各专业监理工程师进行审查，专业监理工程师在报审表上签署审查意见后，总监理工程师审定批准。需要承包单位修改施工组织设计时，由总监理工程师在报审表上签署意见，发回承包单位修改；承包单位修改后再报审，总监理工程师应重新组织审定。

③ 项目监理机构应将审查承包单位施工组织设计的情况，特别是要求发回修改的情况向建设单位通报；应将已审定的施工组织设计及时报送建设单位；涉及增加工程措施费的项目，必须与建设单位协商，并征得建设单位的同意。

④ 对规模大、结构复杂或属新结构、特种结构的工程，项目监理机构应在审查施工组织设计后，报送监理单位技术负责人审查把关，其审查意见由总监理工程师综合后签发报审表，必要时与建设单位协商，组织有关专家会审。

⑤ 经审查批准的施工组织设计，承包单位应认真贯彻实施，不得擅自改动；若需做较大的调整、补充或变动，须报项目监理机构审查同意；承包单位若擅自改动，项目监理机构应及时发出“监理工程师通知单”，要求按程序报审。

⑥ 规模较大、工艺较复杂的工程，群体工程或分期出图的工程，经总监理工程师同意，可分阶段报批施工技术方案。

⑦ 技术复杂或采用新技术的分项、分部工程，承包单位应编制分项、分部工程施工技术方案，报项目监理机构审查批准。

⑧ 施工单位的施工组织设计文件连同“施工组织设计（方案）报审表”均应作为项目监理机构正式技术资料归档文件。

（4）施工组织设计审查要点。

① 审查施工组织设计编制、审查程序。施工单位必须按照法律、法规要求编制施工组织设计，且有编制人、审核人以及单位签章，然后填写施工组织设计报审表，按合同约定时间报送至项目监理机构。

② 总监理工程师应在约定的时间内组织专业监理工程师完成施工组织设计审查。施工组织设计应符合国家的技术政策，考虑施工合同条件、施工现场条件、施工场外条件及法律法规的要求。施工组织设计应针对工程的特点、难点及施工条件，具有可操作性，质量措施能切实保证工程质量目标，保证采用的技术方案和措施先进、适用、成熟，体现施工组织设计的指导性和原则性。

③ 项目监理机构应将已审定的施工组织设计及时报送建设单位。如有退回要求施工单位修改的情况，应将要求发回修改的情况及时向建设单位通报。如涉及增加工程施工费的项目，须与建设单位协商，并征得建设单位的同意。

④ 若经审查签字的施工组织设计在实际执行过程中需进行实质性的调整、补充或变动，应报项目监理机构审查同意。如果施工单位擅自改动，监理机构应及时发出监理通知单，要求施工单位按程序报审，必要时应采取相应措施，以保证施工组织设计的编制、审查、执行符合要求。

3. 施工方案审查

项目监理机构应对施工单位编制的相关施工方案进行审查，以保证建设工程施工过程中质量、安全、环境保护等符合要求。项目监理机构进行施工方案审查时应参考的文件有：建设工程施工合同及建设工程监理合同，经批准的建设工程项目文件和设计文件，相关法律法规、规范、规程、标准图集，以及工程水文地质勘查资料和建设项目场内、场外环境资料等。施工方案审查的内容如下。

编写施工方案技巧

1）施工方案编制符合性审查

施工方案应由项目技术负责人组织编制，并经施工单位技术负责人审批签字后报送项目监理机构审查。项目监理机构在审批施工方案时，应重点审查施工方案的编制人、审批人是否符合有关权限规定的要求，应检查施工单位的内部编制、审批程序是否完善，签章是否齐全，重点核对审批人是否为施工单位技术负责人。

2）施工方案内容性审查

施工方案内容性审查应重点审查施工方案的原则性、指导性、可实施性，质量控制方面主要包括以下内容：

（1）项目质量保证体系是否建立完整；

（2）工程质量要求及目标是否明确；

（3）项目质量保证组织机构是否健全及岗位职责是否清晰；

(4) 施工质量保证措施是否符合现行的规范、标准等；

(5) 其他根据工程项目实际情况需要审查的内容。

4. 建设工程进场材料、构配件、设备的质量控制

用于工程的材料、构配件、设备的质量证明文件包括出厂合格证、质量检验报告、性能检测报告以及施工单位的质量抽检报告等。工程监理单位与建设单位应在建设工程监理合同中事先约定平行检验的项目、数量、频率、费用等内容。

施工组织设计和施工方案的关系

建设项目监理机构对进场材料、构配件、设备进行质量控制的依据有：

(1) 国家与地方政府颁布的相关法规与规章制度。

(2) 国家与地方(行业)制定的技术标准、规范、规程。

(3) 工程设计文件及其标准图集。

(4) 施工合同文件、工程设备采购合同文件与建设工程委托监理合同文件。

(5) 建设工程监理规范。

建设项目监理机构对进场材料、构配件、设备进行的质量控制工作主要包括以下内容：

(1) 国产建设工程材料、构配件、设备进场质量控制。凡运到施工现场的原材料、半成品或构配件、设备，进场前应向项目监理机构提交"工程材料、构配件、设备报审表"，同时附上产品出厂合格证及技术说明书，以及由施工承包单位按规定要求进行检验的检验或试验报告，经监理工程师审查并确认其质量合格后，方准进场。凡是没有产品出厂合格证明及检验不合格者，不得进场。

(2) 进口建设工程材料、构配件、设备进场质量控制。进口材料的检查、验收，应会同国家商检部门进行。如在检验中发现质量问题或数量不符合规定要求时，应取得供货方及商检人员签署的商务记录，并要求相关的工程材料、构配件、设备等不得用于建设工程项目。

(3) 工程材料、构配件、设备存放条件的控制。质量合格的材料、构配件进场后通常需要存储一定时间才能使用或者安装。在此期间，材料或者构配件可能会因为存放、保管不当，导致质量状况下降而出现不合格的情况。因此，承包单位必须加强材料、半成品、构配件进场后的存放和使用管理，对其存放、保管条件及时间实行监控，项目监理机构应对建设工程材料、构配件进场、存储、使用等全过程进行监督控制。

(4) 对于某些当地材料及现场配制的制品，通常施工单位应事先进行试验检验，达到法律法规、合同文件等要求，并经项目监理单位审查后方能用于建设工程项目。

5. 工程开工条件审查与开工令的签发

专业监理工程师审查施工单位报送的工程开工报审表及相关资料，工程具备了开工的条件时，由总监理工程师签署意见，并报建设单位。开工条件包括：

工程开工申请及开工令

(1) 施工许可证已获政府主管部门批准。

(2) 征地拆迁工作能满足工程进度的需要。

(3) 施工组织设计已获批准。

(4) 承包单位现场管理人员已到位，机具、关键岗位人员已进场，主要工程材料已落实。

(5) 进场道路及水、电、通信等已满足开工要求。

总监理工程师应组织专业监理工程师审查施工单位报送的工程开工报审表及相关资

料，应由总监理工程师签署审查意见，并报建设单位批准后，总监理工程师签发工程开工令。

项目监理机构总监理工程师审核的内容包括：

(1) 建设单位是否已办理了施工许可证。

(2) 经审查的设计文件及图纸、勘探资料、图纸会审记录等是否完整，建设单位是否已组织设计技术交底。

(3) 建设单位是否已组织召开第一次工地会议，征地拆迁工作是否满足工程进度的需要。

(4) 施工单位提交的施工组织设计(方案)是否已通过项目监理机构的审查并得到批准。

(5) 施工单位承包资质是否已通过审查，关键岗位人员及特殊工种人员持证上岗是否已通过验证，现场管理人员是否已到位，施工人员是否已进场。

(6) 施工单位开工时所需专业分包施工的分包单位资质是否已通过审查。

(7) 施工单位施工用建筑机械设备使用计划是否已通过审查，开工时所需机械设备是否已进场。

(8) 施工单位质量管理与保证体系、安全生产管理与保证体系、技术管理体系是否已报审并得到批准。

(9) 建设单位负责提供的进场道路和水、电、通信等施工条件，以及施工单位场内“三通一平”是否已满足开工要求。

(10) 建设单位对测量控制点是否已向施工单位交桩，施工单位是否已报送“施工测量成果报验申请表”并已签认。专业监理工程师应审核测量成果，现场查验桩、线的准确性及桩点、桩位保护措施的有效性，符合规定方可签认。

(11) 施工单位开工时所需用的工程材料是否已报验，主要工程材料是否已落实。

(12) 施工单位开工时所需要的施工试验室是否已报验。

(13) 现场施工用临时活动板房是否已经搭建，且通过专业检测机构检测合格，检测资料齐全。

(14) 从事危险作业的工作人员的意外伤害保险是否已办理。

总监理工程师应在开工日期7天前向施工单位发出工程开工令。工期自总监理工程师发出的工程开工令中载明的开工日期起计算。施工单位应在开工日期后尽快施工。

6. 审查分包单位的资质

分包工程开工前，项目监理机构应审查总包单位提交的分包单位的资质材料，如桩基分包单位、支护分包单位、降水分包单位、外墙保温施工单位、幕墙施工单位等。若资质审查合格，则将有关资料上交总承包方，由总承包方汇集整理完善后向监理方提交，并在分包单位资格报审表上签字。

专业监理工程师对分包单位资质进行审查时，应审查以下内容：

(1) 审查分包单位的营业执照、企业资质等级证书、特殊行业施工许可证、国外(境外)企业在国内(境内)承包工程许可证等；

(2) 审查分包单位的业绩；

(3) 审查拟分包工程的内容与范围；

(4) 审查专职人员和特种作业人员的资格证、上岗证等；

(5) 其他按照需要应审查的内容。

### 3.2.4 建设工程施工阶段质量控制

1. 建设工程施工阶段质量控制要点

1）重视施工工序质量的检查验收

建设工程施工工序质量的控制包括两个方面，即对工序活动条件的质量控制和对工序活动效果的质量控制。监理单位应在每道工序完成后，督促和监督施工单位对工序质量进行自检，在自检合格的基础上填报"________报审、报验表"交监理工程师检验。监理工程师收到检验申请后应在合同规定的时间内到现场检验，检验合格后予以确认。只有上一道工序质检合格后，方可进行下道工序施工。

当一个检验批、分项、分部工程完成后，承包单位首先对检验批、分项、分部工程进行自检并填写相应的质量验收记录表，并由相关负责人员签字确认工程质量符合要求，然后向监理工程师提交"________报审、报验表"，并附上自检的相关资料。经监理工程师现场检查及对相关资料进行审核后，对符合要求的予以签认验收，不符合要求的责令承包单位进行整改或返工处理。对于通过返修或加固处理仍不能满足要求的工序，项目监理单位严禁验收，必须要求承包单位进行处理直至符合要求。

2）设置关键工序、关键部位的工程质量控制点

工程施工中监理工程师对影响工程质量的关键工序、关键部位或薄弱环节必须设置质量控制点，针对可能造成质量隐患的因素，要求施工单位重点控制，采取主动控制措施。同时，要求承包单位报送关键工序的施工工艺和确保工程质量的措施，并经审核同意及签认。建筑工程地基基础分部质量一般关键控制点如表 3.3 所示，实际应根据工程项目的特点具体分析设置关键控制点。

表 3.3 建筑工程地基基础分部质量一般关键控制点

| 分部工程 | 分项工程 | 质量控制点 |
| --- | --- | --- |
| 地基基础部分 | 土方工程 | 定位轴线、标高、边坡坡度、基坑尺寸、土质等 |
| | 土钉墙支护 | 土钉成孔间距、深度、角度；喷射混凝土面层厚度、强度；土钉墙原材料出厂报告、复试报告；变形观测、拉拔试验检测等 |
| | 人工挖孔混凝土灌注桩 | 桩基轴线、成孔直径、桩底扩大头尺寸与标高、护壁厚度与原材料、桩芯钢筋与混凝土、桩顶截桩等 |
| | 大体积混凝土基础 | 混凝土原材料与配合比、混凝土浇筑工艺顺序、混凝土水化热的监测、控制温度应力措施等 |
| | 地下室防水 | 防水材料出厂报告与复试报告、防水材料与基层粘贴、防水材料的连接等 |
| | 模板 | 位置、尺寸、标高、预留孔、模板强度、支护、内部清理、润湿等 |
| | 钢筋 | 品种、规格、尺寸、搭接长度、焊接、预埋件、绑扎、材料出厂报告与复试报告等 |
| | 混凝土 | 原材料材质、配合比、外加剂、振捣、计量、养护、脱模等 |
| | 基础砌体 | 砌体轴线、砂浆配合比、砂浆饱满度、平整度、平直度；预留洞、埋件位置、数量等 |

3）参与隐蔽工程的质量检验与验收

对于隐蔽的检验批、分项、分部（子分部）工程，在施工完成后监理人员将对其质量进行隐蔽验收与检验。如基础施工前对地基质量的检验和验收，混凝土浇筑前对钢筋的检查和验收等。承包单位填报“________报审、报验表”，并随同“隐蔽工程检查记录”报送监理单位，监理工程师对相关资料和现场施工质量进行核验和检验，合格后签署认可同意隐蔽，否则应责令施工单位整改或返工处理，直至符合要求。隐蔽工程验收程序如图 3.4 所示。

建设工程隐蔽工程验收内容及注意点

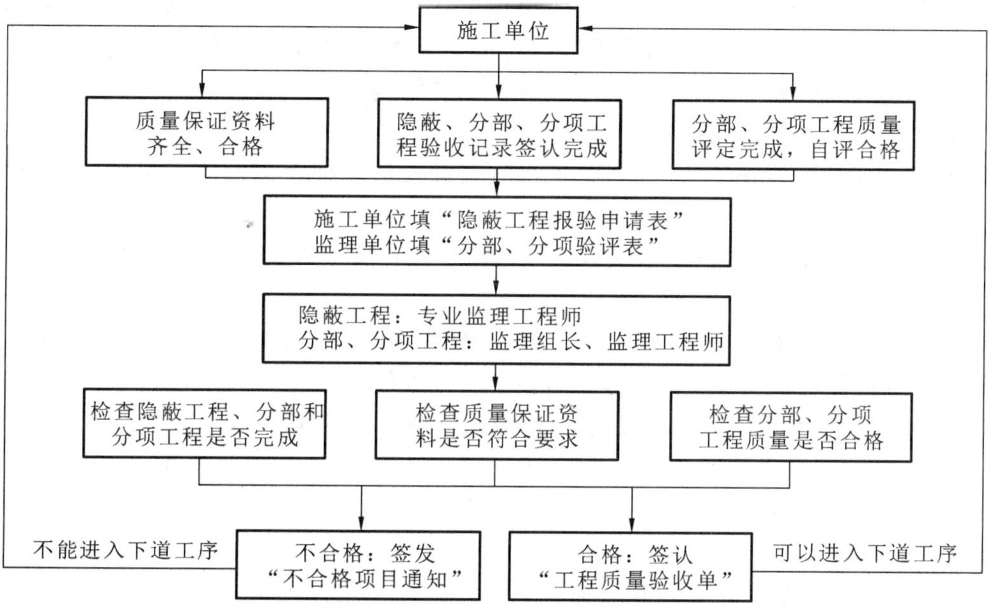


图 3.4　隐蔽工程验收程序

2. 建设工程施工阶段质量控制手段

1）巡视与旁站

（1）巡视。

巡视是监理人员对正在施工的部位或工序的质量、进度及安全文明生产、项目施工状况等进行的监管活动，是监理工作的主要方法之一。建设项目施工过程中，监理工程师和监理员将随时、有目的地进行巡视和平行检查，以便及时发现、解决和纠正施工中出现的质量问题。对所发现的问题应先以口头方式通知施工单位改正，然后由专业监理工程师签发“监理通知单”，责令施工单位整改。施工单位将整改结果书面回复监理工程师，经监理复查合格后才允许继续施工。

项目监理机构应安排监理人员对工程施工质量进行巡视的主要内容：

① 正在施工的部位或工序是否按照设计文件、施工规范和批准的施工方案进行。

② 使用的材料、构配件是否合格，施工机械设备运行是否正常，不合格的材料、构配件和设备是否退出施工现场。

③ 施工现场关键岗位人员，尤其是质量、安全员是否到岗到位，施工人员数量是否发生大的变化。

④ 施工操作人员的技术水平、操作条件是否满足施工工艺要求，特种操作人员是否持证上岗。

⑤ 施工环境是否对工程质量产生不利影响。

⑥ 已施工部位是否存在质量缺陷，是否做好成品保护措施。

⑦ 被整改项目是否整改到位，未经批准复工的工程是否擅自恢复施工。

⑧ 上道工序未经验收是否已开展下道工序施工。

（2）旁站。

旁站是指项目监理机构对工程的关键部位或关键工序的施工质量进行的监督活动。

项目监理机构应根据工程特点和施工单位报送的施工组织设计，将影响工程主体结构安全的、完工后无法检测其质量的或返工会造成较大损失的部位及其施工过程作为旁站的关键部位、关键工序，安排监理人员进行旁站，并及时记录旁站情况。

旁站监理人员的主要职责是：

① 检查施工单位现场质检人员到岗、特殊工种人员持证上岗及施工机械、建筑材料准备情况。

② 在现场跟班监督关键部位、关键工序的施工执行施工方案以及工程建设强制性标准情况。

③ 核查进场建筑材料、建筑构配件、设备和商品混凝土的质量检验报告等，并可在现场监督施工单位进行检验或者委托具有资格的第三方进行复验。

④ 做好旁站监理记录和监理日记，保存旁站监理原始资料。

旁站记录应按《建设工程监理规范》(GB/T 50319—2013)的要求填写。

2）见证取样与平行检验

（1）见证取样。

见证取样和送检制度是指在建设监理单位或建设单位见证下，对进入施工现场的有关建筑材料，由施工单位专职材料试验人员在现场取样或制作试件后，送至符合资质资格管理要求的试验室进行试验的一个程序。建筑材料质量的优劣是建筑工程质量的基本要素，而建筑材料检验则是建筑现场材料质量控制的重要保障。因此，见证取样和送检是保证检验工作科学、公正、准确的重要手段。

① 见证取样的数量。

涉及结构安全的试块、试件和材料，见证取样和送检的比例，不得低于有关技术标准中规定应取样数量的30%。

② 见证取样的范围。

按规定下列试块、试件和材料必须实施见证取样和送检：

a. 用于承重结构的混凝土试块；

b. 用于承重墙体的砌筑砂浆试块；

c. 用于承重结构的钢筋及连接接头试件；

d. 用于承重墙的砖和混凝土小型砌块；

e. 用于拌制混凝土和砌筑砂浆的水泥；

f. 用于承重结构的混凝土中使用的掺加剂；

g. 地下、屋面、厕浴间使用的防水材料；

h. 国家规定必须实行见证取样和送检的其他试块、试件和材料。

(2) 平行检验。

项目监理机构利用一定的检查或检测手段,在承包单位自检的基础上,按照一定的比例独立进行检查或检测的活动。平行检验是工程建设监理在质量过程控制中的重要手段,同时也是其他行业进行质量控制的重要方法。项目监理机构应根据工程特点、专业要求,以及建设工程监理合同约定,对施工质量进行平行检验。

平行检验的项目、数量、频率和费用等应符合建设工程监理合同的约定;对平行检验不合格的施工质量,项目监理机构应签发监理通知单,要求施工单位在指定的时间内整改并重新报验。

3) 工程暂停令、复工令的签发

(1) 工程暂停令。

监理人员发现可能造成质量事故的重大隐患或者已经发生质量事故的,总监理工程师签发工程暂停令。

项目监理机构发现如下情况之一时,项目总监理工程师应及时签发工程暂停令,以避免不良影响或事故扩大。

① 建设单位要求暂停施工且工程需要暂停施工的;

② 施工单位未经批准擅自施工或拒绝项目监理机构管理的;

③ 施工单位未按审查通过的工程设计文件施工的;

④ 施工单位违反工程建设强制性标准的;

⑤ 施工存在重大质量、安全事故隐患或发生质量、安全事故的。

工程项目监理机构总监理工程师在执行总监理工程师职责时应保持独立性。如果总监理工程师经过独立判断,认为建设单位提出的暂停施工有必要,可签发工程暂停令;如果总监理工程师认为没有必要暂停施工,不应签发工程暂停令。施工单位拒绝执行项目监理机构的要求和指令时,总监理工程师应视情况签发工程暂停令。对于施工单位未经批准擅自施工或分别出现上述③④⑤三种情况时,总监理工程师应签发工程暂停令。总监理工程师在签发工程暂停令时,可根据停工原因的影响范围和影响程度选择全面停工或者部分范围停工。

总监理工程师签发工程暂停令,应事先征得建设单位同意。在紧急情况下,未能事先征得建设单位同意的,应在事后及时向建设单位书面报告。施工单位未按要求停工,项目监理机构应及时报告建设单位,必要时应向有关主管部门报送监理报告。

暂停施工事件发生时,项目监理机构应如实记录所发生的情况。对于建设单位要求停工且工程需要暂停施工的,应重点记录施工单位人工、设备在现场的数量和状态;对于因施工单位原因暂停施工的,应记录直接导致停工发生的原因。

(2) 工程复工令。

工程复工令的签发,应视如下情况分别处理:

① 因施工单位原因引起工程暂停的,施工单位在复工前应向项目监理机构提交工程复工报审表申请复工。工程复工报审时,应附上能够证明已具备复工条件的相关文件资料,包括相关检查记录、有针对性的整改措施及其落实情况、会议纪要、影像资料等。当施工单位提交的工程复工报审表以及相关文件资料符合要求时,项目监理机构总监理工程师可签发工程复工令。

② 因建设单位原因或非施工单位原因引起工程暂停的,在具备复工条件时,应及时向

施工单位签发工程复工令，指令其复工。

③ 如导致暂停的原因是危及结构安全或使用功能的，整改完成后，应有建设单位、设计单位、监理单位各方共同认可的整改完成文件，其中涉及建设工程鉴定的文件必须由有资质的检测单位出具。

# 3.3 建设工程竣工验收阶段质量控制

## 3.3.1 建设工程施工质量验收统一标准、规范体系的构成

建设工程施工质量验收统一标准、规范体系由《建筑工程施工质量验收统一标准》(GB 50300—2013)和各专业验收规范共同组成，在使用过程中必须配套使用。各专业验收规范具体包括：

(1)《建筑地基基础工程施工质量验收标准》(GB 50202—2018)；

(2)《砌体结构工程施工质量验收规范》(GB 50203—2011)；

(3)《混凝土结构工程施工质量验收规范》(GB 50204—2015)；

(4)《钢结构工程施工质量验收标准》(GB 50205—2020)；

(5)《木结构工程施工质量验收规范》(GB 50206—2012)；

(6)《屋面工程质量验收规范》(GB 50207—2012)；

(7)《城镇污水处理厂工程质量验收规范》(GB 50334—2017)；

(8)《建筑地面工程施工质量验收规范》(GB 50209—2010)；

(9)《建筑装饰装修工程质量验收标准》(GB 50210—2018)；

(10)《建筑给水排水及采暖工程施工质量验收规范》(GB 50242—2002)；

(11)《通风与空调工程施工质量验收规范》(GB 50243—2016)；

(12)《建筑电气工程施工质量验收规范》(GB 50303—2015)；

(13)《电梯工程施工质量验收规范》(GB 50310—2002)；

(14)《建筑节能工程施工质量验收标准》(GB 50411—2019)等。

《建筑工程施工质量验收统一标准》

《建筑地基基础工程施工质量验收标准》

《建筑装饰装修工程质量验收标准》

《通风与空调工程施工质量验收规范》

《建筑电气工程施工质量验收规范》

《建筑节能工程施工质量验收标准》

### 3.3.2 建设工程施工质量验收的术语和验收层次划分

1. 建设工程施工质量验收的术语

《建筑工程施工质量验收统一标准》(GB 50300—2013)中共给出17个术语，以下为较重要的质量验收术语。

验收 建筑工程质量在施工单位自行检查合格的基础上，由工程质量验收责任方组织，工程建设相关单位参加，对检验批、分项、分部、单位工程及其隐蔽工程的质量进行抽样检验，对技术文件进行审核，并根据设计文件和相关标准以书面形式对工程质量是否达到合格做出确认。

检验批 按相同的生产条件或按规定的方式汇总起来供抽样检验用的，由一定数量样本组成的检验体。

主控项目 建筑工程中对安全、节能、环境保护和主要使用功能起决定性作用的检验项目。

一般项目 除主控项目以外的检验项目。

观感质量 通过观察和必要的测试所反映的工程外在质量和功能状态。

返修 对施工质量不符合规定的部位采取的整修等措施。

返工 对施工质量不符合规定的部位采取的更换、重新制作、重新施工等措施。

2. 建设工程施工质量验收层次划分

1）单位工程的划分

单位工程是指具备独立的设计文件、独立的施工条件并能形成独立使用功能的建筑物或构筑物。对于建筑工程，单位工程的划分应按下列原则确定：

(1) 具备独立施工条件并能形成独立使用功能的建筑物或构筑物为一个单位工程，如一所学校中的一栋教学楼、办公楼等。

(2) 对于规模较大的单位工程，可将其能形成独立使用功能的部分划分为一个子单位工程。

子单位工程的划分一般可根据工程的建筑设计分区、使用功能的显著差异、各类结构缝的设置等实际情况，施工前由建设、监理、施工单位商定划分方案，并据此收集整理施工技术资料和组织验收。

(3) 室外工程可根据专业类别和工程规模划分单位工程或子单位工程、分部工程。室外工程的单位工程、分部工程按表3.4划分。

**表3.4 室外工程的单位工程和分部工程划分表**

| 单位工程 | 子单位工程 | 分部工程 |
| --- | --- | --- |
| 室外设施 | 道路 | 路基、基层、面层、广场与停车场、人行道、人行地道、挡土墙、附属构筑物 |
| | 边坡 | 土石方、挡土墙、支护 |
| 附属建筑及室外环境 | 附属建筑 | 车棚、围墙、大门、挡土墙 |
| | 室外环境 | 建筑小品、亭台、水景、连廊、花坛、场坪绿化、景观桥 |

续表

| 单位工程 | 子单位工程 | 分部工程 |
|---|---|---|
| 室外安装 | 给水排水 | 室外给水系统、室外排水系统 |
| | 供热 | 室外供热系统 |
| | 电气 | 室外供电系统、室外照明系统 |

2）分部工程的划分

分部工程是单位工程的组成部分，通常按专业性质、工程部位或工程特点、功能和工程量等因素确定。建筑工程应按下列原则划分分部工程：

（1）分部工程的划分应按专业性质、工程部位确定。如建筑工程划分为地基与基础、主体结构、建筑装饰装修、屋面、建筑给水排水及供暖、通风与空调、建筑电气、智能建筑、建筑节能、电梯 10 个分部工程。

（2）分部工程体量较大或较复杂时，可按材料种类、施工特点、施工程序、专业系统及类别将分部工程划分为若干子分部工程。如智能建筑分部工程可再细分为智能化集成系统、信息接入系统、用户电话交换系统、信息网络系统、综合布线系统、移动通信室内信号覆盖系统、卫星通信系统、有线电视及卫星电视接收系统、公共广播系统、会议系统、信息导引及发布系统、时钟系统、信息化应用系统、建筑设备监控系统、火灾自动报警系统、安全技术防范系统、应急响应系统、机房、防雷与接地等子分部工程。

3）分项工程的划分

分项工程是分部工程的组成部分，可按主要工种、材料、施工工艺、设备类别进行划分。如建筑工程主体结构分部工程中，混凝土结构子分部工程按主要工种分为模板、钢筋、混凝土等分项工程，按施工工艺又分为预应力、现浇结构、装配式结构等分项工程。

4）检验批的划分

检验批在《建筑工程施工质量验收统一标准》（GB 50300—2013）中是指按相同的生产条件或按规定的方式汇总起来供抽样检验用的，由一定数量样本组成的检验体。它是建筑工程质量验收划分中的最小验收单位。

分项工程可由一个或若干个检验批组成。检验批可根据施工、质量控制和专业验收的需要，按工程量、楼层、施工段、变形缝进行划分。

施工前，应由施工单位制定分项工程和检验批的划分方案，并由项目监理机构审核。对于《建筑工程施工质量验收统一标准》（GB 50300—2013）及相关专业验收规范未涵盖的分项工程和检验批，可由建设单位组织监理、施工等单位协商确定。

多层及高层建筑的分项工程可按楼层或施工段来划分检验批；单层建筑的分项工程可按变形缝等划分检验批；地基与基础的分项工程一般划分为一个检验批，有地下层的基础工程可按不同地下层划分检验批；屋面工程的分项工程可按不同楼层屋面划分为不同的检验批；其他分部工程中的分项工程，一般按楼层划分检验批；对于工程量较少的分项工程可划分为一个检验批；安装工程一般按一个设计系统或设备组别划分为一个检验批；室外工程一般划分为一个检验批；散水、台阶、明沟等含在地面检验批中。

### 3.3.3 建设工程施工质量验收

1.建设工程施工质量验收基本规定

（1）施工现场应具有健全的质量管理体系、相应的施工技术标准、施工质量检验制度和综合施工质量水平评定考核制度。应由建设工程施工单位填写施工现场质量管理检查记录表，由总监理工程师进行检查，并做出检查结论。

（2）当工程未实行监理时，建设单位相关人员应履行有关验收规范涉及的监理职责。

（3）建筑工程的施工质量控制应符合下列规定：

① 建筑工程采用的主要材料、半成品、成品、建筑构配件、器具和设备应进行进场检验。凡涉及安全、节能、环境保护和主要使用功能的重要材料、产品，应按各专业工程施工规范、验收规范和设计文件等规定进行复验，并应经专业监理工程师检查认可。

② 各施工工序应按施工技术标准进行质量控制，每道施工工序完成后，经施工单位自检符合规定后，才能进行下道工序施工。各专业工种之间的相关工序应进行交接检验，并应记录。

③ 对于项目监理机构提出检查要求的关键工序，应经专业监理工程师检验合格认可后，方可进行下道工序施工。

（4）当专业验收规范对工程中的验收项目未做出相应规定时，应由建设单位组织监理、设计、施工等相关单位制定专项验收要求，涉及结构安全、节能、环境保护等项目的专项验收要求应由建设单位组织专家论证。

（5）建设工程施工质量应按下列要求进行验收：

① 工程施工质量验收均应在施工单位自检合格的基础上进行；

② 参加工程施工质量验收的各方人员应具备相应的资格；

③ 检验批的质量应按主控项目和一般项目验收；

④ 对涉及结构安全、节能、环境保护和主要使用功能的试块、试件及材料，应在进场时或施工中按规定进行见证检验；

⑤ 隐蔽工程在隐蔽前应由施工单位通知项目监理机构进行验收，并应形成验收文件，验收合格后方可继续施工；

⑥ 对涉及结构安全、节能、环境保护和使用功能的重要分部工程应在验收前按规定进行抽样检验；

⑦ 工程的观感质量应由验收人员现场检查，并应共同确认。

2.检验批质量验收

检验批是工程施工质量验收的最小单位，是分项工程乃至整个建筑工程质量验收的基础。

如何进行检验批的质量验收？

1）检验批质量验收程序

（1）检验批是工程施工质量验收的最小单位，是分项工程、分部工程、单位工程质量验收的基础。检验批应由专业监理工程师组织施工单位项目专业质量检查员、专业工长等进行验收。

(2) 验收前,施工单位自检合格后填写检验批报审、报验表及检验批质量验收记录;专业监理工程师对施工单位所报资料进行审查,并组织相关人员到现场进行实体检查、验收。对验收不合格的检验批,要求整改,自检合格后予以复验;对验收合格的检验批,专业监理工程师签认检验批报审、报验表及检验批质量验收记录,准许进行下道工序施工。

2) 检验批质量验收合格的规定

(1) 主控项目的质量经抽样检验均应合格。

主控项目的主要内容包括:

① 工程材料、构配件和设备的技术性能,如水泥、钢材的质量,门窗构配件的质量,风机等设备的质量;

② 涉及结构安全、节能、环境保护和主要使用功能的检测项目,如混凝土、砂浆强度,钢结构的焊缝强度,管道的压力试验等;

③ 一些重要的允许偏差项目,必须控制在允许偏差限值之内。

(2) 一般项目的质量经抽样检验合格。当采用计数抽样时,合格点率应符合有关专业验收规范的规定,且不得存在严重缺陷。

(3) 具有完整的施工操作依据、质量验收记录。

质量控制资料反映了检验批从原材料到最终验收的各施工工序的施工操作依据、检查情况以及保证质量所必需的管理制度等。对其完整性的检查,实际是对过程控制的确认,这是检验批质量验收合格的前提。

质量控制资料主要包括:图纸会审记录、设计变更通知单、工程洽商记录;工程定位测量、放线记录;原材料出厂合格证书及进场检验、试验报告;施工试验报告及见证检测报告;隐蔽工程验收记录;施工记录;有关专业质量验收规范规定的抽样检测资料、试验记录;分项、分部工程质量验收记录;工程质量事故调查处理资料;新技术论证、备案及施工记录。

3. 隐蔽工程质量验收

隐蔽工程是指在下道工序施工后将被覆盖或掩盖,不易进行质量检查的工程。隐蔽工程完成后,在被覆盖或掩盖前必须进行隐蔽工程质量验收。隐蔽工程可能是一个检验批,也可能是一个分项工程或分部工程。验收的隐蔽工程包括:

(1) 基坑、基槽工程。

(2) 地基工程。

(3) 基础工程。

(4) 钢筋工程。

(5) 混凝土等承重结构工程。

(6) 防水工程。

(7) 工艺设备、管道油漆保温工程。

(8) 墙体工程。

(9) 国家规定必须实行隐蔽工程验收的其他检验批、分项工程、分部工程。

隐蔽工程可按检验批或分项工程、子分部工程进行验收。对于隐蔽工程为检验批的,其质量验收应由专业监理工程师组织施工单位项目专业质量检查员、专业工长等进行。

隐蔽工程验收的程序:

(1) 施工单位开展隐蔽工程自行检查评定。

(2) 施工单位自行检查评定合格后填写“工程报验申请表”。

(3) 专业监理工程师组织现场检查验收。

(4) 验收合格，监理工程师签署验收结论。

(5) 隐蔽工程在隐蔽前应由施工单位通知有关单位进行验收(特别是地基与基础工程、主体结构工程等的隐蔽工程应通知监理工程师、勘测工程师和设计工程师等参加)，并应形成验收文件。

(6) 经验收合格的工序可进入下道工序；否则，返工整改，待整改好后再进行验收，直至合格。

4. 分项工程质量验收

分项工程质量验收应由专业监理工程师组织施工单位项目技术负责人等进行。施工单位应先对施工完成的分项工程进行自检，合格后填写“分项工程质量验收记录”及分项工程报审、报验表，并报送项目监理机构申请验收。专业监理工程师对施工单位所报资料进行审查，符合要求后签认分项工程报审、报验表及质量验收记录。

分项工程质量验收合格的规定：

(1) 分项工程所含检验批的质量均应验收合格。

(2) 分项工程所含检验批的质量验收记录应完整。

分项工程的质量验收是在检验批验收的基础上进行的，在进行分项工程质量验收时应注意以下三点。

(1) 应保证核对检验批的部位、区段是否覆盖分项工程的范围，有无缺漏的部位没有验收。

(2) 如砖砌体工程中的全高垂直度、砂浆强度等一些在检验批中无法检验的项目，在分项工程中直接验收。

(3) 检验批验收记录的内容及签字人是否正确、齐全。

5. 分部工程质量验收

分部(子分部)工程质量验收应由总监理工程师组织施工单位项目负责人和项目技术、质量负责人等进行。勘察、设计单位项目负责人和施工单位技术、质量负责人应参加地基与基础分部工程的验收。设计单位项目负责人和施工单位技术、质量负责人应参加主体结构、节能分部工程的验收。

施工单位应先对施工完成的分部工程进行自检，合格后填写“分部工程质量验收记录”及分部工程报审、报验表，并报送项目监理机构申请验收。总监理工程师应组织相关人员进行检查、验收。对验收不合格的分部工程，应要求施工单位进行整改，自检合格后予以复查。对验收合格的分部工程，应签认分部工程报审、报验表及验收记录。

分部工程验收合格的规定：

(1) 分部(子分部)工程所含分项工程的质量均应验收合格。分部(子分部)工程所含分项工程的质量验收应注意以下三点。

① 检查每个分项工程验收是否正确。

② 注意查对所含分项工程，有没有漏、缺的分项工程没有归纳进来，或是没有进行验收。

③ 注意检查分项工程的资料是否完整，每个验收资料的内容是否有缺漏项，以及各分

项工程验收人员的签字是否齐全及符合规定。

(2) 质量控制资料应完整。在分部工程质量验收时,应根据各专业工程质量验收规范的规定,对质量控制资料进行系统的检查,着重检查资料的齐全、项目的完整、内容的准确和签署的规范。质量控制资料的检查应包括以下内容:

① 核查和归纳各检验批的验收记录资料,核对其完整性。如有些龄期要求较长的检测资料,在分项工程验收时不能提供,则应在分部(子分部)工程验收时进行补查。

② 要求检验批资料准确完整后,方能对其开展验收。对质量不符合要求的检验批、分项工程应按有关规定进行处理后的资料归档审核。

③ 注意核对各种资料的内容、数据及验收人员签字的规范性。对于建筑材料的复验范围,各专业验收规范已做出具体规定,检验时按产品标准规定的组批规则、抽样数量、检验项目进行。

(3) 分部工程有关安全及功能的检验和抽样检测结果应符合有关规定。涉及结构安全及使用功能检验(检测)的要求,应按设计文件及各专业工程质量验收规范中所做的具体规定执行。抽检项目在各专业质量验收规范中已有明确规定,在验收时应注意如下内容:

① 检查各规范中规定的检测项目是否都进行了验收,不能进行检测的项目应该说明原因。

② 检查各项检测记录(报告)的内容、数据是否符合要求,包括检测项目的内容、所遵循的检测方法、检测结果数据是否达到规定的标准。

③ 核查资料的检测程序,有关取样人、检测人、审核人、试验负责人以及公章签字是否齐全等。

(4) 观感质量验收应符合要求。观感质量验收是指在分部工程所含的分项工程完成后,在前三项检查的基础上,对已完工部分工程的质量,采用目测、触摸和简单量测等方法所进行的一种宏观检查方式。对分部工程进行观感质量检查和验收,采用一种更直观、便捷、快速的方法,对工程质量从外观上做一次重复的、扩大的、全面的检查,这是由建筑施工特点所决定的。

质量观感评价时,施工企业应先自检合格,然后由监理单位来验收,参加评价的人员应具有相应的资格,由总监理工程师组织,不少于三位监理工程师来检查,在听取其他参加人员的意见后,共同做出评价,但总监理工程师的意见应为主导意见。在做评价时,可分项目逐点评价,也可按项目进行大的方面的综合评价,最后对分部(子分部)工程做出评价。

观感质量验收并不是给出“合格”或“不合格”的结论,而是给出“好”“一般”“差”的总体定性评价。所谓“一般”,是指经观感质量检验符合验收规范的要求;所谓“好”,是指在质量符合验收规范的基础上,能达到精致、流畅、匀净的要求,精度控制好;所谓“差”,是指勉强达到验收规范的要求,但质量不够稳定,离散性较大,给人以粗疏的印象。

6. 单位工程质量验收

单位工程质量验收也称质量竣工验收,是建筑工程投入使用前的最后一次验收,也是最重要的一次验收。

单位工程验收合格应符合以下条件:

(1) 单位(子单位)工程所含分部(子分部)工程的质量均应验收合格。总承包单位应事先进行认真准备,将所有分部、子分部工程质量验收的记录表及时进行收集整理,并列出目次表，依序将其装订成册。其应注意如下内容：

① 核查各分部工程中所含的子分部工程是否齐全。

② 核查各分部、子分部工程质量验收记录表的质量评价是否完善，如分部、子分部工程质量的综合评价，质量控制资料的评价，地基与基础、主体结构和设备安装分部、子分部工程的有关安全及功能的检测和抽检项目的检测记录，以及分部、子分部工程观感质量的评价等。

③ 核查分部、子分部工程质量验收记录表的验收人员是否为规定的有相应资质的技术人员，并进行评价和签认。

(2) 质量控制资料应完整。建筑工程质量控制资料是反映建筑工程施工过程中各个环节工程质量状况的基本数据和原始记录，反映完工项目的测试结果和记录。这些资料是反映工程质量的客观见证，是评价工程质量的主要依据。工程质量资料是工程的"合格证"和技术的"证明书"。

总承包单位应对各分部(子分部)工程应有的质量控制资料进行核查。图纸会审及变更记录，定位测量放线记录，施工操作依据，原材料、构配件等质量证书，按规定进行检验的检测报告，隐蔽工程验收记录，施工中的有关施工试验、测试、检验，以及抽样检测项目的检测报告等，由总监理工程师进行核查确认，可按单位工程所包含的分部、子分部工程分别核查，也可综合抽查。其目的是强调对建筑结构、设备性能、使用功能方面主要技术性能的检验。

由于每个工程的具体情况不一，因此资料是否完整，要视工程特点和已有资料的情况而定。如果资料能保证该工程结构安全和使用功能，能达到设计要求，则可认为是完整的。否则，不能判定为完整。

(3) 单位(子单位)工程所含分部工程有关安全和功能的检测资料应完整。在分部、子分部工程中提出了一些检测项目，在分部、子分部工程检查和验收时，应进行检测来保证和验证工程的综合质量和最终质量。这种检测(检验)应由施工单位来进行，检测过程中可请监理工程师或建设单位有关负责人参加监督检测工作，达到要求后，形成检测记录并签字认可。在单位工程、子单位工程验收时，监理工程师应对各分部、子分部工程应检测的项目进行核对，对检测资料的数量、数据及使用的检测方法、检测标准、检测程序进行核查，并核查有关人员的签认情况等。

对涉及安全和使用功能的分部工程检验资料的复查，要全面检查其完整性(即不得有漏检缺项)，也要复核分部工程验收时补充进行的见证抽样检验报告。

(4) 主要功能项目的抽查结果应符合相关专业质量验收规范的规定。使用功能的检查是对建筑工程和设备安装工程最终质量的综合检验。在分项、分部工程验收合格的基础上，竣工验收时再做全面检查。抽查项目是在检查资料文件的基础上，由参加验收的各方人员商定，并用计量、计数的抽样方法确定的检查部位。检查应按有关专业工程施工质量验收标准的要求进行。

(5) 观感质量验收应符合要求。单位工程观感质量的验收方法和内容与分部、子分部工程的观感质量评价一样，但是范围更广，更为宏观。单位工程观感质量验收内容按各有关检验批的主控项目、一般项目有关内容综合掌握，给出"好""一般""差"的评价。

# 3.4 建设工程质量缺陷与质量事故处理

## 3.4.1 建设工程质量缺陷的定义及处理

建设工程质量缺陷是指工程不符合国家或行业的有关技术标准、设计文件及合同中对质量的要求。建设工程质量缺陷可分为施工过程中的质量缺陷和永久质量缺陷，施工过程中的质量缺陷又可分为可整改质量缺陷和不可整改质量缺陷。

《关于做好房屋建筑和市政基础设施工程质量事故报告和调查处理工作的通知》

建设工程质量缺陷的常用处理措施如下。

1. 返修处理

对于建设工程的某些部分的质量虽未达到规范、标准或设计规定的要求，存在一定的缺陷，但经过采取整修等措施后可以达到要求的质量标准，且又不影响使用功能或外观的要求时，可采取返修处理的方法。例如混凝土结构表面出现蜂窝、麻面，或者混凝土结构局部出现损伤，如结构受撞击、局部未振实、冻害、火灾、酸类腐蚀等，当这些缺陷或损伤仅仅在结构的表面或局部，不影响其使用功能和外观，可进行返修处理。

2. 加固处理

这种方法主要是针对危及结构承载力的质量缺陷的处理。通过加固处理，使建筑结构恢复或提高承载力，重新满足结构安全性与可靠性的要求，使结构能继续使用或改作其他用途。混凝土结构常用的加固方法主要有：增大截面加固法、外包角钢加固法、粘钢加固法、增设支点加固法、增设剪力墙加固法、预应力加固法等。

3. 返工处理

当建设工程质量缺陷经过返修、加固处理后仍不能满足规定的质量标准要求或不具备补救可能性，则必须采取重新制作、重新施工的返工处理措施。如市政桥梁工程预应力按规定张拉系数为 1.3，而实际仅为 0.6，属严重的质量缺陷，也无法修补，只能返工。

4. 限制使用

如建设工程质量缺陷按修补方法处理后无法保证达到规定使用要求和安全要求，也不能返工处理，可以采用限制使用，降低使用标准。

5. 不做处理

某些工程质量缺陷虽然达不到规定的要求或标准，但其情况不严重，对结构安全或使用功能影响很小，经过分析、论证、法定检测单位鉴定和设计单位等认可后可不做处理。

6. 报废处理

出现质量事故的工程，通过分析论证或实践，采取上述处理方法后仍不能满足质量要求或标准，则必须予以报废处理。

## 3.4.2　建设工程质量事故的定义

工程质量事故是指由于建设、勘察、设计、施工、监理等单位违反工程质量有关法律法规和工程建设标准，使工程产生结构安全、重要使用功能等方面的质量缺陷，造成人身伤亡或者重大经济损失的事故。

根据工程质量事故造成的人员伤亡或者直接经济损失，工程质量事故分为4个等级：

(1) 特别重大事故，是指造成30人以上死亡，或者100人以上重伤，或者1亿元以上直接经济损失的事故。

(2) 重大事故，是指造成10人以上30人以下死亡，或者50人以上100人以下重伤，或者5000万元以上1亿元以下直接经济损失的事故。

(3) 较大事故，是指造成3人以上10人以下死亡，或者10人以上50人以下重伤，或者1000万元以上5000万元以下直接经济损失的事故。

(4) 一般事故，是指造成3人以下死亡，或者10人以下重伤，或者100万元以上1000万元以下直接经济损失的事故。

该等级划分所称的"以上"包括本数，所称的"以下"不包括本数。

## 3.4.3　建设工程质量事故的处理

建设工程发生质量事故，应按照《关于做好房屋建筑和市政基础设施工程质量事故报告和调查处理工作的通知》(建质〔2010〕111号)的要求，由各级政府建设行政主管部门按事故等级划分开展相关的工程质量事故处理工作。项目监理机构应积极配合做好质量事故调查工作，处理由于事故对工程产生的结构安全及重要使用功能等方面的质量缺陷，因而项目监理机构应掌握工程质量事故所造成缺陷的处理依据、程序和基本方法。

1. 建设工程质量事故处理的依据

(1) 质量事故的实况资料，如质量事故发生的时间、地点，有关质量事故的观测记录、事故现场状态的照片或录像，质量事故发展变化的情况，质量事故状况的描述。

(2) 有关合同及合同文件，如工程承包合同、设备与器材购销合同、设计委托合同、监理合同及分包合同等。这些文件对明确相关各方的责任、义务有重要参考价值。

(3) 有关技术文件和档案，如有关的设计文件(如施工图纸和技术说明)、档案和资料(如施工方案、施工计划、施工日志、施工记录、有关建筑材料的质量证明资料、现场制备材料的质量证明资料、与施工有关的技术文件，以及质量事故发生后对事故状况做的观测记录、试验记录或试验报告等)。这些文件可以作为工程项目建造过程的证明性文件，对分析工程质量事故的原因有参考价值。

(4) 相关建设法规，如《中华人民共和国建筑法》，勘察、设计、施工、监理等单位资质管理方面的法规，从业者资质管理方面的法规，建筑施工方面的法规，建筑市场方面的法规，关于标准化管理方面的法规。

2. 建设工程质量事故处理的程序

建设工程质量事故处理的程序如图3.5所示。

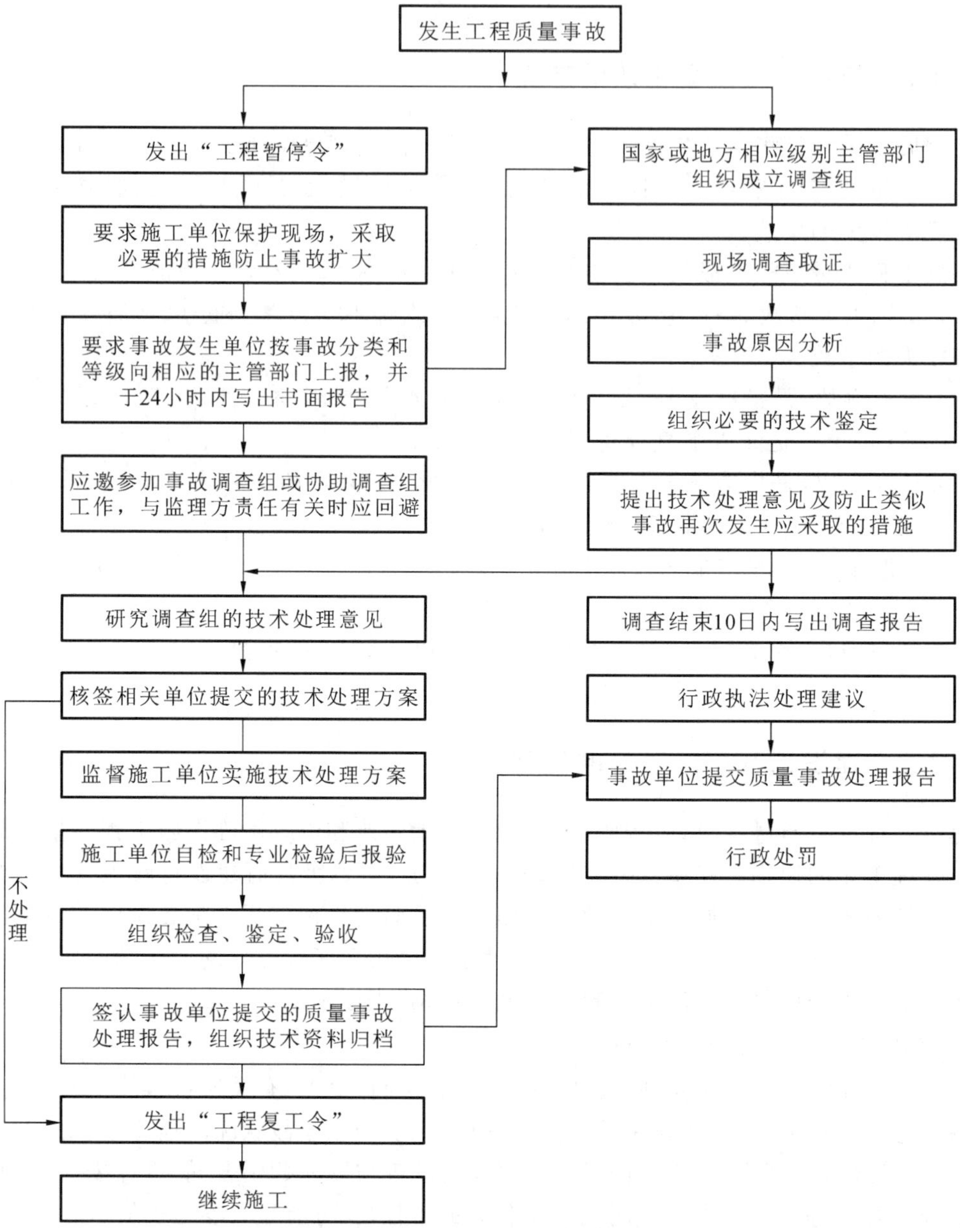


图 3.5　建设工程质量事故处理的程序

### 3. 建设工程质量事故的报告制度

(1) 工程质量事故发生后，事故现场有关人员应当立即向工程建设单位负责人报告；工程建设单位负责人接到报告后，应于 1 小时内向事故发生地县级以上人民政府住房和城乡建设主管部门及有关部门报告。当情况紧急时，事故现场有关人员可直接向事故发生地县级以上人民政府住房和城乡建设主管部门报告。

(2) 住房和城乡建设主管部门接到事故报告后，应当依照下列规定上报事故情况，并同时通知公安、监察机关等有关部门：

① 较大、重大及特别重大事故逐级上报至国务院住房和城乡建设主管部门，一般事故

逐级上报至省级人民政府住房和城乡建设主管部门，必要时可以越级上报事故情况；

② 住房和城乡建设主管部门上报事故情况，应当同时报告本级人民政府；国务院住房建设工程监理和城乡建设主管部门接到重大和特别重大事故的报告后，应当立即报告国务院。

③ 住房和城乡建设主管部门逐级上报事故情况时，每级上报时间不得超过 2 小时。

④ 事故报告应包括下列内容：

a. 事故发生的时间、地点、工程项目名称、工程各参建单位名称；

b. 事故发生的简要经过、伤亡人数（包括下落不明的人数）和初步估计的直接经济损失；

c. 事故的初步原因；

d. 事故发生后采取的措施及事故控制情况；

e. 事故报告单位、联系人及联系方式；

f. 其他应当报告的情况。

⑤ 事故报告后出现新情况，以及事故发生之日起 30 日内伤亡人数发生变化的，应当及时补报。

4. 建设工程质量事故的调查

（1）住房和城乡建设主管部门应当按照有关人民政府的授权或委托，组织或参与事故调查组对事故进行调查，并履行下列职责：

① 核实事故基本情况，包括事故发生的经过、人员伤亡情况及直接经济损失；

② 核查事故项目基本情况，包括项目履行法定建设程序情况、工程各参建单位履行职责的情况；

③ 依据国家有关法律法规和工程建设标准分析事故的直接原因和间接原因，必要时组织对事故项目进行检测鉴定和专家技术论证；

④ 认定事故的性质和事故责任；

⑤ 依照国家有关法律法规提出对事故责任单位和责任人员的处理建议；

⑥ 总结事故教训，提出防范和整改措施；

⑦ 提交事故调查报告。

（2）事故调查报告应当包括下列内容：

① 事故项目及各参建单位概况；

② 事故发生经过和事故救援情况；

③ 事故造成的人员伤亡和直接经济损失；

④ 事故项目有关质量检测报告和技术分析报告；

⑤ 事故发生的原因和事故性质；

⑥ 事故责任的认定和事故责任者的处理建议；

⑦ 事故防范和整改措施。

工程质量事故报告表

5. 事故处理

（1）住房和城乡建设主管部门应当依据有关人民政府对事故调查报告的批复和有关法律法规的规定，对事故相关责任者实施行政处罚。处罚权限不属本级住房和城乡建设主管部门的，应当在收到事故调查报告批复后 15 个工作日内，将事故调查报告（附具有关证据材料）、结案批复、本级住房和城乡建设主管部门对有关责任者的处理建议等转送有权限的住房和城乡建设主管部门。

（2）住房和城乡建设主管部门应当依据有关法律法规的规定，对事故负有责任的建设、勘察、设计、施工、监理等单位和施工图审查、质量检测等有关单位分别给予罚款、停业整顿、降低资质等级、吊销资质证书其中一项或多项处罚，对事故负有责任的注册执业人员分别给予罚款、停止执业、吊销执业资格证书、终身不予注册其中一项或多项处罚。

6. 其他要求

（1）事故发生地住房和城乡建设主管部门接到事故报告后，其负责人应立即赶赴事故现场，组织事故救援。发生一般及以上事故，或者领导有批示要求的，设区的市级住房和城乡建设主管部门应派员赶赴现场了解事故有关情况。发生较大及以上事故，或者领导有批示要求的，省级住房和城乡建设主管部门应派员赶赴现场了解事故有关情况。发生重大及以上事故，或者领导有批示要求的，国务院住房和城乡建设主管部门应根据相关规定派员赶赴现场了解事故有关情况。

（2）没有造成人员伤亡，直接经济损失没有达到100万元，但是社会影响恶劣的工程质量问题，参照以上的有关规定执行。

## 小结

建设工程质量是指建设工程满足相关标准规定和合同约定要求的程度，具有自身特性和相应特点。在建设工程质量影响因素中，人的因素是各因素中的关键性因素。建设工程质量的控制包括施工准备阶段质量控制、施工阶段质量控制、工程验收质量控制等。建设工程质量缺陷和质量事故的处理应遵循相应的处理方式和处理程序。

**房屋建筑工程质量控制点设置一览表**

## 巩固训练

**一、填空题**

1. 建设工程质量简称工程质量，是指建设工程满足______和合同约定要求的程度，包括其在安全、使用功能及其______、节能与环境保护等方面所有明示和隐含的固有特性。

2. 影响建设工程质量的因素归纳起来主要表现在______、______、______、______、______。

3. 用于工程的材料、构配件、设备的质量证明文件包括______、______、______以及施工单位的质量抽检报告等。

4. ______逐级上报至省级人民政府住房和城乡建设主管部门，必要时可以越级上报事故情况。

5. 处罚权限不属本级住房和城乡建设主管部门的，应当在收到事故调查报告批复后__________个工作日内，将__________、结案批复、本级住房和城乡建设主管部门对有关责任者的处理建议等转送有权限的住房和城乡建设主管部门。

**二、单项选择题**

1. 建设工程质量的特点具体表现在(　　)。

A. 质量波动大　　B. 不受施工单位控制

C. 与材料关系不大　　D. 只能采取主动控制

2. 人员素质是影响工程质量的重要因素之一，除此之外有(　　)。

A. 工程材料　　B. 工人学历　　C. 专业背景　　D. 运输机械

3. 监理工程师在施工过程中对工序施工的跟踪监督检查与控制，主要是(　　)。

A. 对影响工序质量的因素进行监督检查　　B. 对隐蔽工程的监督检查

C. 对质量控制点的监督检查　　D. 对旁站工程的监督检查

4. 建筑工程施工质量验收时，对涉及结构安全和使用功能的分部工程应进行(　　)。

A. 抽样检测　　B. 全数检验　　C. 无损检测　　D. 见证取样检测

5. 检验批和分项工程应由(　　)组织验收。

A. 项目经理　　B. 项目专业质量检验员

C. 监理工程师　　D. 项目专业技术负责人

6. 施工质量控制的主要依据不包括(　　)。

A. 工程合同和设计文件　　B. 质量管理体系文件

C. 材料生产合格证明　　D. 质量管理方面的法律、法规性文件

7. 事故报告不包括(　　)。

A. 事故发生的时间、地点、工程项目名称、工程各参建单位名称

B. 事故发生的简要经过、伤亡人数

C. 具体的直接经济损失

D. 事故发生后采取的措施及事故控制情况

8. 根据工程质量事故造成的人员伤亡或者直接经济损失，工程质量事故分为(　　)个等级。

A. 1　　B. 2　　C. 3　　D. 4

9. 量测法的手法可归纳为靠、吊、量、(　　)。

A. 套　　B. 摸　　C. 敲　　D. 照

10. 在正常使用条件下，电气管线、给排水管道、设备安装和装修工程，它们的最低保修期限为(　　)。

A. 1 年　　B. 2 年　　C. 3 年　　D. 5 年

11. 由监理工程师现场监督承包单位某工序全过程完成情况的活动，称之为(　　)。

A. 检查　　B. 旁站　　C. 巡视　　D. 见证

12. 指令文件是表达(　　)对施工承包单位提出指示或命令的书面文件。

A. 监理工程师　　B. 总工程师　　C. 建设单位　　D. 监理单位

13. 施工现场质量管理检查记录表应由施工单位填写，(　　)进行检查，并做出检查结论。

A. 总监理工程师　　B. 总工程师

C. 项目经理　　D. 总监理工程师代表

14. 无论是建设、施工、监理还是设计单位提出的工程变更或图纸修改，经审查并经有关方面研究后，由(　　)发布变更指令方能生效予以实施。

A. 建设单位代表　B. 设计单位代表　C. 专业监理工程师　D. 总监理工程师

**三、多项选择题**

1. 下列关于建设工程质量的表述，正确的是(　　)。

A. 建设工程质量是指建设工程满足相关标准规定要求的程度

B. 建设工程质量是指建设工程满足合同约定要求的程度

C. 建设工程质量包括其在安全、使用功能方面所有明示和隐含的固有特性

D. 建设工程质量包括其在耐久性能、节能与环境保护等方面所有明示和隐含的固有特性

E. 建筑物的造型、布置、室内装饰效果、色彩等属于适用性特性

2. 对于建设工程质量波动性大的特点表述，正确的是(　　)。

A. 因为建设工程产品生产具有单件性、流动性

B. 建设工程质量的影响因素有偶然性因素，也有系统性因素

C. 某一因素发生变动，不会使工程质量产生波动

D. 材料规格品种使用错误会产生质量波动

E. 机械设备过度磨损或出现故障对质量影响不大

3. 项目监理机构进行质量控制的主要依据有(　　)。

A. 工程合同类文件

B. 工程勘察、设计文件

C. 有关质量管理方面的法律法规、部门规章与规范性文件

D. 与工程质量有关的工程价款支付文件

E. 质量标准与技术规范

4. 关于事前质量控制说法正确的是(　　)。

A. 需要编制施工质量控制计划

B. 需要有明确的质量控制目标

C. 事前质量控制应重视“人”的因素在质量目标实现过程中的重要作用

D. 充分发挥组织在技术和管理方面的整体优势

E. 事前质量控制不需要找出薄弱环节，而是针对所有环节

5. 施工方案编制符合性审查包括哪些内容(　　)。

A. 施工方案应由项目技术负责人组织编制

B. 经施工单位技术负责人审批签字后报送项目监理机构审查

C. 重点审查施工方案的编制人、审批人是否符合有关权限规定的要求

D. 检查施工单位的内部编制、审批程序是否完善，签章是否齐全

E. 重点核对审批人是否为项目技术负责人

6. 影响工程质量的因素很多，主要有 4M1E，即人员素质、(　　)。

A. 材料　　B. 机械设备　　C. 方法

D. 环境条件　　E. 评价方法

7. 工程质量的特点主要有(　　)。

A. 质量波动大　　B. 质量隐蔽性　　C. 终检局限性

D. 复杂性　　E. 影响因素多

8. 监理责任主要有(　　)。

A. 违纪责任　　B. 违法责任　　C. 违约责任

D. 连带责任　　E. 违章责任

9. 施工准备阶段质量控制的内容主要有(　　)。

A. 作业技术交底　　B. 设计交底和图纸会审

C. 施工组织设计审查　　D. 施工生产要素配置质量审查

E. 审查开工申请，把好开工关

10. 质量检验的主要方法有(　　)。

A. 目测法　　B. 量测法　　C. 分层法

D. 控制图法　　E. 试验法

**四、名词解释**

1. 巡视：

2. 旁站：

3. 检验批：

4. 单位工程：

5. 隐蔽工程：

**五、简答题**

1. 建设工程质量的影响因素有哪些？

2. 项目监理机构进行质量控制的主要依据有哪些？

3. 图纸会审一般包括哪些内容？

4. 施工组织设计审查要点有哪些？

5. 项目监理机构总监理工程师签发工程开工令应具备哪些条件？

6. 建设工程质量事故处理的依据有哪些？

7. 工程质量事故发生后的报告程序包括哪些内容？

**六、案例分析**

某监理公司承担某教学楼施工阶段的监理任务，该楼土建部分是由工程指挥部工程处经招标进场的某建筑公司施工，施工合同中已明确有 3000 $m^2$ 的铝合金窗安装任务；而该指挥部设备材料处与某铝合金窗厂签订供销合同时又明确由该厂派队伍进行铝合金窗安装施工。该厂在铝合金窗安装过程中，没有落实“按铝合金窗工艺规程安装”的合同要求，其他单位也无人过问窗框与墙体洞口没做缝隙密封处理这一关键质量问题。而建筑公司在明知该铝合金窗框没做缝隙密封的情况下，为了抢工期进行了抹灰、贴面砖施工，留下了质量隐患。该楼在验收前正处当地梅雨季节，检查发现有 70%

铝合金窗樘严重渗水，该质量事故发生后，指挥部负责人找到监理单位要求进行质量事故分析和处理，并追查责任。

问题：

1. 事故处理的依据是什么？

2. 工程质量事故处理的一般程序是什么？

3. 工程质量事故调查报告包括哪些内容？

# 工作手册4

# 建设工程投资控制

JIANSHE GONGCHENG TOUZI KONGZHI

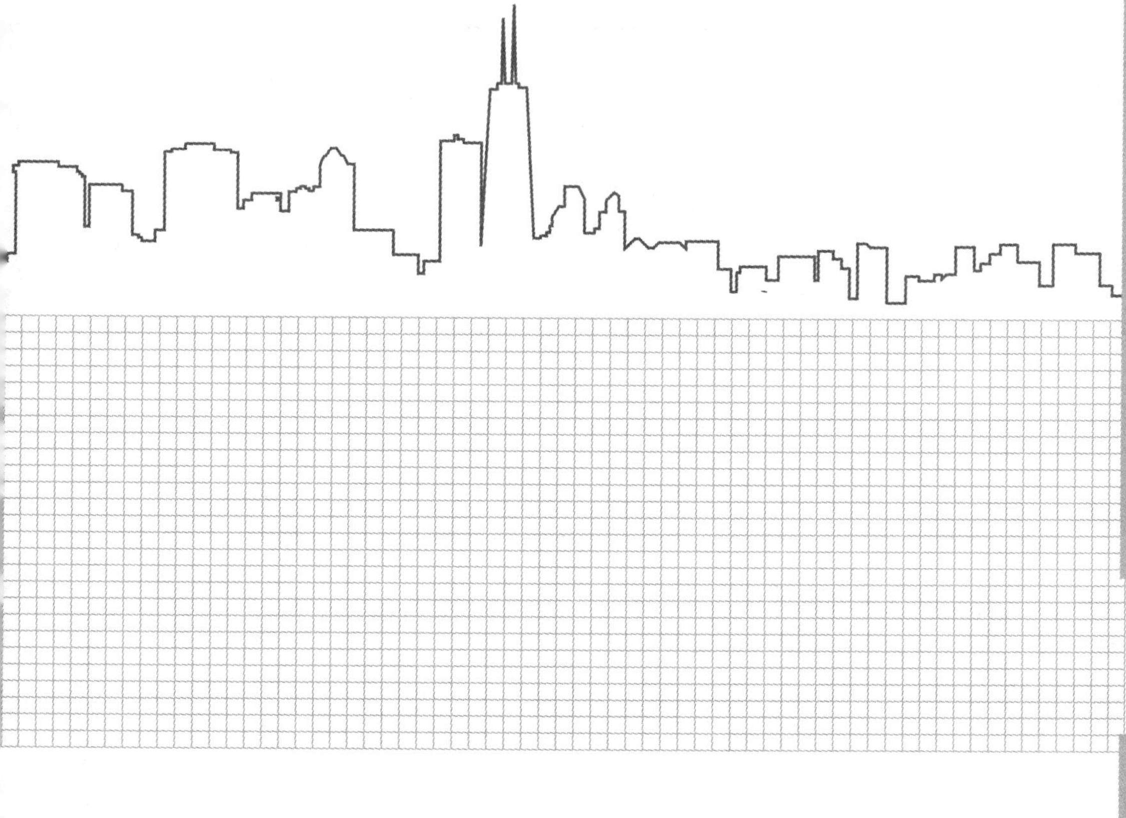

**知识目标**

掌握建设工程项目投资及投资控制的相关概念；掌握建设工程项目投资控制的重点；熟悉各阶段建设工程项目投资控制的任务；掌握建设工程项目施工阶段投资控制的工作内容、任务以及相关措施；掌握建设工程项目投资控制中的工程计量、工程变更控制、工程预付款、期中支付、工程结算等相关知识；掌握工程质量保证金处理的相关知识。

**能力目标**

能根据投资控制工作内容、要点，编制投资控制方案；能够综合运用建设工程项目投资的组成、投资控制重点、各个实施阶段投资控制的内容及任务等理论，能解决工程项目投资控制实践过程中的相关问题。

**工程案例**

某工程计划进度与实际进度见表 4.1，表中实线表示计划进度（计划进度线上方的数据为每周计划投资），虚线表示实际进度（实际进度线上方的数据为每周实际投资）。假定各分项工程每周计划完成和实际完成的工程量相等，并且进度匀速进展。

参考答案

**表 4.1 工程计划进度与实际进度表**

| 分项工程 | 进度计划/周 | | | | | | | | | |
|---|---|---|---|---|---|---|---|---|---|---|
| | 1 | 2 | 3 | 4 | 5 | 6 | 7 | 8 | 9 | 10 |
| A | 6 | 6 | 6 | | | | | | | |
| | 6 | 6 | 6 | | | | | | | |
| B | | 5 | 5 | 5 | 5 | | | | | |
| | | | | 4 | 4 | 5 | 5 | | | |
| C | | | | 8 | 8 | 8 | 8 | | | |
| | | | | | 8 | 8 | 7 | 5 | | |
| D | | | | | | 3 | 3 | 3 | 3 | |
| | | | | | | | 4 | 4 | 3 | 3 |

问题：

1. 绘制投资资金需求计划曲线与实际资金使用曲线；
2. 进行资金实际使用与计划对比。

# 4.1　建设项目投资控制基础知识

## 4.1.1　我国建设项目总投资及工程造价的构成

《建筑工程工程量清单计价规范》

建设项目总投资是为完成工程项目建设并达到使用要求或生产条件，在建设期内预计或实际投入的全部费用总和。生产性建设项目总投资包括建设投资、建设期利息和流动资金三部分；非生产性建设项目总投资包括建设投资和建设期利息两部分。其中，建设投资和建设期利息之和对应于固定资产投资，固定资产投资与建设项目的工程造价在量上相等。工程造价基本构成包括用于购买工程项目所含各种设备的费用、用于建筑施工和安装施工所需支出的费用、用于委托工程勘察设计应支付的费用、用于购置土地所需的费用，也包括用于建设单位自身进行项目筹建和项目管理所花费的费用等。总之，工程造价是指在建设期预计或实际支出的建设费用。

工程造价中的主要构成部分是建设投资，建设投资是为完成工程项目建设，在建设期内投入且形成现金流出的全部费用。根据国家发改委和建设部发布的《建设项目经济评价方法与参数(第三版)》的规定，建设投资包括工程费用、工程建设其他费用和预备费三部分。工程费用是指建设期内直接用于工程建造、设备购置及其安装的建设投资，可以分为建筑安装工程费和设备及工器具购置费。

建筑安装工程费是指为完成工程项目建造、生产性设备及配套工程安装所需的费用。根据住房和城乡建设部、财政部颁布的《关于印发〈建筑安装工程费用项目组成〉的通知》(建标〔2013〕44 号)，我国现行建筑安装工程费用项目按两种不同的方式划分，即按费用构成要素划分为人工费、材料费、施工机具使用费、企业管理费、利润、规费和税金，按工程造价形成顺序划分为分部分项工程费、措施项目费、其他项目费、规费、税金。

建筑安装工程费用参考计算方法

设备及工器具购置费用是由设备购置费和工具、器具及生产家具购置费组成的，它是固定资产投资中的积极部分。在生产性工程建设中，设备及工价比重的增大，意味着生产技术的进步和资本有机构成的提高。工具、器具及生产家具购置费，是指新建或扩建项目初步设计规定的，保证初期正常生产必须购置的没有达到固定资产标准的设备、仪器、工卡模具、器具、生产家具和备品备件等的购置费用。

工程建设其他费用是指建设期发生的与土地使用权取得、全部工程项目建设以及未来生产经营有关的，除工程费用、预备费、增值税、建设期融资费用、流动资金以外的费用。具体包括建设单位管理费、用地与工程准备费、市政公用配套设施费、技术服务费(可行性研究费、专项评价费、勘察设计费、监理费、研究试验费、特殊设备安全监督检验费、监造费、招标费、设计评审费、技术经济标准使用费、工程造价咨询费)、建设期计列的生产经营费(专利及专有技术使用费、联合试运转费、生产准备费、工程保险费、税费)。

预备费是指在建设期内因各种不可预见因素的变化而预留的可能增加的费用，包括基本预备费和价差预备费。

流动资金指为进行正常生产运营，用于购买原材料、燃料、支付工资及其他运营费用等所需的周转资金。在可行性研究阶段用于财务分析时计为全部流动资金，在初步设计及以后阶段用于计算“项目报批总投资”或“项目概算总投资”时计为铺底流动资金。铺底流动资金是指生产经营性建设项目为保证投产后正常的生产运营所需，并在项目资本金中筹措的自有流动资金。

建筑安装工程费用项目组成

建设期利息主要指在建设期内发生的为工程项目筹措资金的融资费用及债务资金利息。

建设项目总投资的具体构成内容如图 4.1 所示。

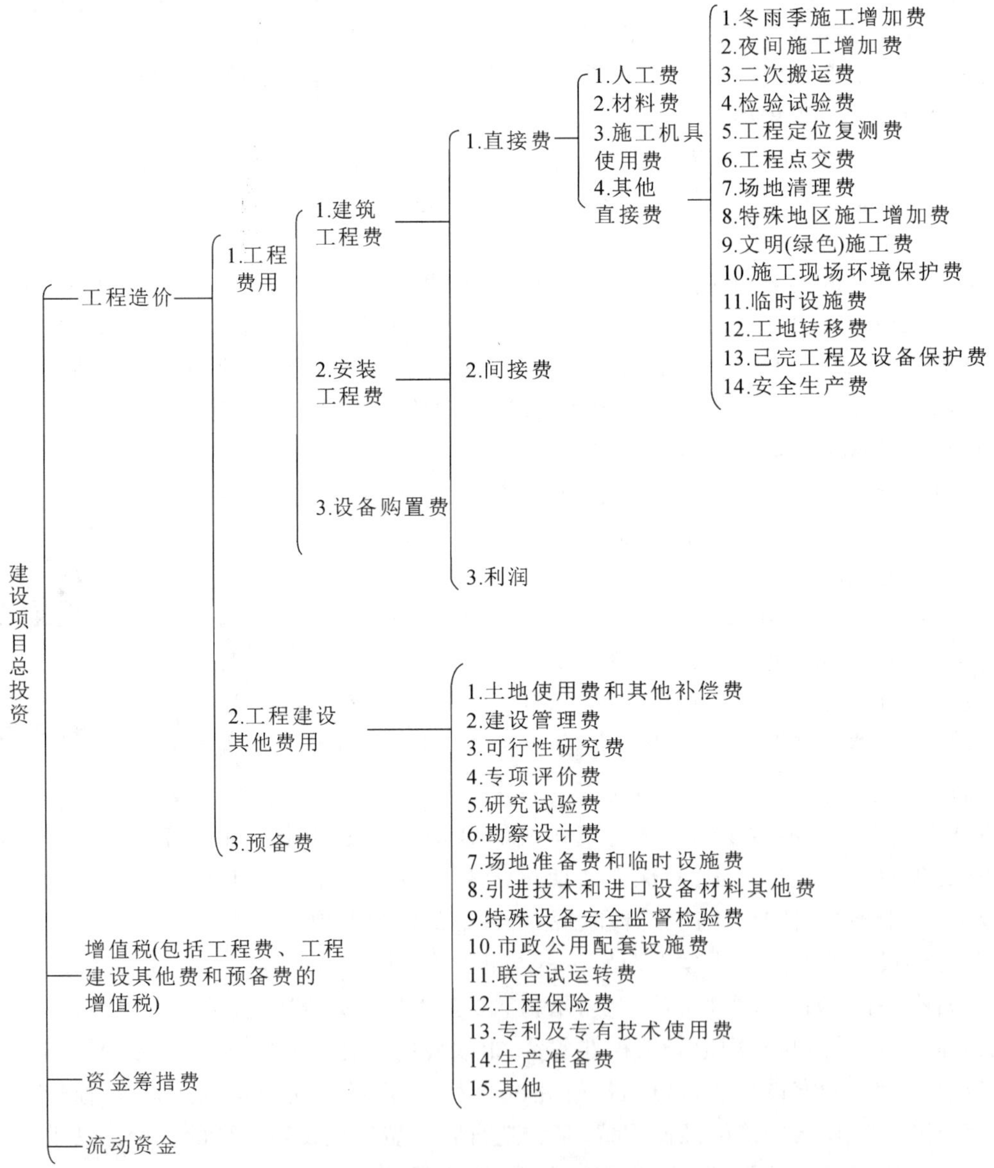


图 4.1　建设项目总投资费用项目组成

### 4.1.2 建设项目投资控制的含义及各阶段投资控制的目标

1.建设项目投资控制的含义

建设项目投资控制是指以建设项目为对象，为在投资计划值内实现项目而对工程建设活动中的投资所进行的规划、控制和管理。投资控制的目的，就是在建设项目的实施阶段，通过目标控制的原理和手段，将实际发生的投资额控制在投资的计划值以内，以使建设项目的投资目标尽可能地实现。

投资控制并不是说要使建设项目的投资越小越好，而是指在满足建设项目的功能要求和使用要求的前提下，通过一定方式、手段将建设项目投资控制在预期目标额度内。投资控制的目标是充分利用有限资源，使工程项目的建设获得最佳效益和增值。

2.建设项目各阶段投资控制的目标

投资控制的目标应当随着建设工作的不断深入、有关情况的逐渐明晰来分阶段设置。各阶段目标应当相互制约、相互补充，前者控制后者、后者补充前者，共同组成建设工程投资控制的目标系统(见图4.2)。在进行目标设定时，应处理好目标的先进合理性与可行性的对立统一关系。

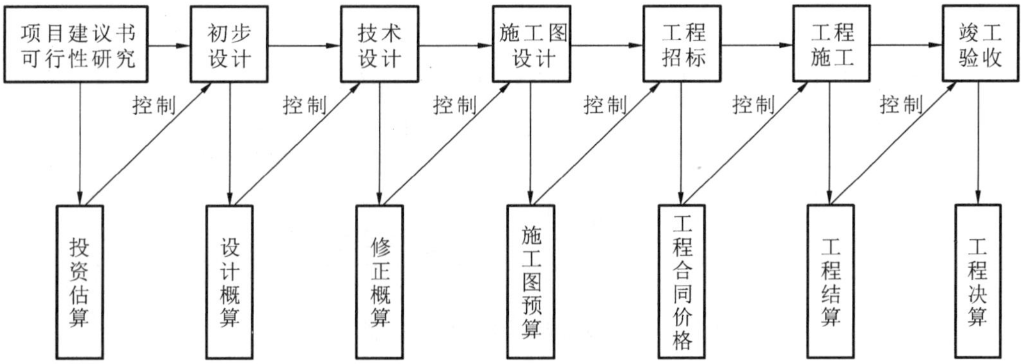


图4.2 建设项目各阶段投资控制目标设置

### 4.1.3 监理工程师在建设项目投资控制中的作用及投资控制的重点

1.监理工程师在建设项目投资控制中的作用、任务

在建设项目中，不同阶段监理工程师进行投资控制的作用和任务不尽相同。监理工程师通过实施投资控制工作，在保证建设项目质量、安全、工期目标实现的基础上，使建设项目在预定的投资额内建成动用。具体而言就是，可行性研究阶段确定的投资估算额控制在建设单位投资机会、投资意向设定的范围内；设计概算是技术设计和施工图设计的项目投资控制目标，不得突破投资估算；建设工程承包合同价是施工阶段控制建设工程投资的目标，施工阶段投资额不得突破合同价。在不同的建设阶段将其相应的投资额控制在规定的投资目标限额内。通过投资控制工作，发挥监理工程师提供的高智能技术服务的作用，使建设项目各阶段投资控制工作始终处于受控状态，做到有计划、有目标、有控制措施，使每个阶段的投

资做到最大可能的合理化。在建设项目实施的各个阶段，合理确定投资控制目标，采取组织、经济、技术、合同等措施，有效控制投资，并应用主动控制原理做到事前控制、事中控制、事后控制相结合，合理地处理投资过程中索赔与反索赔事件，以取得令人满意的效果。

2. 建设项目投资控制的重点

项目前期和设计阶段投资控制的重要作用，可以由两个“二八定律”来说明：建设项目规划和设计阶段已经决定了建设项目生命周期内约90%的费用；而设计阶段尤其是初步设计阶段已经决定了建设项目80%的投资，如图4.3所示。建设项目的投资费用主要集中在施工阶段发生，但是施工阶段发生的费用是被动的，施工阶段所需要投入费用的大小通常都是由设计决定的。在实现建设全过程投资控制的同时，应当以施工以前的投资决策和设计阶段为重点。

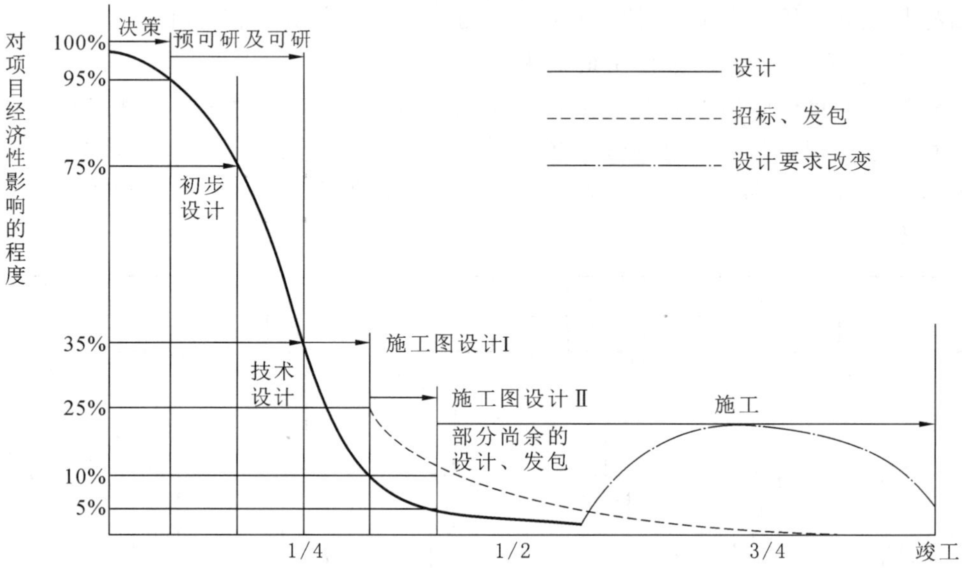


图4.3 建设项目各阶段投资控制的影响

### 4.1.4 建设项目投资控制的任务

在工程项目的建设实施中，投资控制的任务是对建设全过程的投资费用负责，是要严格按照批准的可行性研究报告中规定的建设规模、建设内容、建设标准和相应的工程投资目标值等进行建设，努力把建设项目投资控制在计划的目标值以内。在工程项目的建设过程中，不同阶段投资控制的工作内容与侧重点各不相同。

1. 设计准备阶段的主要任务

在建设项目的设计准备阶段，投资控制的主要任务是按项目的构思和要求编制投资规划，深化投资估算，进行投资目标的分析、论证和分解，以作为建设项目实施阶段投资控制的重要依据。在此阶段的投资控制工作，是要参与对工程项目的建设环境以及各种技术、经济和社会因素的调查、分析、研究、计算和论证，参与建设项目的功能定义和投资定义等。

2. 设计阶段的主要任务

在建设项目的设计阶段，投资控制的主要任务和工作是按批准的项目规模、内容、功能、标准和投资规划等指导和控制设计工作的开展，组织设计方案竞赛，进行方案比选和优化，编制及审查设计概算和施工图预算，采用各种技术方法控制各个设计阶段所形成的拟建项目的投资费用。

在设计阶段，进行建设项目投资是要以投资估算控制初步设计的工作，以设计概算控制施工图设计的工作。如果设计概算超过投资估算，应对初步设计进行调整和修改。同理，如果施工图预算超过设计概算，应对施工图设计进行调整和修改。通过对设计过程中形成的投资费用的层层控制，实现拟建工程项目的投资控制目标。要在设计阶段有效地控制投资，需要从多方面采取措施，随时纠正发生的投资偏差。技术措施和技术方法在设计阶段的投资控制中起着极为重要和积极的作用。

3. 施工阶段的主要任务

施工阶段的投资控制，是以施工图预算或工程承包合同价格作为投资控制目标，控制工程施工过程实际费用的发生。建设项目在施工阶段编制资金使用计划，合理规划确定实际投资费用的支出；施工过程中严格控制工程变更，合理确定工程变更价款；投资控制以施工图预算或工程合同价格为目标，通过工程计量、计价，合理确定工程结算价款，控制工程进度款的支付，使工程项目实际支出符合控制目标要求。

4. 竣工验收及保修阶段的主要任务

在建设项目的竣工验收及保修阶段，投资控制的任务和工作主要包括按相关文件和要求规定编制项目竣工决算，计算确定整个建设项目从筹建到全部建成竣工为止的实际总投资。在此阶段，要以设计概算为目标，对建设全过程中的投资费用及其控制工作进行全面总结，对建设项目的建设与运行进行综合评价。竣工决算是反映建设项目实际投资和投资效果的文件，是竣工验收报告的重要组成部分。及时和正确地编报竣工决算，对于总结分析工程项目建设过程中的经验教训，提高建设项目投资控制水平以及积累技术经济资料等具有重要意义。在工程的保修阶段，要参与所发生的工程质量问题的处理工作，对由此产生的工程保修费用进行控制。

工程竣工阶段的成本控制措施

## 4.2 建设项目施工阶段投资控制

虽然建设项目投资约 80% 在建设项目前期就已经决定了，但是其实际支出绝大部分是在施工阶段发生。因此，项目监理机构应重视建设项目施工阶段的投资控制，采取组织、经济、技术、合同等措施，控制好建设项目投资，防止“决算超概算”。

### 4.2.1 建设项目施工阶段投资控制的工作内容

投资控制的目的是确保投资目标的实现。监理工程师必须编制资金使用计划，合理地确定投资控制目标计划值。如果没有明确的投资控制目标，就不能有效进行项目投资实际支出值与计划值的比较，不能进行比较也就不能找出偏差和不知道偏差程度，投资控制措施缺乏针对性。编制资金使用计划过程中最重要的步骤，就是项目投资目标的分解。根据投资控制目标和建设工程投资控制要求的不同，投资目标的分解可以分为按项目投资构成分解、按项目组成分解、按进度计划分解三种类型。

资金使用计划的编制和应用

1. 按照项目投资构成编制资金使用计划

建设工程项目的投资主要分为建筑安装工程投资、设备及工器具购置投资、工程建设其他投资。建筑工程和安装工程投资的计算方法和标准不尽相同，本质差异较大。在按项目投资构成编制资金使用计划时将其分别列项以示区分。图 4.4 所示是某建设工程按项目投资构成进行资金分解结构图。按项目投资构成编制资金使用计划时，往往需要有大量经验数据作为编制基础。

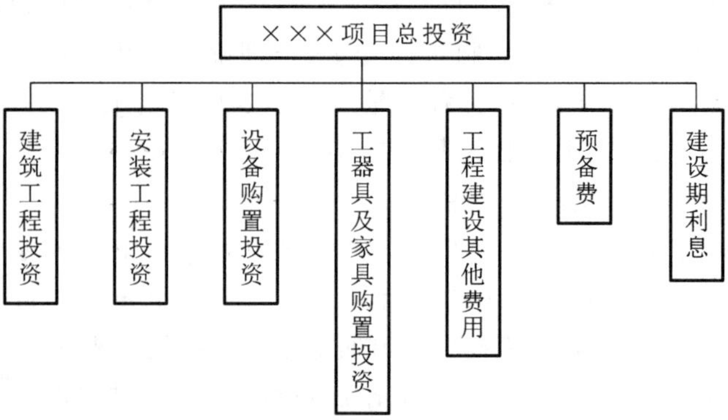


图 4.4　某建设工程按项目投资构成进行资金分解结构图

2. 按建设项目组成编制资金使用计划

根据建设工程项目划分，某些大中型的工程项目通常由若干单项工程构成，每个单项工程包括多个单位工程，每个单位工程是由若干个分部分项工程构成。因此，在编制建设项目的资金使用计划时，可按照建设项目分解将投资分解到单项工程或者单位工程，对于某些规模比较大的单位工程，可以进一步分解到分部工程，直至满足资金使用计划编制的要求。图 4.5 所示是某建设工程项目投资资金按照项目分解结构图。

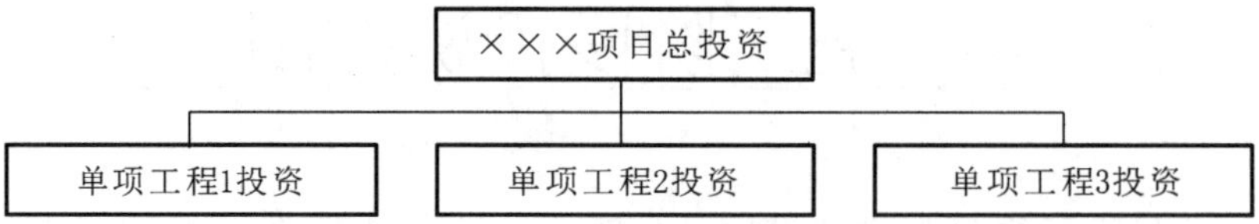


图 4.5　某建设工程项目投资资金按照项目分解结构图

3. 按进度计划编制资金使用计划

建设工程项目的投资通常不是一次性完成，而是随着建设项目的不断进行而分阶段、分期支出，因此应编制科学合理的资金使用计划。按施工进度计划编制资金使用计划，通常先确定施工进度计划，然后在此基础上以时间-投资累计曲线（S 形曲线）的形式做出投资计划。具体操作步骤如下：

（1）根据施工进度计划安排，绘制施工横道图，如表 4.2 所示。

表 4.2　某建设项目进度计划及单位时间投资额

| 工程子项目 | 投资额/万元 | 进度计划/月 | | | | | | | | | |
|---|---|---|---|---|---|---|---|---|---|---|---|
| | | 1 | 2 | 3 | 4 | 5 | 6 | 7 | 8 | 9 | 10 |
| 厂房土建 | 500 | 50 | 60 | 100 | 110 | 110 | 70 | | | | |
| 厂房建筑设备 | 200 | | | | 30 | 50 | 70 | 50 | | | |
| 办公楼 | 150 | | | | | | 30 | 60 | 60 | | |
| 仓库 | 100 | | | | | | | 20 | 40 | 40 | |
| 零星 | 50 | | | | | | | | | 20 | 30 |
| 合计 | 1000 | 50 | 60 | 100 | 140 | 160 | 170 | 130 | 100 | 60 | 30 |
| 累计额 | 1000 | 50 | 110 | 210 | 350 | 510 | 680 | 810 | 910 | 970 | 1000 |
| 累计百分比/(%) | 100 | 5 | 11 | 21 | 35 | 51 | 68 | 81 | 91 | 97 | 100 |

(2) 根据横道图每单位时间内完成的实物工程量(或者投入的人力、物力和财力),计算单位时间(月或旬)的投资计划值并绘制直方图,如图 4.6 所示。

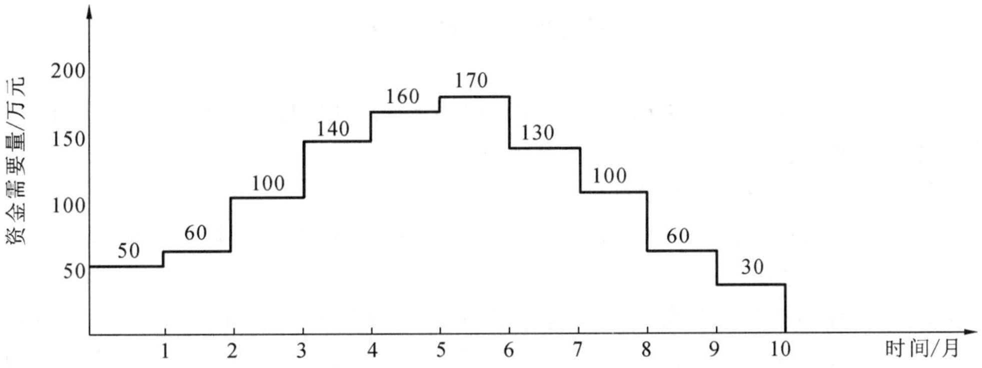


图 4.6　单位时间内资金投入计划

(3) 计算规定时间 $t$ 计划累计完成的投资额,画出累计直方图。其计算方法为各单位时间计划完成的投资额累加求和,可按下式计算:

$$Q_t = \sum_{t=1}^{n} q_n \tag{4.1}$$

式中:$Q_t$——某时间 $t$ 计划累计完成投资额;

$q_n$——单位时间 $n$ 计划完成投资额。

(4) 描出累计直方图右上角的点,连线即形成 S 形曲线,如图 4.7 所示。

通常情况,当所有工作都按最迟开始时间开始,对建设单位的建设资金贷款利息节约是有利的,但同时增加不能按时竣工的风险。监理机构的监理工程师必须合理地确定投资支出计划,做到既节约投资,又能保证如期竣工。

在工程实践中,以上资金使用计划编制方式通常是结合使用,因为每种编制方式均具有

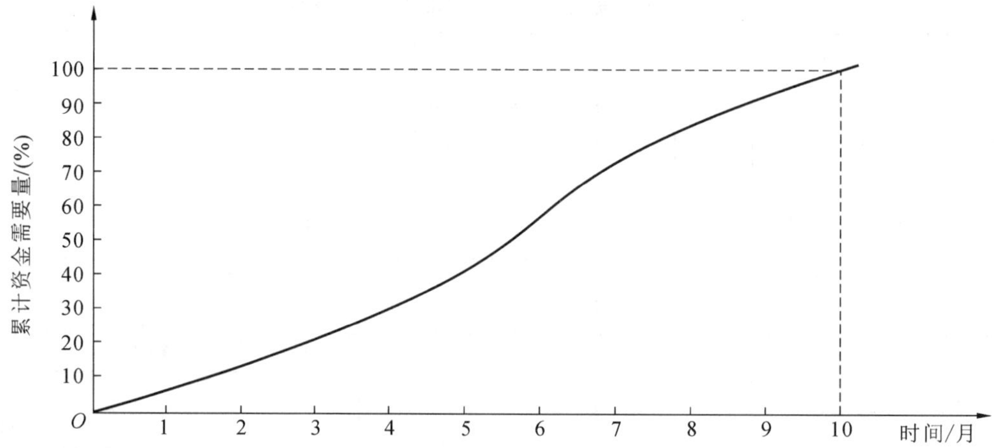


图 4.7 时间-投资累计曲线

自身的优点和缺点。

### 4.2.2 建设项目施工阶段投资控制的任务

建设项目施工阶段投资控制的主要任务如下：

(1) 编制建设项目招标、评标、发包阶段投资控制详细的工作流程图和细则。

(2) 审核标底，将标底与投资计划值进行比较；审核招标文件中与投资有关的内容(项目的工程量清单)。

(3) 参加项目招标的系列活动，如项目的评标、决标，对投标文件中的主要施工技术、方案做出技术经济论证。

(4) 编制施工阶段投资详细的工作流程图和投资计划。

(5) 项目监理机构应依据施工合同有关条款、施工图，对工程项目造价目标进行风险分析，并应制定防范性对策。

专业监理工程师进行风险分析主要是找出工程造价最易突破部分(如施工合同中有关条款不明确而造成突破造价的漏洞，施工图中的问题易造成工程变更、材料和设备价格不确定等)以及最易发生费用索赔的原因和部位(如因建设单位资金不到位、施工图纸不到位，建设单位供应的材料、设备不到位等)，从而制定出防范性对策，书面报告总监理工程师，经其审核后向建设单位提交有关报告。

### 4.2.3 建设项目施工阶段投资控制的措施

建设工程项目的大部分投资均发生在施工阶段，在此阶段会有大量的人力、机械设备、工程材料等投入，施工阶段也是消耗时间比较长的阶段，内部、外部环境的影响因素比较多。监理机构应认真做好监督、管理的工作，挖掘项目参与方的潜力，做到精细化施工，节约资源，控制项目投资。项目监理工程师应采取组织、经济、技术、合同等措施，有效控制投资。

1. 组织措施

(1) 在项目管理班子中落实投资控制的人员、任务分工和职能分工。

(2) 编制本阶段投资控制工作计划和详细的工作流程图。

2. 经济措施

(1) 编制资金使用计划,确定、分解投资控制目标。

(2) 进行工程计量。

(3) 复核工程付款账单,签发付款证书。

(4) 在施工过程中进行投资跟踪控制,定期进行投资实际支出值与计划目标值的比较;发现偏差,分析产生偏差的原因,采取纠偏措施。

(5) 对工程施工过程中的投资支出做好分析与预测,经常或定期向业主提交项目投资控制及其存在问题的报告。

3. 技术措施

(1) 对设计变更进行技术经济比较,严格控制设计变更。

(2) 继续寻找通过设计挖潜节约投资的可能性。

(3) 审核承包商编制的施工组织设计,对主要施工方案进行技术经济分析。

4. 合同措施

(1) 做好工程施工记录,保存各种文件图纸,特别是注有实际施工变更情况的图纸。注意积累素材,为正确处理可能发生的索赔提供依据,并参与处理索赔事宜。

(2) 参与合同修改、补充工作,着重考虑它对投资控制的影响。

### 4.2.4 工程计量

1. 工程计量的含义

所谓工程计量,就是发承包双方根据合同约定,对承包人完成合同工程的数量进行的计算和确认。具体地说,就是双方根据设计图纸、技术规范以及施工合同约定的计量方式和计算方法,对承包人已经完成的质量合格的工程实体数量进行测量与计算,并以物理计量单位或自然计量单位进行标识、确认的过程。

招标工程量清单中所列的数量,通常是根据设计图纸计算的数量,是对合同工程的估计工程量。工程施工过程中,通常会由于一些原因导致承包人实际完成工程量与工程量清单中所列工程量不一致,例如,招标工程量清单缺项或项目特征描述与实际不符、工程变更、现场施工条件变化、现场签证、暂估价中的专业工程发包等。因此,在工程合同价款结算前,必须对承包人履行合同义务所完成的实际工程进行准确的计量。

2. 工程计量的原则

工程计量的原则包括下列三个方面:

(1) 不符合合同文件要求的工程不予计量,即工程必须满足设计图纸、技术规范等合同文件对其在工程质量上的要求,同时有关的工程质量验收资料齐全、手续完备,满足合同文件对其在工程管理上的要求。

(2) 按合同文件所规定的方法、范围、内容和单位计量。工程计量的方法、范围、内容和单位受合同文件所约束,其中工程量清单(说明)、技术规范、合同条款均会从不同角度、不同侧面涉及这方面的内容。在计量中要严格遵循这些文件的规定,并且一定要结合起来使用。

(3) 因承包人原因造成的超出合同工程范围施工或返工的工程量,发包人不予计量。

3. 工程计量的范围与依据

（1）工程计量的范围。工程计量的范围包括：工程量清单及工程变更所修订的工程量清单的内容；合同文件中规定的各种费用支付项目，如费用索赔、各种预付款、价格调整、违约金等。

（2）工程计量的依据。工程计量的依据包括：工程量清单及说明、合同图纸、工程变更令及其修订的工程量清单、合同条件、计量规范、技术规范中的计量支付条款、有关计量的补充协议、质量合格证书等。

4. 工程计量的程序

建设项目工程计量的程序应根据相关合同文件和法律、法规文件执行。

（1）按《建设工程施工合同（示范文本）》（GF—2017—0201）约定的程序。

《建设工程施工合同（示范文本）》

《建设工程监理合同（示范文本）》

按照《建设工程施工合同（示范文本）》规定，工程计量的一般程序是：承包人按专用条款约定的时间，向监理工程师提交已完工程量的报告。监理工程师接到报告后7天内按设计图纸核实已完工程量，并在计量前24小时通知承包人。承包人应为计量提供便利条件并派人参加。承包人收到通知后不参加计量，计量结果仍有效，可作为工程价款支付的依据。监理工程师收到承包人报告后7天内未进行计量，从第8天起，承包人报告中开列的工程量即视为已被确认，可作为工程价款支付的依据。工程师不按约定时间通知承包人，使承包人不能参加计量，计量结果无效。对承包人超出设计图纸范围和其他因承包人造成返工的工程量，监理工程师不予计量。

（2）按《建设工程监理规范》（GB/T 50319—2013）规定的程序。

《建设工程监理规范》

① 专业监理工程师审查施工单位提交的工程款支付申请；

② 专业监理工程师进行工程计量，对工程款支付申请提出审查意见；

③ 总监理工程师签发工程款支付证书，并报建设单位。

建设工程项目验收不合格或不符合施工合同约定的工程部位，项目监理机构不进行工程计量。

（3）按FIDIC施工合同约定的工程计量程序。

按照FIDIC施工合同约定，当监理工程师要求测量工程的任何部分时，应向承包商代表发出通知，承包商代表应做好以下工作：

① 及时亲自或另派合格代表，协助监理工程师进行测量；

② 提供监理工程师要求的任何具体材料。

如果承包商未能到场或派代表到场，监理工程师（或其代表）所做的测量应视为准确，予以认可。除合同另有规定外，凡需根据记录进行测量的任何永久工程，此类记录应由工程师准备。承包商应根据约定或被提出要求时，到场与监理工程师对记录进行检查和协商，达成一致后应在记录上签字。如承包商未到场，应认为该记录准确并予以认可。如果承包商检查后不同意该记录，和（或）不签字表示同意，承包商应向监理工程师发出通知，说明认为该记录不准确的部分。监理工程师收到通知后，应审查该记录，进行确认或更改。如果承包商被要求检查记录14天内，没有发出此类通知，该记录应视为准确，予以认可。

5. 工程计量的方法

工程量必须按照相关工程现行国家工程量计算规范规定的工程量计算规则计算。工程计量可选择按月或按工程形象进度分段计量，具体计量周期在合同中约定。因承包人原因造成的超出合同工程范围施工或返工的工程量，发包人不予计量。通常区分单价合同和总价合同规定不同的计量方法，成本加酬金合同按照单价合同的计量规定进行计量。

（1）单价合同计量。

单价合同工程量必须以承包人完成合同工程应予计量的且依据国家现行工程量计算规则计算得到的工程量确定。施工中工程计量时，若发现招标工程量清单中出现缺项、工程量偏差，或因工程变更引起工程量的增减，应按承包人在履行合同义务中完成的工程量计算。

（2）总价合同计量。

采用工程量清单方式招标形成的总价合同，工程量应按照与单价合同相同的方式计算。采用经审定批准的施工图纸及其预算方式发包形成的总价合同，除按照工程变更规定引起的工程量增减外，总价合同各项目的工程量是承包人用于结算的最终工程量。总价合同约定的项目计量应以合同工程经审定批准的施工图纸为依据，发承包双方应在合同中约定工程计量的形象目标或时间节点进行计量。

### 4.2.5 建设工程变更的投资控制

建设工程项目的建设周期通常较长，受自然环境、社会环境等影响大，有时还有来自业主方意愿的影响，导致工程项目在实施过程中经常发生工程量、施工进度以及施工条件等变化。发生以上变化通常是由于发包人变更指令、设计出现错误、工程环境变化，以及工程项目在施工过程中发生不可预见的事件等，如自然或社会原因引起的停工或工期拖延。上述变更的发生通常会引起建设工程项目投资超过原来的预算，监理工程师必须严格予以控制，并关注变更对未完工程投资支出的影响及对工期的影响。

1. 我国现行工程变更价款的确定方法

1）工程变更的范围和内容

（1）取消合同中任何一项工作，但被取消的工作不能转由建设单位或其他单位实施。

（2）改变合同中任何一项工作的质量或其他特性。

（3）改变合同工程的基线、标高、位置或尺寸。

（4）改变合同中任何一项工作的施工时间或改变已批准的施工工艺或顺序。

（5）为完成工程需要追加的额外工作。

2）变更价款的调整

《建设工程工程量清单计价规范》（GB 50500—2013）规定如下。

（1）工程变更引起已标价工程量清单项目或其工程数量发生变化，应按照下列规定调整：

① 已标价工程量清单中有适用于变更工程项目的，采用该项目的单价；当工程量增加 15%以上时，其增加部分的工程量的综合单价应予调低；当工程量减少 15%以上时，减少后剩余部分的工程量的综合单价应予调高。此时，按下列公式调整结算分部分项工程费：

《建设工程工程量清单计价规范》

Ⅰ.当 $Q_1>1.15Q_0$ 时：

$$S=1.15Q_0P_0+(Q_1-1.15Q_0)P_1$$

Ⅱ.当 $Q_1<0.85Q_0$ 时：

$$S=Q_1\times P_1$$

式中：$S$——调整后的某一分部分项工程费结算价；

$Q_1$——最终完成的工程量；

$Q_0$——招标工程量清单中列出的工程量；

$P_1$——按照最终完成工程量重新调整后的综合单价；

$P_0$——承包人在工程量清单中填报的综合单价。

② 已标价工程量清单中没有适用但有类似于变更工程项目的，可在合理范围内参照类似项目的单价。

③ 已标价工程量清单中没有适用也没有类似于变更工程项目的，由承包人根据变更工程资料、计量规则和计价办法、工程造价管理机构发布的信息价格和承包人报价浮动率提出变更工程项目的单价，报发包人确认后调整。承包人报价浮动率可按下列公式计算：

招标工程：

$$承包人报价浮动率\ L=(1-中标价/招标控制价)\times 100\%$$

非招标工程：

$$承包人报价浮动率\ L=(1-报价/施工图预算)\times 100\%$$

④ 已标价工程量清单中没有适用也没有类似于变更工程项目，且工程造价管理机构发布的信息价格缺价的，由承包人根据变更工程资料、计量规则、计价办法和通过市场调查等取得有合法依据的市场价格提出变更工程项目的单价，报发包人确认后调整。

(2) 工程变更引起施工方案改变，并使措施项目发生变化的，承包人提出调整措施项目费的，应事先将拟实施的方案提交发包人确认，并详细说明与原方案措施项目相比的变化情况。拟实施的方案经发承包双方确认后执行。该情况下，应按照下列规定调整措施项目费：

① 安全文明施工费，按照实际发生变化的措施项目调整。

② 采用单价计算的措施项目费，按照实际发生变化的措施项目按上述"(1)"条的规定确定单价。

③ 按总价(或系数)计算的措施项目费，按照实际发生变化的措施项目调整，但应考虑承包人报价浮动因素，即调整金额按照实际调整金额乘以承包人报价浮动率计算。

如果承包人未事先将拟实施的方案提交给发包人确认，则视为工程变更不引起措施项目费的调整或承包人放弃调整措施项目费的权利。

(3) 如果工程变更项目出现承包人在工程量清单中填报的综合单价与发包人招标控制价或施工图预算相应清单项目的综合单价偏差超过15%，则工程变更项目的综合单价可由发承包双方按照下列规定调整：

① 当 $P_0<P_1\times(1-L)\times(1-15\%)$ 时，该类项目的综合单价按照 $P_1\times(1-L)\times(1-15\%)$ 调整。

② 当 $P_0>P_1\times(1+15\%)$ 时，该类项目的综合单价按照 $P_1\times(1+15\%)$ 调整。

式中：$P_0$——承包人在工程量清单中填报的综合单价；

$P_1$——发包人招标控制价或施工预算相应清单项目的综合单价；

$L$——承包人报价浮动率。

（4）如果发包人提出的工程变更，因为非承包人原因删减了合同中的某项原定工作或工程，致使承包人发生的费用或（和）得到的收益不能被包括在其他已支付或应支付的项目中，也未被包含在任何替代的工作或工程中，则承包人有权提出并得到合理的利润补偿。

2. 工程变更的程序

工程施工过程中出现的工程变更可分为监理人指示的工程变更和施工承包单位申请的工程变更两类。

工程变更的7个原则、7个细节、2种程序

1）监理人指示的工程变更

监理人根据工程施工的实际需要或建设单位要求实施的工程变更，可以进一步划分为直接指示的工程变更和通过与施工承包单位协商后确定的工程变更两种情况。

（1）监理人直接指示的工程变更。监理人直接指示的工程变更属于必需的变更，如按照建设单位的要求提高质量标准、设计错误需要进行的设计修改、协调施工中的交叉干扰等情况。此时不需征求施工承包单位意见，监理人经过建设单位同意后发出变更指示，要求施工承包单位完成工程变更工作。

（2）与施工承包单位协商后确定的工程变更。此类情况属于可能发生的变更，与施工承包单位协商后再确定是否实施变更，如增加承包范围外的某项新工作等。工程变更程序如下：

① 监理人首先向施工承包单位发出变更意向书，说明变更的具体内容和建设单位对变更的时间要求等，并附必要的图纸和相关资料。变更意向书应要求承包人提交包括拟实施变更工作的计划、措施、竣工时间等内容的实施方案以及费用要求。

② 施工承包单位收到监理人的变更意向书后，如果同意实施变更，则向监理人提出书面变更建议。若施工承包单位收到监理人的变更意向书后认为难以实施此项变更，也应立即通知监理人，说明原因并附详细依据，如不具备实施变更项目的施工资质、无相应的施工机具等原因或其他理由。

③ 监理人审查施工承包单位的建议书，施工承包单位根据变更意向书要求提交的变更实施方案可行并经建设单位同意后，发出变更指示。如果施工承包单位不同意变更，监理人与施工承包单位和建设单位协商后确定撤销、改变或不改变原变更意向书。

2）施工承包单位提出的工程变更

施工承包单位提出的工程变更可能涉及建议变更和要求变更两类。

（1）施工承包单位建议的变更。施工承包单位对建设单位提供的图纸、技术要求等，提出了可能降低合同价格、缩短工期或提高工程经济效益的合理化建议，均应以书面形式提交监理人。合理化建议书的内容应包括建议工作的详细说明、进度计划和效益以及与其他工作的协调等，并附必要的设计文件。

监理人与建设单位协商是否采纳施工承包单位提出的建议。建议被采纳并构成变更的，监理人向施工承包单位发出工程变更指示。

施工承包单位提出的合理化建议使建设单位获得工程造价降低、工期缩短、工程运行效益提高等实际利益，应按专用合同条款中的约定给予奖励。

（2）施工承包单位要求的变更。施工承包单位收到监理人按合同约定发出的图纸和文件，经检查认为其中存在属于变更范围的情形，如提高工程质量标准、增加工作内容、改变工程的位置或尺寸等，可向监理人提出书面变更建议。变更建议应阐明要求变更的依据，并附必要的图纸和说明。

监理人收到施工承包单位的书面建议后，应与建设单位共同研究，确认存在变更的，应在收到施工承包单位书面建议后的 14 天内做出变更指示。经研究后不同意作为变更的，应由监理人书面答复施工承包单位。

### 4.2.6 工程预付款

工程预付款是建筑工程施工合同订立后由发包人按照合同约定，在正式开工前预先支付给承包人的工程款。它是施工准备和所需材料、结构件等流动资金的主要来源。发包人应按照合同约定支付工程预付款。支付的工程预付款，按照合同约定在工程进度款中抵扣。

1. 工程预付款的支付时间

在具备施工条件的前提下，发包人应在双方签订合同后的一个月内或约定的开工日期前的 7 天内预付工程款。若发包人未按合同约定预付工程款，承包人应在预付时间到期后 10 天内向发包人发出要求预付的通知，发包人收到通知后仍不按要求预付，承包人可在发出通知 14 天后停止施工，发包人应从约定应付之日起按同期银行贷款利率计算向承包人支付应付预付款的利息，并承担违约责任。

2. 工程预付款的数额

工程预付款额度，主要是保证施工所需材料和构件的正常储备。工程预付款额度一般是根据施工工期、建安工作量、主要材料和构件费用占建安工程费的比例以及材料储备周期等因素经测算来确定。

(1) 百分比法。发包人根据工程的特点、工期长短、市场行情、供求规律等因素，招标时在合同条件中约定工程预付款的百分比。包工包料工程的预付款的支付比例不得低于签约合同价(扣除暂列金额)的 10%，不宜高于签约合同价(扣除暂列金额)的 30%。

(2) 公式计算法。公式计算法是根据主要材料(含结构件等)占年度承包工程总价的比例、材料储备定额天数和年度施工天数等因素，通过公式计算预付款额度的一种方法。具体公式如下：

$$\text{工程预付款数额}=\frac{\text{年度工程总价}\times\text{材料比例}(\%)}{\text{年度施工天数}}\times\text{材料储备定额天数} \tag{4.2}$$

式中：年度施工天数按 365 天日历天计算；材料储备定额天数由当地材料供应的在途天数、加工天数、整理天数、供应间隔天数、保险天数等因素决定。

3. 预付款的扣回

发包人支付给承包人的工程预付款属于预支性质，随着工程的逐步实施，原已支付的预付款应以充抵工程价款的方式陆续扣回，抵扣方式应当由双方当事人在合同中明确约定。扣款的方法主要有以下两种：

(1) 按合同约定扣款。预付款的扣款方法由发包人和承包人通过洽商后在合同中予以确定，一般是在承包人完成金额累计达到合同总价的一定比例后，由承包人开始向发包人还款，发包人从每次应付给承包人的金额中扣回工程预付款，发包人至少在合同规定的完工期前将工程预付款的总金额逐次扣回。

(2) 起扣点计算法。从未施工工程尚需的主要材料及构件的价值相当于工程预付款数额时起扣，此后每次结算工程价款时，按材料所占比例扣减工程价款，至工程竣工前全部扣清。起扣点的计算公式如下：

$$T = P - \frac{M}{N} \tag{4.3}$$

式中：$T$——起扣点（即工程预付款开始扣回时）的累计完成工程金额；

$P$——承包工程合同总额；

$M$——工程预付款总额；

$N$——主要材料及构件所占比例。

该方法对承包人比较有利，最大限度地占用了发包人的流动资金，而显然不利于发包人资金使用，因为发包人不能及时收回预付款。

### 4.2.7 期中支付价款

怎么做好工程进度款的支付？

1. 期中支付的定义

合同价款的期中支付，是指发包人在合同工程施工过程中，按照合同约定对付款周期内承包人完成的合同价款给予支付，也就是工程进度款的结算支付。发承包双方应按照合同约定的时间、程序和方法，根据工程计量结果，办理期中价款结算，支付进度款。进度款支付周期，应与合同约定的工程计量周期一致。

2. 期中支付价款的计算

（1）已完工程的结算价款。已标价工程量清单中的单价项目，承包人应按工程计量确认的工程量与综合单价计算。综合单价发生调整的，以发承包双方确认调整的综合单价计算进度款。已标价工程量清单中的总价项目，承包人应按合同中约定的进度款支付分解，分别列入进度款支付申请中的安全文明施工费和本周期应支付的总价项目的金额中。

（2）结算价款的调整。承包人现场签证和得到发包人确认的索赔金额列入本周期应增加的金额中。由发包人提供的材料、工程设备金额，应按照发包人签约提供的单价和数量从进度款支付中扣除，列入本周期应扣减的金额中。

（3）进度款的支付比例。进度款的支付比例按照合同约定，按期中结算价款总额计算，不低于60％，不高于90％。

3. 期中支付的文件

1）进度款支付申请

承包人应在每个计量周期到期后向发包人提交已完工程进度款支付申请一式四份，详细说明此周期认为有权得到的款额，包括分包人已完工程的价款。支付申请的内容包括：

（1）累计已完成的合同价款。

（2）累计已实际支付的合同价款。

（3）本周期合计完成的合同价款，其中包括：

① 本周期已完成单价项目的金额；

② 本周期应支付的总价项目的金额；

③ 本周期已完成的计日工价款；

④ 本周期应支付的安全文明施工费；

⑤ 本周期应增加的金额。

（4）本周期合计应扣减的金额，其中包括：

① 本周期应扣回的预付款；

② 本周期应扣减的金额。

（5）本周期实际应支付的合同价款。

2）进度款支付证书

发包人应在收到承包人进度款支付申请后，根据计量结果和合同约定对申请内容予以核实，确认后向承包人出具进度款支付证书。若发承包双方对有的清单项目的计量结果出现争议，发包人应对无争议部分的工程计量结果向承包人出具进度款支付证书。

3）支付证书的修正

发现已签发的任何支付证书有错、漏或重复的数额，发包人有权予以修正，承包人也有权提出修正申请。经发承包双方复核同意修正的，应在本次到期的进度款中支付或扣除。

### 4.2.8 竣工结算

怎么做好工程竣工结算及其审查？

1. 竣工结算的定义

工程竣工结算是指工程项目完工并经竣工验收合格后，发承包双方按照施工合同的约定对所完成的工程项目进行的合同价款的计算、调整和确认。财政部、建设部于 2004 年 10 月发布的《建设工程价款结算暂行办法》规定，工程完工后，发承包双方应按照约定的合同价款及合同价款调整内容以及索赔事项，进行工程竣工结算。工程竣工结算分为单位工程竣工结算、单项工程竣工结算和建设项目竣工总结算。

2. 竣工结算的流程

工程竣工验收报告经发包人认可后 28 天内，承包人向发包人递交竣工结算报告及完整的结算资料，双方按照协议书约定的合同价款及专用条款约定的合同价款调整内容，进行工程竣工结算。专业监理工程师审核承包人报送的竣工结算报表，总监理工程师审定竣工结算报表，与发、承包人协商一致后，签发竣工结算文件和最终的工程款支付证书。

发包人收到承包人递交的竣工结算报告及结算资料后 28 天内进行核实，给予确认或者提出修改意见。发包人确认竣工结算报告后通知经办银行向承包人支付竣工结算价款。承包人收到竣工结算价款后 14 天内将竣工工程交付发包人。

发包人收到竣工结算报告及结算资料后 28 天内无正当理由不支付工程竣工结算价款，从第 29 天起按承包人同期向银行贷款利率支付拖欠工程价款的利息，并承担违约责任。发包人收到竣工结算报告及结算资料后 28 天内无正当理由不支付工程竣工结算价款，承包人可以催告发包人支付结算价款。发包人在收到竣工结算报告及结算资料后 56 天内仍不支付的，承包人可以与发包人协议将该工程折价，也可以由承包人申请法院将该工程依法拍卖，承包人就该工程折价或者拍卖的价款优先受偿。

工程竣工验收报告经发包人认可后 28 天内，承包人未能向发包人递交竣工结算报告及完整的结算资料，造成工程竣工结算不能正常进行或工程竣工结算价款不能及时支付，发包人要求交付工程的，承包人应当交付；发包人不要求交付工程的，承包人承担保管责任。

3. 质量争议工程的竣工结算

发包人对工程质量有异议，拒绝办理工程竣工结算的，按以下情形分别处理：

(1) 已经竣工验收或已竣工未验收但实际投入使用的工程，其质量争议按该工程保修合同执行，竣工结算按合同约定办理；

(2) 已竣工未验收且未实际投入使用的工程以及停工、停建工程的质量争议，双方应就有争议的部分委托有资质的检测鉴定机构进行检测，根据检测结果确定解决方案，或按工程质量监督机构的处理决定执行后办理竣工结算，无争议部分的竣工结算按合同约定办理。

4. 工程价款结算的方式

我国现行工程价款结算根据不同情况可以采取多种方式。

1) 按月结算

采取旬末或月中预支，月终结算，竣工后清算的办法，即每月月末由承包方提出已完工程月报表以及工程款结算清单，交现场监理工程师审查签证并经过业主确认之后，办理已完工程的工程价款月终结算。跨年度竣工的工程，在年终进行工程盘点，办理年度结算。目前，我国建安工程项目中，大多采用按月结算的办法。

怎么做好工程保修金(尾留款)的预留?

2) 竣工后一次结算

当建设项目或单位工程全部建筑安装工程建设期在 12 个月以内时，或者工程承包合同价值在 100 万元以下的，可采取工程价款每月月中预支，竣工后一次性结算。

3) 分段结算

对当年开工，但当年不能竣工的单项工程或单位工程，可以按照工程形象进度，划分不同阶段进行结算。分段结算可按月预支工程款，分段的划分标准由各部门或省、自治区、直辖市、计划单列市规定。

4) 目标结算

目标结算即在工程合同中，将承包工程的内容分解成不同的控制界面，以业主验收控制界面作为支付工程款的前提条件。也就是说，将合同中的工程内容分解成不同的验收单元，当施工单位完成单元工程内容并经业主验收后，业主支付构成单元工程内容的工程价款。在目标结算方式下，施工单位要想获得工程价款，必须按照合同约定的质量标准完成界面内的工程内容，要想尽早获得工程价款，施工单位必须充分发挥自己的组织实施能力，在保证质量的前提下，加快施工进度。

怎么做好设备、工器具及材料价款的支付与结算?

目标结算方式中，对控制界面的设定应明确描述，以便于量化和质量控制，同时也要适应项目资金的供应周期和支付频率。

5) 结算双方约定的其他结算方式

实行预收备料款的工程项目，在承包合同或协议中应明确发包单位(甲方)在开工前拨付给承包单位(乙方)工程备料款的预付数额、预付时间，开工后扣还备料款的起扣点、逐次扣还的比例，以及办理的手续和方法。

按照我国有关规定，备料款的预付时间应不迟于约定的开工日期前 7 天。发包方不按约定预付的，承包方在约定预付时间7天后向发包方发出要求预付的通知。发包方收到通知后仍不能按要求预付，承包方可在发出通知后7天停止施工，发包方应从约定应付之日起向承包方支付应付款的贷款利息，并承担违约责任。

## 4.3 质量保证金的处理

### 4.3.1 质量保证金的含义与作用

《住房城乡建设部 财政部关于印发建设工程质量保证金管理办法的通知》

住房和城乡建设部、财政部发布的《建设工程质量保证金管理办法》（建质〔2017〕138号）规定，建设工程质量保证金是指发包人与承包人在建设工程承包合同中约定，从应付的工程款中预留，用以保证承包人在缺陷责任期内对建设工程出现的缺陷进行维修的资金。

### 4.3.2 缺陷责任期

1. 缺陷责任期的有关定义

（1）缺陷。建筑工程施工质量中不符合规定要求的检验项或检验点，按其程度可分为严重缺陷和一般缺陷。严重缺陷是指对结构构件的受力性能或安装使用性能有决定性影响的缺陷；一般缺陷是指对结构构件的受力性能或安装使用性能无决定性影响的缺陷。

（2）缺陷责任期。缺陷责任期是指承包人按照合同约定承担缺陷修复义务，且发包人预留质量保证金（已缴纳履约保证金的除外）的期限。

2. 缺陷责任期的期限

缺陷责任期从工程通过竣工验收之日起计，缺陷责任期一般为1年，最长不超过2年，由发承包双方在合同中约定。由于承包人原因导致工程无法按规定期限进行竣工验收的，缺陷责任期从实际通过竣工验收之日起计。由于发包人原因导致工程无法按规定期限进行竣工验收的，在承包人提交竣工验收报告90天后，工程自动进入缺陷责任期。

### 4.3.3 质量保证金的预留及返还

1. 质量保证金的预留

发包人应按照合同约定方式预留质量保证金，质量保证金总预留比例不得高于工程价款结算总额的3%。合同约定由承包人以银行保函替代预留质量保证金的，保函金额不得高于工程价款结算总额的3%。

发包人不得预留保证金的情形：

（1）在工程项目竣工前已经缴纳履约保证金的，发包人不得同时预留工程质量保证金；

（2）采用工程质量保证担保、工程质量保险等其他保证方式的，发包人不得再预留质量保证金。

2. 质量保证金的返还

在缺陷责任期内，承包人应认真履行合同约定的责任。缺陷责任期结束后，承包人向发包人申请返还质量保证金。

发包人在接到承包人返还质量保证金申请后，应于14天内会同承包人按照合同约定的内容进行核实。如无异议，发包人应当按照约定将质量保证金返还给承包人。对返还期限没有约定或者约定不明确的，发包人应当在核实后14天内将质量保证金返还承包人，逾期未返还的，依法承担违约责任。发包人在接到承包人返还质量保证金申请后14天内不予答复，经催告后14天内仍不予答复，视同认可承包人的返还保证金申请。

### 4.3.4 质量保证金的扣留方式

质量保证金的扣留有以下三种方式：

(1) 在支付工程进度款时逐次扣留，在此情形下，质量保证金的计算基数不包括预付款的支付、扣回以及价格调整的金额；

(2) 工程竣工结算时一次性扣留质量保证金；

(3) 双方约定的其他扣留方式。

质量保证金的扣留原则上采用上述第(1)种方式。发包人累计扣留的质量保证金不得超过结算合同价格的3%，如承包人在发包人签发竣工付款证书后28天内提交质量保证金保函，发包人应同时退还扣留的作为质量保证金的工程价款。发包人应按最终结清的约定退还质量保证金。

## 小 结

建设工程项目投资控制是业主方工程项目管理工作的重要部分，贯穿于工程项目的决策阶段、设计阶段、招投标阶段、施工阶段、竣工验收阶段等阶段。各个实施阶段的投资控制有不同的控制目标和工作任务。决策阶段和设计阶段是投资控制工作的重点阶段，施工阶段是投资支出量比较大的阶段，同样也不能忽视。监理工程师在工程项目投资控制工作中应认真履职，使建设工程项目的投资始终处于可控状态，为业主单位提供智慧服务。

## 巩固训练

**一、单项选择题**

1. 编制建设项目招标、评标、发包阶段投资控制详细的工作流程图和细则是(　　)的任务。

A. 施工招标阶段　　B. 施工阶段投资控制

C. 施工阶段进度控制　　D. 施工阶段质量控制

2. 预备费是指在建设期内因各种不可预见因素的变化而预留的可能增加的费用，包括基本预备费和(　　)。

A. 材料涨价预备费　　B. 人工费预备费

C. 机械设备预备费　　D. 价差预备费

3. 建设项目投资控制的重点阶段是在(　　)。

A. 施工阶段　　B. 竣工验收阶段

C. 招投标阶段　　D. 决策、设计阶段

4. 以下不属于资金使用计划的编制方式的是(　　)。

A. 按照项目投资构成编制资金使用计划

B. 按照项目构成分解编制资金使用计划

C. 按照项目进度计划编制资金使用计划

D. 按照业主投资控制工作安排编制资金使用计划

5. 以下不属于施工阶段经济措施的是(　　)。

A. 项目的工程量复核，并与已完成的实物工程量比较

B. 审核工程进度款清单

C. 在项目施工进展过程中，进行投资跟踪

D. 审核投资估算

6. 某工程合同总额为200万元，工程预付款为24万元，主要材料、构件所占比重为60%，则该工程预付款的起扣点是(　　)万元。

A. 100　　B. 120　　C. 160　　D. 200

7. 期中支付的文件不包括(　　)。

A. 进度款支付申请　　B. 进度款支付证书

C. 支付证书的修正　　D. 施工组织设计

8. 工程计量的原则不包括(　　)。

A. 不符合合同文件要求的工程不予计量

B. 按合同文件所规定的方法、范围、内容和单位计量

C. 业主方的责任造成的返工不予计量

D. 因承包人原因造成的超出合同工程范围施工或返工的工程量，发包人不予计量

9. 某工程承包合同价为9000万元，主要材料及构件所占比重为60%，工程预付款为合同价的20%。预付款从未完施工工程尚需的主要材料及构件的价值相当于工

程预付款数额时起扣，则该工程预付款起扣点为(　　)万元。

A. 9000　　B. 6000　　C. 5400　　D. 3000

10. 按《建筑安装工程费用项目组成》(建标〔2013〕44 号)的规定，规费不包括(　　)。

A. 工程排污费　　B. 住房公积金　　C. 医疗保险费　　D. 计日工

11. 根据《建设工程质量保证金管理办法》(建质〔2017〕138 号)的规定，发包人应按照合同约定方式预留质量保证金，质量保证金总预留比例不得高于工程价款结算总额的(　　)。

A. 3%　　B. 5%　　C. 10%　　D. 12%

12. 不属于质量保证金的扣留方式的是(　　)。

A. 逐次扣留　　B. 一次性扣留

C. 承包人规定的方式　　D. 双方约定的其他扣留方式

13. 建设工程项目的大部分投资均发生在施工阶段，在此阶段会有大量的人力、机械设备、工程材料等投入，监理机构应认真做好监督、管理的工作，挖掘项目参与方的潜力，做到精细化施工，节约资源，控制项目投资。以下投资控制的措施中属于技术措施的是(　　)。

A. 对主要施工方案进行技术经济分析

B. 定期进行投资实际支出值与计划目标值的比较

C. 合同修改、补充工作

D. 编制本阶段投资控制工作计划和详细的工作流程图

14. 根据《建设工程工程量清单计价规范》(GB 50500—2013)，以下关于施工中工程计量的说法，正确的是(　　)。

A. 发包人应在收到承包人已完成工程量报告后 14 天内核实工程量

B. 总价合同结算时的工程量必须按照实际工程量计量

C. 对质量不合格的工程，承包人承诺返工的工程量给予计量

D. 单价合同的工程量必须以承包人完成合同工程应予计量的工程量确定

15. 建设工程施工过程中出现的工程变更可分为监理人指示的工程变更和施工承包单位申请的工程变更两类。施工承包单位要求变更的，监理人收到施工承包单位的书面建议后，应与建设单位共同研究，确认存在变更的，应在收到施工承包单位书面建议后的(　　)内做出变更指示。经研究后不同意作为变更的，应由监理人书面答复施工承包单位。

A. 7 天　　B. 14 天　　C. 15 天　　D. 30 天

**二、多项选择题**

1. 建设项目施工阶段投资控制的主要任务是(　　)。

A. 编制资金使用计划　　B. 合理规划确定实际投资费用的支出

C. 合理确定工程变更价款　　D. 合理确定工程结算价款

E. 审核专项施工方案

2. 资金使用计划可(　　)进行编制。

A. 按项目投资构成　B. 按项目组成　C. 按进度计划分解
D. 按费用构成　E. 按支出顺序

3. 以下不属于施工阶段经济措施的是(　　)。
A. 项目的工程量复核,并与已完成的实物工程量比较
B. 审核工程进度款清单　C. 审核竣工决算
D. 按时支付材料款　E. 处理工程索赔工作

4. 以下属于施工阶段经济措施的是(　　)。
A. 项目的工程量复核,并与已完成的实物工程量比较
B. 审核工程进度款清单
C. 定期向监理总负责人、业主提供投资控制报表
D. 编制施工阶段详细的费用支出计划,复核一切付款账单
E. 审核投资估算

5. 以下属于工程计量依据的是(　　)。
A. 工程量清单及说明、合同图纸
B. 工程变更令及其修订的工程量清单
C. 质量合格证书
D. 合同条件、技术规范、有关计量的补充协议
E. 产品设计说明书

6. 根据《建筑安装工程费用项目组成》(建标〔2013〕44 号)的规定,下列属于建筑安装工程费中税金的是(　　)。
A. 教育费附加　B. 城市维护建设税　C. 地方教育附加
D. 劳动保险和职工福利费　E. 营业税

7. 根据《建筑安装工程费用项目组成》(建标〔2013〕44 号)的规定,措施费包括(　　)。
A. 安全文明施工费　B. 工程排污费　C. 二次搬运费
D. 特殊地区施工增加费　E. 脚手架工程费

8. 我国现行工程价款结算根据不同情况可以采取多种方式。建筑安装工程费用的主要结算方式有(　　)。
A. 按进度结算　B. 按月结算　C. 分段结算
D. 竣工后一次结算　E. 结算双方约定的其他结算方式

9. 施工过程中,可以作为工程量计量依据的资料有(　　)。
A. 质量合格证书　B. 计量规范　C. 招标工程量清单
D. 技术规范　E. 设计图纸

10. 建设项目竣工决算中,计入新增固定资产价值的有(　　)。
A. 已经投入生产或交付使用的建筑安装工程造价
B. 可行性研究费用
C. 达到固定资产标准的设备、工器具的购置费用
D. 联合试运转费用
E. 其他相关建筑安装工程造价

**三、名词解释**

1. 建设项目总投资：

2. 建筑安装工程费：

3. 工程计量：

4. 工程预付款：

5. 期中支付：

6. 建设工程质量保证金：

**四、简答题**

1. 我国建设工程项目的投资包括哪些内容?

2. 简述建设工程项目各阶段投资控制的任务。

3. 简述如何完成工程预付款的扣回。

4. 建设工程项目期中支付款的计算包括哪些内容?

5. 简述建设工程项目竣工结算的流程。

6. 如何进行建设工程项目质量保证金的预留与返还?

**五、案例分析**

某建筑工程业主方通过公开招标方式确定了施工方,并分别与施工方、监理方签订了施工合同和委托监理合同。施工合同价为1500万元,同时施工合同约定:工程于2019年9月12日开工,合同工期为200天。2019年12月10日,施工方按时完成了施工图示范围的基础分部工程施工任务后,按程序向监理工程师提出了工程量计量的申请,监理方收到申请后,未予答复。施工方等待未果后,于12月20日进行了基础回填工作,并自行计量了基础工程量,同时报送给监理方签字。监理方答复:"由于本方未参加基础工程计量工作,故施工方报送的工程量无效。"

问题:

1. 监理方的答复是否妥当?为什么?

2. 若监理工程师未参加工程计量,可否提出重新检验的要求?

# 工作手册5

# 建设工程进度控制

JIANSHE GONGCHENG JINDU KONGZHI

**知识目标**

掌握建设工程进度控制的基本原理；掌握建设工程进度控制中项目监理机构的主要任务和工作；掌握进度控制的主要方法；掌握工程工期延误和延期处理；熟悉建设工程进度控制计划体系；熟悉建设工程进度控制的概念；熟悉工程网络计划与横道图计划优缺点；了解影响建设工程进度的因素。

**能力目标**

具备建设工程项目进度比较判断的基本能力；能够运用建设工程进度控制的基本原理和方法对工程项目的进度进行控制，解决工程项目进度拖延的工程实际问题。

**工程案例**

某房地产开发企业在其所在城市房地产开发项目中的施工项目分为三个相对独立的标段，业主组织招标并分别与三家具有相应施工资质的施工单位签订了施工承包合同。合同约定工期分别为40个月、30个月和26个月。总监理工程师根据本项目合同结构的特点，组建了项目监理组织机构，编制了相应的监理规划。

问题：

1. 如何建立进度计划系统？怎样对进度进行检测与调整？
2. 采用什么方法进行实际进度与计划进度的对比？
3. 施工过程中进行进度控制的措施是什么？

参考答案

# 5.1　建设工程进度控制的基础知识

施工阶段进度控制的五大妙招

## 5.1.1　建设工程进度控制概念、基本原理及程序

1. 建设工程进度控制的概念

建设工程进度控制是指对工程项目建设各阶段的工作内容、工作程序、持续时间和衔接关系根据进度总目标及资源优化配置的原则编制计划并付诸实施，然后在进度计划的实施过程中检查实际进度是否符合计划要求，即实际值与目标计划值是否一致，对出现的偏差情况进行分析，采取补救措施或调整、修改原计划后再付诸实施，如此循环，直到建设工程竣工验收交付使用。工程项目进度

控制最终目的是确保项目进度计划目标的实现，其总目标是建设工期。

2. 建设工程进度控制的基本原理

建设工程进度控制是动态的，进度控制人员必须在计划执行过程中不断检查，并将实际值与计划值进行对比。在分析偏差及其产生原因的基础上，采取相应措施，使实际值与目标计划值一致。如果采取措施后不能维持原计划，则需要对原进度计划进行调整或修正，再按新的进度计划实施。建设工程进度控制就是一个不断计划、执行、检查、分析、处理或调整再执行的循环动态控制。建设工程进度控制原理如图 5.1 所示。

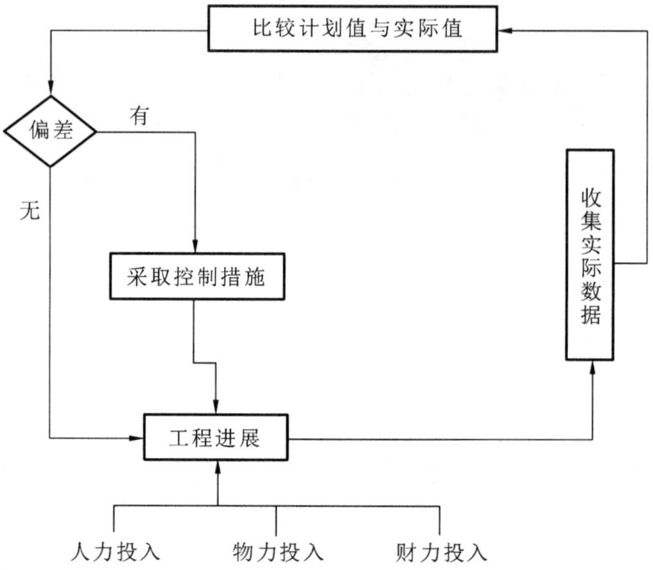


图 5.1 建设工程进度控制原理

3. 建设工程进度控制的程序

建设工程进度控制的程序如图 5.2 所示。

### 5.1.2 建设工程进度的影响因素

建设工程项目建设过程涉及面广，影响建设工程进度的不利因素有很多，其中人为因素至关重要。为了对工程项目的施工进度进行有效控制，必须在施工进度计划实施之前对影响工程项目进度的因素进行分析，进而提出保证施工进度计划实施成功的措施，以实现对施工进度的主动控制。在工程建设过程中，常见的影响工程项目进度的因素基本可以归纳为人为因素，技术因素，材料、设备与构配件因素，机具因素，资金因素，水文、地质与气象因素，其他环境、社会因素以及其他难以预料的因素等。常见的影响因素如下。

1. 业主因素

(1) 业主使用要求改变而进行设计变更；

(2) 应提供的施工场地条件不能及时提供或所提供的场地不能满足工程正常需要；

(3) 不能及时向施工承包单位或材料供应商付款等。

2. 勘察设计因素

(1) 勘察资料不准确，特别是地质资料错误或遗漏；

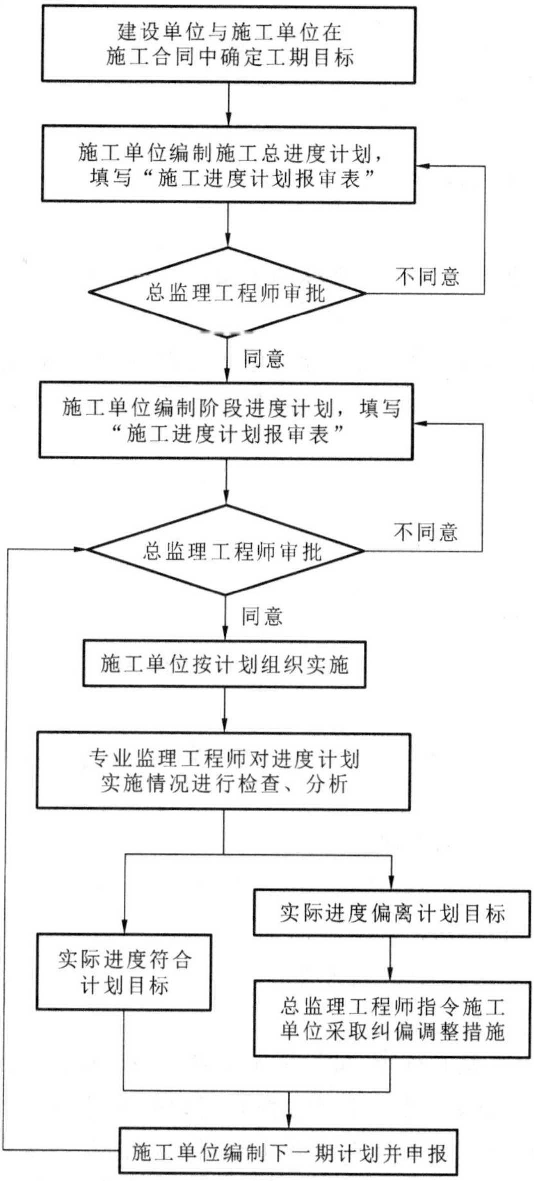


图5.2　建设工程进度控制的程序

(2) 设计内容不完善，规范应用不恰当，设计有缺陷或错误；

(3) 设计对施工的可能性未考虑或考虑不周；

(4) 施工图纸供应不及时、不配套，或出现重大差错等。

3. 施工技术因素

(1) 施工工艺错误；

(2) 不合理的施工方案；

(3) 施工安全措施不当；

(4) 不可靠技术的应用等。

4. 自然环境因素

(1) 复杂的工程地质条件;

(2) 不明的水文气象条件;

(3) 地下埋藏文物的保护、处理;

(4) 洪水、地震、台风等不可抗力等。

5. 组织管理因素

(1) 向有关部门提出各种申请审批手续的延误;

(2) 合同签订时遗漏条款、表达失当;

(3) 计划安排不周密,组织协调不力,导致停工待料、相关作业脱节;

(4) 领导不力,指挥失当,使参加工程建设的各个单位、各个专业、各个施工过程之间交接、配合上发生矛盾等。

6. 社会环境因素

(1) 外单位邻近工程施工干扰;

(2) 节假日交通、市容整顿的限制;

(3) 临时停水、停电、断路;

(4) 在国外常见的法律及制度变化、经济制裁、战争、骚乱、罢工、企业倒闭。

7. 材料、设备因素

(1) 材料、构配件、机具、设备供应环节的差错,品种、规格、质量、数量、时间不能满足工程的需要;

(2) 特殊材料及新材料的不合理使用;

(3) 施工设备不配套,选型失当,安装失误,有故障等。

8. 资金因素

(1) 有关方拖欠资金,资金不到位,资金短缺;

(2) 汇率浮动和通货膨胀等。

按照进度延误责任划分及其处理,可将影响因素分为两类:一是由于承包商自身原因造成的工期延长,称为工期延误;二是由于承包商自身以外的原因造成的施工延长,称为工期延期。监理工程师对工期延期的批准对于业主和承包商都非常重要。因此,监理工程师应按照合同及相关法律法规文件,公正地区分工期延误和工期延期,合理地批准工期延期的时间。

### 5.1.3 建设工程进度控制的措施

建设工程进度控制的措施主要包括组织措施、技术措施、经济措施以及合同措施等,监理工程师必须根据建设工程的实际情况,认真选择并制定行之有效的进度控制措施,保证建设工程进度控制目标的实现。

1. 组织措施

建设工程进度控制是由人来执行的,组织因素是工程进度目标控制的关键因素,项目监理工程师应重视组织措施的作用。监督按计划要求投入劳动力、机具、设备、材料,巡视、检查工程运行情况，对工程信息的收集、整理、加工、反馈，发现和预测目标偏差，采取纠正行动等都需要事先委任执行人员，授予相应职权，确定职责，制定工作考核标准，并力求使之一体化运行。进度控制的组织措施主要包括：

(1) 建立进度控制目标体系，明确建设工程现场监理组织机构中进度控制人员及其职责分工；

(2) 建立工程进度报告制度及进度信息沟通网络；

(3) 建立进度计划审核制度和进度计划实施中的检查分析制度；

(4) 建立进度协调会议制度，包括协调会议举行的时间、地点，协调会议的参加人员等；

(5) 建立图纸审查、工程变更和设计变更管理制度。

2. 技术措施

控制在很大程度上要通过技术来解决问题。实施有效控制，就是要想方设法地在整个项目实施阶段寻求节约投资、保障工期和质量的技术措施。进度控制的技术措施主要包括：

(1) 审查承包商提交的进度计划，使承包商能在合理的状态下施工；

(2) 编制进度控制工作细则，指导监理人员实施进度控制；

(3) 采用网络计划技术及其他科学适用的计划方法，并结合电子计算机的应用，对建设工程进度实施动态控制。

3. 经济措施

经济措施是进度控制措施中比较有用的措施之一，实践证明，经济措施具有较好的刺激作用。进度控制的经济措施主要包括：

(1) 及时办理工程预付款及工程进度款支付手续；

(2) 对应急赶工给予优厚的赶工费用；

(3) 对工期提前给予奖励；

(4) 对工期延误收取误期损失赔偿金。

4. 合同措施

确定对目标控制有利的承发包模式和合同结构，拟订合同条款，参加合同谈判，处理合同执行过程中的问题，以及做好防止和处理索赔的工作等，是项目管理人员进行目标控制的重要手段。进度控制的合同措施主要包括：

**CM 承包模式及其特点**

(1) 推行 CM 承包模式，对建设工程实行分段设计、分段发包和分段施工；

(2) 加强合同管理，协调合同工期与进度计划之间的关系，保证合同中进度目标的实现；

(3) 严格控制合同变更，对各方提出的工程变更和设计变更，监理工程师应严格审查后再补入合同文件之中；

(4) 加强风险管理，在合同中应充分考虑风险因素及其对进度的影响，以及相应的处理方法；

(5) 加强索赔管理，公正地处理索赔。

# 5.2 建设工程进度控制

## 5.2.1 建设工程进度控制的主要任务与工作

1. 建设工程进度控制的主要任务

建设工程施工进度控制中，业主方进度控制的任务是控制整个项目实施阶段的进度，包括控制设计准备阶段的工作进度、设计工作进度、施工进度、物资采购工作进度，以及项目动用前施工准备阶段的工作进度。建设项目的实施阶段包括设计阶段、招投标阶段、施工阶段、竣工验收阶段等不同阶段，项目监理机构在不同的实施阶段其主要工作任务如下。

1）设计阶段的主要任务

设计阶段通常包含设计准备阶段和设计阶段，其主要任务如下。

(1) 设计前的准备阶段进度控制的任务：

① 收集有关工期信息，进行工期目标和进度控制决策；

② 编制工程项目总进度计划；

③ 编制设计准备阶段详细工作计划，并控制其执行；

④ 进行环境及施工现场条件的调查和分析。

(2) 设计阶段进度控制的任务：

① 编制设计阶段工作进度计划并控制其执行；

② 编制详细的各设计阶段的出图计划并控制其执行。

注意尽可能使设计工作进度与招标、施工、物资采购等工作进度相协调。

2）施工阶段的主要任务

(1) 编制施工总进度计划，并控制执行；

(2) 编制单位工程施工进度计划，并控制执行；

(3) 编制工程年、季、月实施计划，并控制执行。

监理工程师要在设计准备阶段向建设单位提供有关工期的信息，协助建设单位确定工期总目标，并进行环境及施工现场条件的调查和分析。在设计阶段和施工阶段，监理工程师不仅要审查设计单位和施工单位提交的进度计划，更要编制监理进度计划。

2. 建设工程进度控制的主要工作

建设工程项目监理机构的工作主要根据监理合同、监理规范及相应的法律法规而定，通常建设工程进度控制的监理工作及程序如图 5.3 所示。

## 5.2.2 施工阶段进度控制的主要内容及工作

(1) 总施工进度计划审核的主要内容：

① 进度计划是否符合施工合同中开工、竣工日期的规定。

② 进度计划中的主要工程项目是否有遗漏，分期施工是否满足分批动用的需要和配套

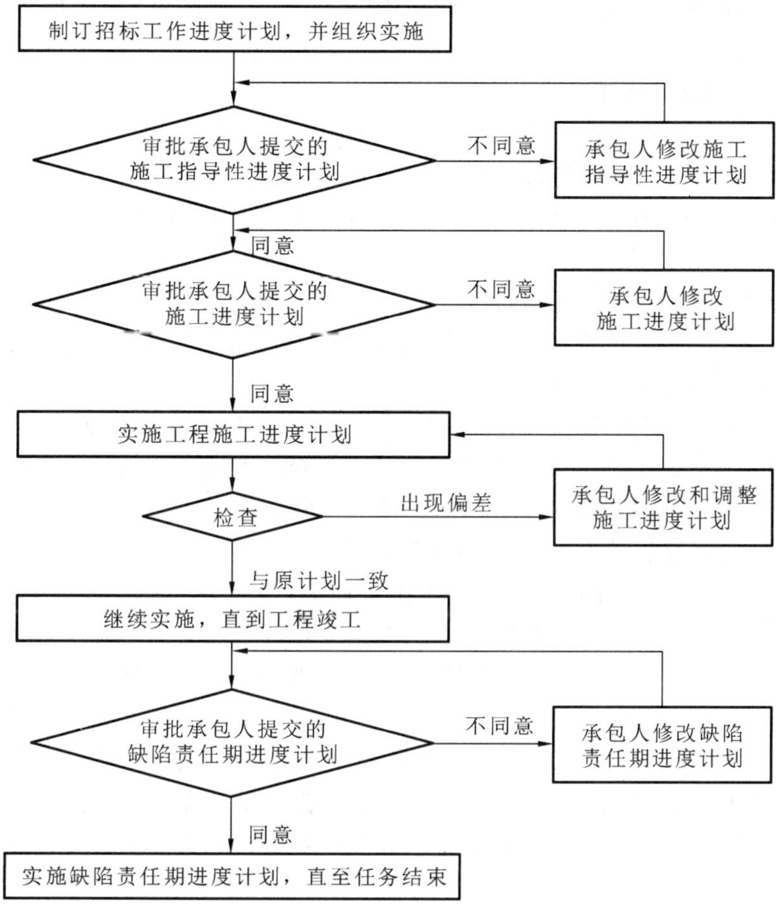


图5.3　建设工程进度控制的监理工作及程序

动用的要求，总承包、分包单位分别编制的各单项工程进度计划之间是否协调。

③ 施工顺序的安排是否符合施工工艺的要求。

④ 工期是否进行了优化，进度安排是否合理。

⑤ 对应由建设单位提供的施工条件（资金、施工图纸、施工场地、采购的物资等），承包单位在施工计划中所提出的供应时间和数量是否明确、合理，是否有因建设单位违约而导致工期延期和费用索赔的可能。

⑥ 劳动力、材料、构配件、施工机具、设备、水、电等生产要素供应计划是否能保证施工进度计划的需要，供应是否均衡。

（2）专业监理工程师编制施工进度控制方案的主要内容：

① 施工进度控制目标分解图。

② 实现施工进度控制目标的风险分析。

③ 施工进度控制的主要工作内容和深度。

④ 监理人员对进度控制的职责分工。

⑤ 进度控制工作流程。

⑥ 进度控制的方法（包括进度检查周期、数据采集方式、进度报表格式、统计分析方法）。

⑦ 进度控制的具体措施(包括组织措施、技术措施、经济措施及合同措施等)。

⑧ 绘制形象进度表。

⑨ 尚待解决的有关问题。

(3)在实施进度控制过程中,专业监理工程师的主要工作:

① 检查和记录实际进度完成情况。

② 通过下达监理指令,召开工地例会、各种层次的专题协调会议,督促承包单位按期完成进度计划。

③ 当发现实际进度滞后于计划进度时,应签发“监理工程师通知单”,指令承包单位采取调整措施。当实际进度严重滞后于计划进度时应及时报总监理工程师,由总监理工程师与建设单位商定采取进一步措施。

(4) 项目监理机构应根据工程建设进度的紧迫性,及时进行进度控制。

在工地例会制度的基础上会同建设单位建立日施工调度会议制度,即每日下班时召开检查当天工程进展情况,协调施工条件,安排第二天的工作。

(5) 在实施进度控制过程中,总监理工程师的主要工作:

① 如实际进度滞后于计划进度是由于主观原因,应及时与项目经理沟通,了解承包单位影响进度的内部原因,然后通过工地例会、专题会议或下发通知单等形式指令承包单位采取纠偏措施。如果承包单位拒不调整资源和加强纠偏,应利用授权按合同采取各种措施对承包单位实行制裁。

② 如实际进度滞后于计划进度是由于客观原因,是建设单位原因的,应及时与建设单位沟通,提请建设单位履行合同职责,为承包单位创造必需的条件,确保工程进度;是外界或自然原因的,应及时组织建设单位和承包单位召开专题会议,共同协商,采取应对措施。

### 5.2.3 进度计划的编制方法

施工总进度计划的编制步骤

1.横道图计划法

横道图也称甘特图,表达方式简便直观,易于管理使用,依据它直接进行统计计算可以得到资源需求量计划。用横道图表示的工程进度计划一般包括两个部分,即左侧的工作名称及工作的持续时间等基本数据部分和右侧的横道线部分。如某房屋工程的基础工程划分为四个施工过程,四个施工段,其组织流水施工的横道图如图 5.4 所示。

横道图形象、直观,且易于编制和理解,能直接统计得到资源需求量计划。通过图 5.4 可以清晰地看出各工作的开展情况,工作持续时间、开始与结束时间。所以,横道图在建设工程进度控制中应用比较广泛。

但是,用横道图表示工程进度计划也存在以下缺点:

(1) 不能明确地反映出各项工作之间错综复杂的相互关系;

(2) 不能明确地反映出影响工期的关键工作和关键线路;

(3) 不能反映出工作所具有的机动时间;

(4) 不能反映工程费用与工期之间的关系。

横道图的适用范围:

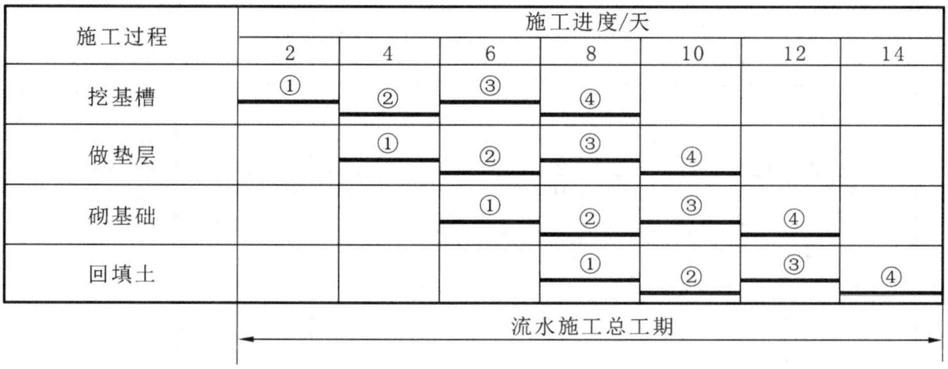


图 5.4 某房屋工程基础工程施工横道图

(1) 适用于一些简单的小工程项目；

(2) 适用于工作划分范围很大的总进度计划；

(3) 适用于工程活动及其相互关系不很清楚的项目初期的总体计划；

(4) 适用于阶段性进度计划的编制，比如月进度计划、周进度计划等。

2. 网络计划法

网络计划技术是一种用于工程进度控制的有效方法，在工程项目目标控制中采用这种方法也有助于工程成本的控制和资源的优化配置。网络计划包括双代号网络计划（见图5.5）、单代号网络计划（见图5.6）、双代号时标网络计划（见图5.7）等。双代号时标网络计划是以时间坐标为尺度编制的双代号网络计划，以实箭线表示工作，以虚箭线表示虚工作，以波形线表示工作的自由时差。

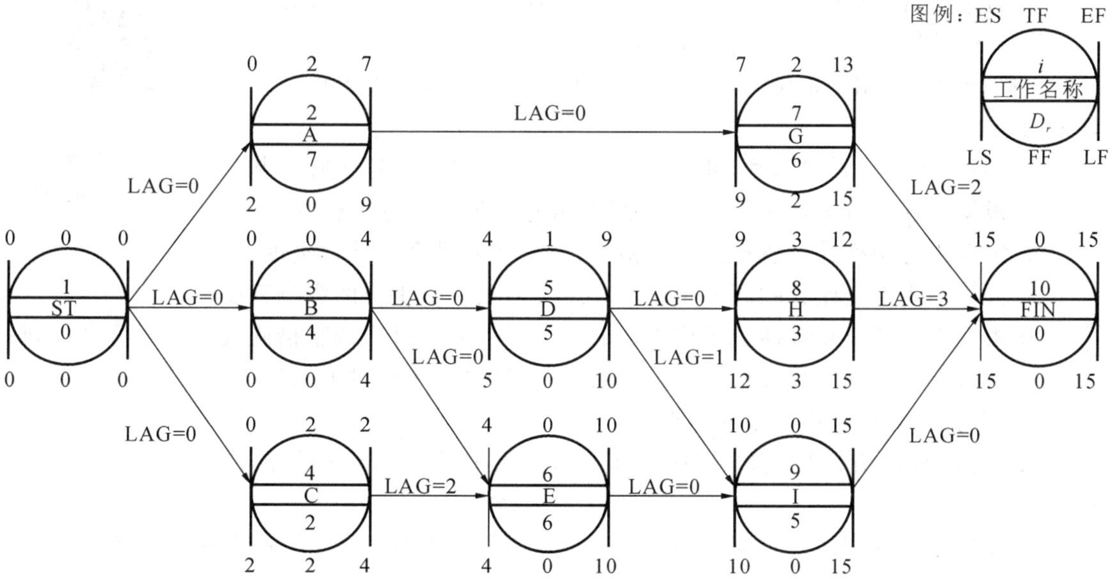


图 5.5 双代号网络计划（六时标注）

(1) 与横道图相比，网络计划具有自身优势，具体表现如下：

① 网络计划图能够明确表达各项工作之间的逻辑关系；

② 通过网络计划图时间参数的计算，可以找出关键线路和关键工作；

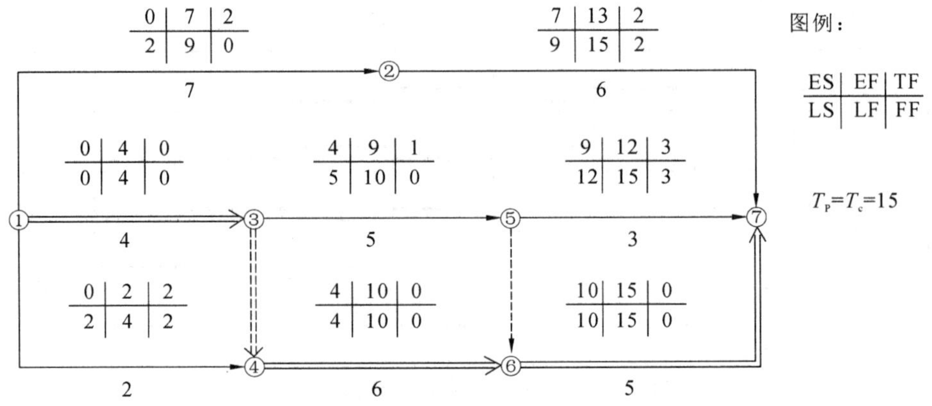


图 5.6 单代号网络计划

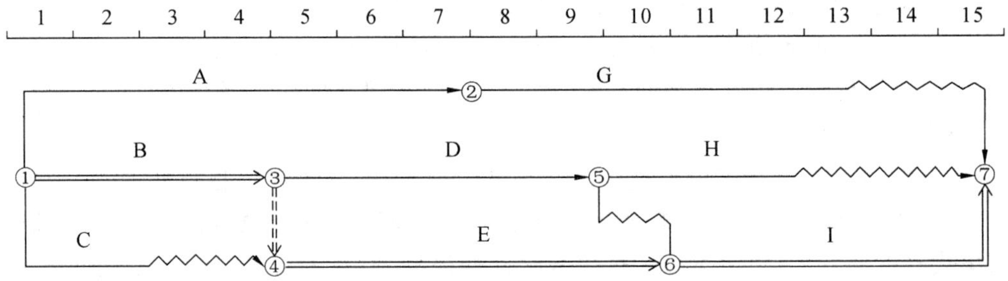


图 5.7 双代号时标网络计划

③ 通过网络计划图时间参数的计算，可以明确各项工作的机动时间；

④ 网络计划图可以利用电子计算机进行计算、优化和调整。

网络计划图适用于单位工程总进度计划乃至整个建设工程项目进度计划的编制。

**施工进度网络计划的时间优化**

(2) 应用网络计划技术时，可按下列程序对工程进度目标实施控制：

① 根据工程项目实际编制网络计划图，并进行网络计划的优化；

② 定期进行网络计划执行情况的检查，分析实际进度与计划进度的差异；

③ 分析产生进度差异的原因及偏差对总工期及后续工作的影响程度；

④ 根据工程项目总工期及后续工作的约束条件采取进度调整措施或调整原进度计划；

⑤ 执行调整后的网络计划，在执行过程中定期进行实际进度的检查与分析。

(3) 双代号时标网络计划的特点。

双代号时标网络计划是以水平时间坐标为尺度编制的双代号网络计划，其主要特点如下。

① 双代号时标网络计划兼有网络计划与横道图计划的优点，它能够清楚地表明计划的时间进程，使用方便。

② 双代号时标网络计划能在图上直接显示出各项工作的开始与完成时间、工作的自由时差及关键线路。

③ 在双代号时标网络计划中可以统计每一个单位时间对资源的需求量，以便进行资源优化和调整。

④ 由于箭线受到时间坐标的限制，当情况发生变化时，对网络计划的修改比较麻烦，往往要重新绘图。但在使用计算机以后，这一问题已较容易解决。

(4)双代号网络计划的绘图规则。

① 双代号网络计划图必须正确表达已定的逻辑关系。

② 双代号网络计划图中，严禁出现循环回路。所谓循环回路是指从网络计划图中的某一个节点出发，顺着箭线方向又回到了原来出发点的线路。

③ 双代号网络计划图中，在节点之间严禁出现带双向箭头或无箭头的连线。

④ 双代号网络计划图中，严禁出现没有箭头节点或没有箭尾节点的箭线。

⑤ 当双代号网络计划图的某些节点有多条外向箭线或多条内向箭线时，为使图形简洁，可使用母线法绘制(但应满足一项工作用一条箭线和相应的一对节点表示)。

⑥ 绘制双代号网络计划图时，箭线不宜交叉。当交叉不可避免时，可用过桥法或指向法。

⑦ 双代号网络计划图中应只有一个起点节点和一个终点节点(多目标网络计划除外)，而其他所有节点均应是中间节点。

⑧ 双代号网络计划图应条理清楚、布局合理。

建设工程项目进度计划的编制方法横道图和网络计划图的比较如表 5.1 所示。

**表 5.1　建设工程项目进度计划的编制方法横道图和网络计划图的比较**

<table>
<tr><td>横道图</td><td colspan="2">表达方式较直观，易看懂计划编制的意图。但是，横道图计划法也存在一些问题，如：<br>1. 工序(工作)之间的逻辑关系可以设法表达，但不易表达清楚；<br>2. 适用于手工编制计划；<br>3. 没有通过严谨的进度计划时间参数计算，不能确定计划的关键工作、关键线路与时差；<br>4. 计划调整只能用手工方式进行，其工作量较大；<br>5. 难以适应大的进度计划系统</td></tr>
<tr><td rowspan="2">网络计划图<br>1. 关键工作：网络计划中总时差最小的工作是关键工作。<br>2. 关键线路：自始至终全部由关键工作组成的线路为关键线路</td><td>单代号网络计划图<br>节点代表工作</td><td>1. 与双代号网络计划图相同处：都可能有虚工作。<br>2. 与双代号网络计划图主要区别：只有双代号网络计划图虚工作用虚箭线表达</td></tr>
<tr><td>双代号网络计划图<br>虚箭线是实际工作中并不存在的一项虚设工作，故它们既不占用时间，也不消耗资源，一般起着工作之间的联系、区分和断路三个作用</td><td>1. 可直接在图上看出时间参数；<br>2. 不会产生闭合回路；<br>3. 修改方便；<br>4. 兼有网络计划与横道图计划的优点；<br>5. 能在图上直接显示出各项工作的开始与完成时间、工作的自由时差及关键线路；<br>6. 可以统计每一个单位时间对资源的需求量，以便进行资源优化和调整；<br>7. 由于箭线受到时间坐标的限制，当情况发生变化时，对网络计划的修改比较麻烦</td></tr>
</table>

3. S 曲线法

对一个工程项目而言，如果以横坐标表示时间，纵坐标表示累计完成的工程数量或造价，即可形成一条形如“S”的曲线，如图 5.8 所示，S 曲线因此而得名。

应用 S 曲线进行建设工程项目进度控制，其控制程序如下：

(1) 根据工程项目进度计划安排，在以横坐标表示时间、纵坐标表示累计完成的工程数

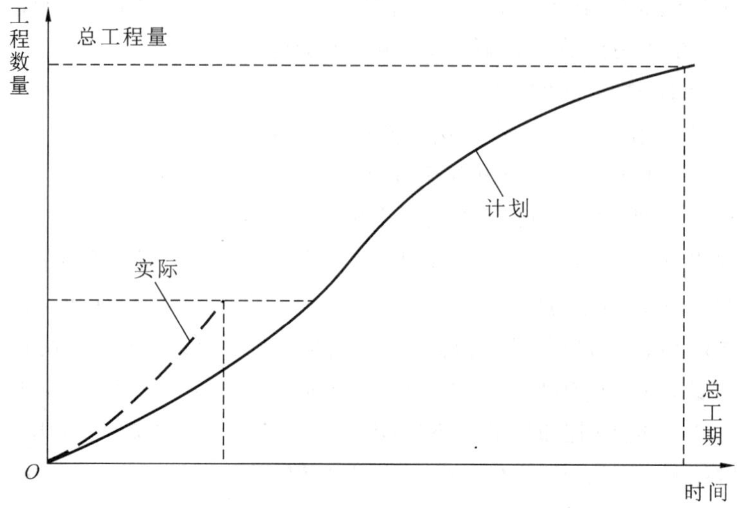


图 5.8 S 曲线控制图

量或造价的坐标体系中，绘制工程数量或造价的计划累计 S 曲线。

(2) 根据工程进展情况，在同一坐标体系中绘制工程数量或造价的实际累计 S 曲线。

(3) 将实际 S 曲线与计划 S 曲线进行比较，以此判断工程进度偏差或造价偏差。

(4) 如果出现较大偏差，则应分析原因，并采取措施进行调整。

(5) 如果进度计划做出调整，需要重新绘制调整后的 S 曲线，以便在下一步控制过程中进行对比分析。

上述步骤重复进行，从而使建设工程项目进度得到有效控制。

4. 香蕉曲线法

香蕉曲线是由两条 S 曲线组合而成的闭合曲线。由 S 曲线比较法可知，工程项目累计完成的任务量与计划时间的关系，可以用一条 S 曲线表示。对于一个工程项目的网络计划来说，如果以其中各项工作的最早开始时间安排进度而绘制 S 曲线，称为 ES 曲线；如果以其中各项工作的最迟开始时间安排进度而绘制 S 曲线，称为 LS 曲线。两条 S 曲线具有相同的起点和终点，因此，两条曲线是闭合的。在一般情况下，ES 曲线上的其余各点均落在 LS 曲线的相应点的左侧。该闭合曲线形似香蕉，故称为香蕉曲线，如图 5.9 所示。

应用香蕉曲线进行建设工程项目进度控制，其控制程序如下：

(1) 根据工程项目具体要求，编制工程网络计划，并计算工作时间参数。

(2) 根据工程网络计划，在以横坐标表示时间、纵坐标表示累计完成的工程数量或造价的坐标体系中，绘制工程数量或造价的 ES 曲线和 LS 曲线。

(3) 根据工程进展情况，在同一坐标体系中绘制工程数量或造价的实际累计 S 曲线。

(4) 将实际 S 曲线与计划香蕉曲线进行比较，以此判断工程进度偏差。如果实际 S 曲线落在香蕉曲线范围之内，说明实际进度处于控制范围之内。否则，说明进度出现偏差，需要分析原因，并采取措施进行调整。

(5) 如果进度计划做出调整，需要重新绘制调整后的香蕉曲线，以便在下一步控制过程中进行对比分析。

5. 前锋线比较法

前锋线比较法是通过绘制某检查时刻工程项目实际进度前锋线，进行工程实际进度与

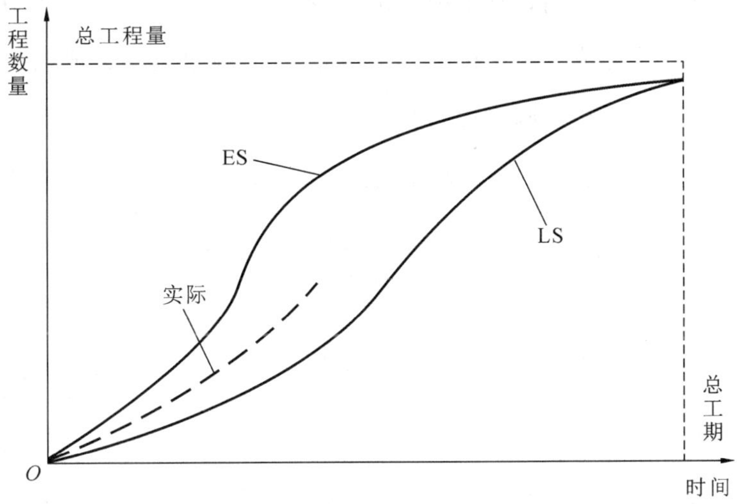


图 5.9 香蕉曲线控制图

计划进度比较的方法，它主要适用于时标网络计划。

采用前锋线比较法进行建设工程进度控制，其步骤如下：

（1）绘制时标网络计划图。工程项目实际进度前锋线是在时标网络计划图上标示，为清楚起见，可在时标网络计划图的上方和下方各设一时间坐标。

（2）绘制实际进度前锋线。一般从时标网络计划图上方时间坐标的检查日期开始绘制，依次连接相邻工作的实际进展位置点，最后与时标网络计划图下方时间坐标的检查日期相连接。

工作实际进展位置点的标定方法有两种：

① 按该工作已完任务量比例进行标定。

假设工程项目中各项工作均为匀速进展，根据实际进度检查时刻该工作已完任务量占其计划完成总任务量的比例，在工作箭线上从左至右按相同的比例标定其实际进展位置点。

② 按尚需作业时间进行标定。

当某些工作的持续时间难以按实物工程量来计算而只能凭经验估算时，可以先估算出检查时刻到该工作全部完成尚需作业的时间，然后在该工作箭线上从右向左逆向标定其实际进展位置点。

（3）进行实际进度与计划进度的比较。前锋线可以直观地反映出检查日期有关工作实际进度与计划进度之间的关系。对某项工作来说，其实际进度与计划进度之间的关系可能存在以下三种情况：

① 工作实际进展位置点落在检查日期的左侧，表明该工作实际进度拖后，拖后的时间为二者之差；

② 工作实际进展位置点与检查日期重合，表明该工作实际进度与计划进度一致；

③ 工作实际进展位置点落在检查日期的右侧，表明该工作实际进度超前，超前的时间为二者之差。

（4）预测进度偏差对后续工作及总工期的影响。通过实际进度与计划进度的比较确定进度偏差后，还可根据工作的自由时差和总时差预测该进度偏差对后续工作及项目总工期的影响。由此可见，前锋线比较法既适用于工作实际进度与计划进度之间的局部比较，又可用来分析和预测工程项目整体进度状况。

例如，某分部工程施工网络计划如图 5.10 所示，在第 4 天下班时检查，C 工作完成了该工作的$\frac{1}{3}$工作量，D 工作完成了该工作的$\frac{1}{4}$工作量，E 工作已全部完成该工作的工作量，则实际进度前锋线为图 5.10 中点画线构成的折线。

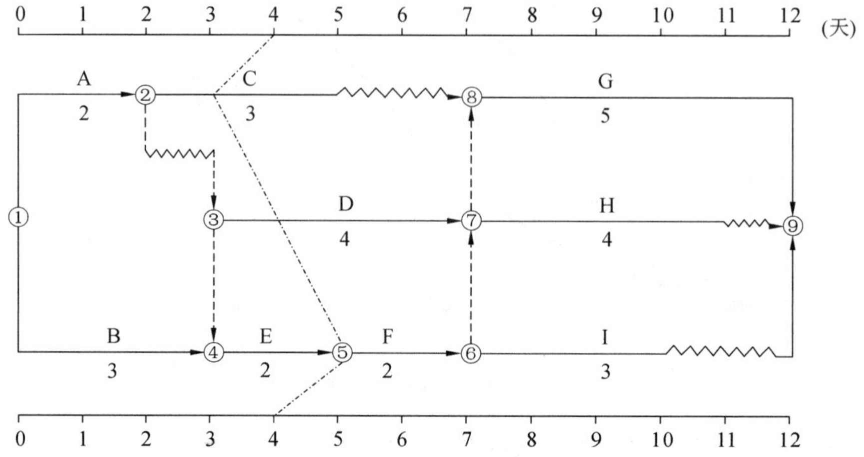


图 5.10 某分部工程施工网络计划

通过比较可以看出：

① 工作 C 实际进度拖后 1 天，其总时差和自由时差均为 2 天，既不影响总工期，也不影响其后续工作的正常进行；

② 工作 D 实际进度与计划进度相同，对总工期和后续工作均无影响；

③ 工作 E 实际进度提前 1 天，将使其后续工作 F、I 的最早开始时间提前 1 天，对总工期无影响。

综上所述，该检查时刻各工作的实际进度对总工期无影响，将使工作 F、I 的最早开始时间提前 1 天。

### 5.2.4 施工进度计划的调整

当建设工程进度发生偏差时，需分析偏差的位置、大小及其对后续工作及总工期产生的影响。如果进度偏差不影响总工期，应在分析其产生原因的基础上采取有效措施，解决矛盾，排除障碍，继续执行原进度计划。如果发现原有进度计划已不能实现，则需要确定新的计划目标，就必须对原有进度计划进行调整，以形成新的进度计划，作为进度控制的新依据。计划的调整通常会经常发生，但进度计划的调整是一个系统性的工作，因此应当慎重，尽量减少变更计划性的调整。

施工进度计划的调整必须根据进度计划检查结果进行，调整的内容包括施工内容、工程量、起止时间、持续时间、工作关系、资源供应等。

1. 施工进度计划的调整方法

施工进度计划的调整方法主要有两种：一是通过压缩关键线路上的关键工作持续时间来实现缩短工期；二是改变关键工作之间的逻辑关系来缩短工期。

1）压缩关键工作的持续时间来缩短工期

在压缩关键工作的持续时间时，通常需要采取一定的措施来达到目的。具体措施包括组织措施、技术措施、经济措施及合同措施。

建设工程项目进度计划的调整，通常会增加工程费用。因此，在进行进度计划调整优化时，应利用费用优化的原理选择费用增加量最小的关键工作作为压缩对象。

2）改变关键工作之间的逻辑关系来缩短工期

工作之间的逻辑关系包括工艺关系和组织关系。通常工作之间的工艺关系不能随意改变，但是组织关系可根据工程施工实际情况和组织者的意图改变和调整。通过改变工序逻辑关系缩短工期的途径有：

（1）将顺序施工关系改为平行施工关系；

（2）将顺序施工关系改为搭接施工关系。

这种方法不改变工作的持续时间，只改变工作的开始和结束时间。不管是平行或是搭接，都会增加项目在单位时间内的资源需求，这会给现场施工管理带来不利影响，在运用时应注意其可能带来的不利因素。

2.施工进度计划的调整步骤

（1）用进度检查的方法计算出工期延误天数，以确定需压缩的时间天数；

（2）去掉网络计划中已执行的部分，以进度检查日期作为新起始节点起算时间，并将每个未完工作的尚需持续时间代入正在施工的工作的持续时间，保留原计划后续部分，即形成化简后的网络计划；

（3）计算化简后网络计划的各工作最早开始时间；

（4）以计算工期值反向计算各工作的最迟结束时间；

（5）计算各工作的总时差和自由时差；

（6）根据化简后网络计划的时间参数进行工期调整，直至工期符合要求。

## 5.3 建设工程项目工期延期、延误及处理

工期延期与工期延误的区别

在建设工程施工过程中，工期的延长分为工期延误和工期延期两种。虽然都是工程拖期，但由于性质不同，业主与承包单位所承担的责任也不同。工期延误是指因施工单位组织不力或因管理不善等原因造成的工期延长，造成的一切损失由承包单位承担。同时，业主还有权对承包单位施行误期违约罚款。对于工期延期，承包单位不仅有权要求延长工期，同时有权向业主提出赔偿费用的要求以补偿额外损失。因此，监理工程师是否将施工过程中工期的延长批准为工期延期，对业主和承包单位都十分重要。工期延期及工期延误处理的监理工作程序如图5.11所示。

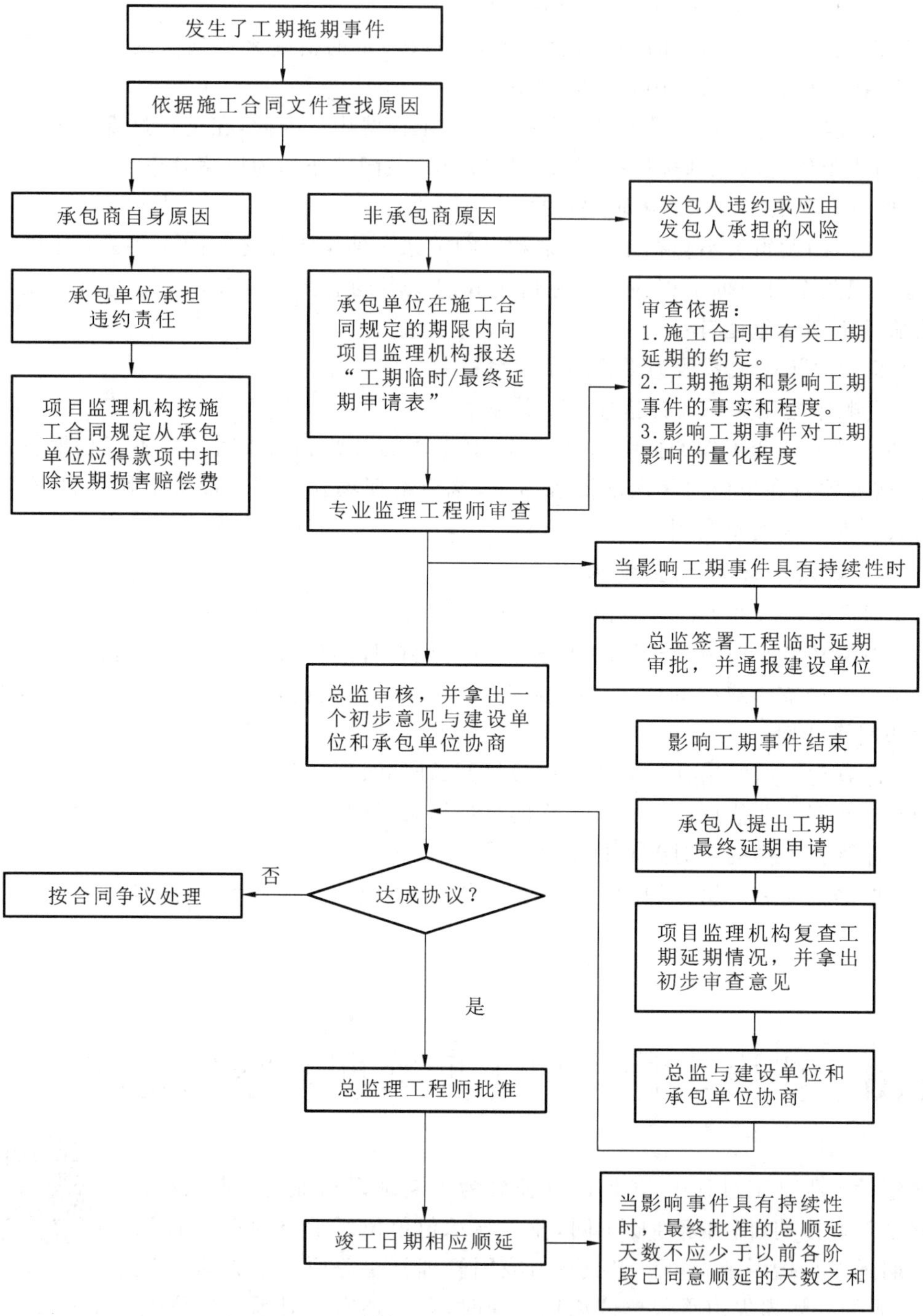


图 5.11　工期延期及工期延误处理的监理工作程序

### 5.3.1 工期延期的申报与审批

1. 申报工期延期的条件

由于以下原因导致工程拖期，承包单位有权提出延长工期的申请，监理工程师应按合同规定，批准工期延期时间。

(1) 监理工程师发出工程变更指令而导致工程量增加；

(2) 合同所涉及的任何可能造成工期延期的原因，如延期交图、工程暂停、对合格工程的剥离检查及不利的外界条件等；

(3) 异常恶劣的气候条件；

(4) 由业主造成的任何延误、干扰或障碍，如未及时提供施工场地、未及时付款等；

(5) 除承包单位自身以外的其他任何原因。

2. 工期延期的审批程序

当工期延期事件发生后，承包单位应在合同规定的有效期内以书面形式通知监理工程师(即工期延期意向通知)，以便于监理工程师尽早了解所发生的事件，及时做出一些减少延期损失的决定。

当延期事件具有持续性，承包单位在合同规定的有效期内不能提交最终详细的申述报告时，应先向监理工程师提交阶段性的详情报告。监理工程师应在调查核实阶段性报告的基础上，尽快做出延长工期的临时决定。临时决定的延期时间不宜太长，一般不超过最终批准的延期时间。

待延期事件结束后，承包单位应在合同规定的期限内向监理工程师提交最终的详情报告。监理工程师应复查详情报告的全部内容，然后确定该延期事件所需要的延期时间。

如果遇到比较复杂的延期事件，监理工程师可以成立专门小组进行处理。对于一时难以做出结论的延期事件，即使不属于持续性的事件，也可以采用先做出临时延期决定，然后再做出最后决定的办法。这样既可以保证有充足的时间处理延期事件，又可以避免由于处理不及时而造成的损失。

监理工程师在做出临时工期延期批准或最终工期延期批准之前，均应与业主和承包单位进行协商。

3. 工期延期的审批原则

1) 合同条件

监理工程师批准的工期延期必须符合合同条件。也就是说，导致工期拖延的原因确实属于承包单位自身以外的，否则不能批准为工期延期。这是监理工程师审批工期延期的一条根本原则。

2) 影响工期

发生延期事件的工程部位，无论其是否处在施工进度计划的关键线路上，只有当所延长的时间超过其相应的总时差而影响到工期时，才能批准工期延期。如果延期事件发生在非关键线路上，且延长的时间并未超过总时差，即使符合批准为工期延期的合同条件，也不能批准工期延期。

应当说明，建设工程施工进度计划中的关键线路并非固定不变，它会随着工程的进展和情况的变化而转移。监理工程师应以承包单位提交的、经自己审核后的施工进度计划(不断调整后)为依据来决定是否批准工期延期。

3) 实际情况

批准的工期延期必须符合实际情况。为此,承包单位应对延期事件发生后的各类有关细节进行详细记载,并及时向监理工程师提交详细报告。与此同时,监理工程师也应对施工现场进行详细考察和分析,并做好有关记录,以便为合理确定工期延期时间提供可靠依据。

4. 工期延期的控制

发生工期延期事件,不仅影响工程的进展,而且会给业主带来损失。因此,监理工程师应做好以下工作,以减少或避免工期延期事件的发生。

(1) 选择合适的时机下达工程开工令。

总监理工程师在下达工程开工令之前,应充分考虑业主的前期准备工作是否充分。特别是征地、拆迁问题是否已解决,设计图纸能否及时提供,以及付款方面有无问题等,以避免由于上述问题缺乏准备而造成工期延期。

(2) 提醒业主履行施工承包合同中所规定的职责。

在施工过程中,监理工程师应经常提醒业主履行自己的职责,提前做好施工场地及设计图纸的提供工作,并及时支付工程进度款,以减少或避免由此而造成的工期延期。

(3) 妥善处理工期延期事件。

当延期事件发生以后,监理工程师应根据合同规定进行妥善处理。既要尽量减少工期延期时间及其损失,又要在详细调查研究的基础上合理批准工期延期时间。

### 5.3.2 工期延误的处理

工期延期及工期延误的处理方法

由于承包单位自身的原因造成工期拖延,而承包单位又未按照监理工程师的指令改变延期状态时,通常可以采用下列手段进行处理。

1. 拒绝签署付款凭证

当承包单位的施工活动不能使监理工程师满意时,监理工程师有权拒绝承包单位的支付申请。因此,当承包单位的施工进度拖后且又不采取积极措施时,监理工程师可以采取拒绝签署付款凭证的手段制约承包单位。

2. 误期损失赔偿

拒绝签署付款凭证一般是监理工程师在施工过程中制约承包单位延误工期的手段,而误期损失赔偿则是当承包单位未能按合同规定的工期完成合同范围内的工作时对其的处罚。如果承包单位未能按合同规定的工期和条件完成整个工程,则应向业主支付投标书附件中规定的金额,作为该项违约的损失赔偿费。

3. 取消承包资格

如果承包单位严重违反合同,又不采取补救措施,则业主为了保证合同工期有权取消其承包资格。例如,承包单位接到监理工程师的开工通知后,无正当理由推迟开工时间,或在施工过程中无任何理由要求延长工期,施工进度缓慢,又无视监理工程师的书面警告等,都有可能受到取消承包资格的处罚。

取消承包资格是对承包单位违约的严厉制裁。因为业主一旦取消了承包单位的承包资格，承包单位不但要被驱逐出施工现场，而且还要承担由此而造成的业主的损失费用。这种惩罚措施一般不轻易采用，而且在做出这项决定前，业主必须事先通知承包单位，并要求其在规定的期限内做好辩护准备。

# 5.4 建设工程进度控制计划体系

建设工程进度计划是根据进度控制目标和任务的要求，对工程项目各建设阶段的工作内容、工作程序、工作持续时间和衔接关系在时间上预先进行的合理安排，是对工程项目实施过程的设计。建设工程进度控制计划体系主要包括建设单位的计划系统、监理单位的计划系统、设计单位的计划系统和施工单位的计划系统。

## 5.4.1 建设单位的计划系统

1. 工程项目前期工作计划

(1) 对工程项目可行性研究、项目评估及初步设计的工作进度安排；

(2) 使工程项目前期决策阶段各项工作的时间得到控制。

2. 工程项目建设总进度计划

工程项目建设总进度计划是指初步设计被批准后，在编报工程项目年度计划之前，根据初步设计，对工程项目从开始建设(设计、施工准备)至竣工投产(动用)全过程的统一部署。工程项目建设总进度计划是编报工程项目年度计划的依据。

3. 工程项目年度计划

工程项目年度计划是依据工程项目建设总进度计划和批准的设计文件进行编制的。工程项目建设总进度计划与工程项目年度计划比较如表5.2所示。

**表5.2　工程项目建设总进度计划与工程项目年度计划比较**

| | 工程项目建设总进度计划 | 工程项目年度计划 |
|---|---|---|
| 内容 | 初步设计被批准后，在编报工程项目年度计划之前，根据初步设计，对工程项目从开始建设(设计、施工准备)至施工投产(动用)全过程的统一部署 | 依据工程项目建设总进度计划和批准的设计文件进行编制的 |
| 表格 | 工程项目一览表 | 年度计划项目表 |
| | 工程项目总进度计划 | 年度竣工投产交付使用计划表 |
| | 投资计划年度分配表 | 年度建设资金平衡表 |
| | 工程项目进度平衡表 | 年度设备平衡表 |

### 5.4.2 监理单位的计划系统

监理单位除对被监理单位的进度计划进行监控外，自己也应编制有关进度计划，以便更有效地控制建设工程实际进度。

1. 监理总进度计划

(1) 依据：工程项目可行性研究报告、工程项目前期工作计划和工程项目建设总进度计划。

(2) 目的：对建设工程进度控制总目标进行规划，明确建设工程前期准备、设计、施工、动用前准备及项目动用等各个阶段的进度安排。

2. 监理总进度分解计划

(1) 按工程进展阶段分解，包括设计准备阶段进度计划、设计阶段进度计划、施工阶段进度计划、动用前准备阶段进度计划。

(2) 按时间分解，包括年度进度计划、季度进度计划、月度进度计划。

### 5.4.3 设计单位的进度计划系统

(1) 设计总进度计划：自设计准备开始至施工图设计完成。

(2) 阶段性设计进度计划：设计准备、初步设计(技术设计)、施工图设计。

(3) 设计作业进度计划。

### 5.4.4 施工单位的计划系统

1. 施工准备工作计划

施工准备工作计划是为满足工程开工施工的需要组织有关部门限期完成各项准备工作而编制的计划。施工准备工作是保证建设工程按计划开工施工直至竣工的基础工作，起着为施工"开路"的作用，对保证工期、提高工程质量、降低工程成本具有重要意义。

2. 施工总进度计划

(1) 依据：施工部署中的施工方案、工程项目的开展程序。

(2) 目的：确定各单位工程及全工地性工程的施工期限及开竣工日期，进而确定施工现场劳动力、材料、成品、半成品、施工机具的需要数量和调配情况，以及现场临时设施的数量、水电供应量和能源、交通需求量。

3. 单位工程施工进度计划

单位工程施工进度计划是在既定施工方案、工期与各种资源供应条件的基础上，遵循合理的施工顺序对单位工程内部各个施工过程做出的时间、空间方面的安排。而且，借助它可以确定施工作业所必需的劳动力、施工机具与材料供应计划。

单位工程施工进度计划的编制程序：审读施工图纸及有关资料→划分工作项目→确定施工顺序→计算(调整)工程量(或审核工程量清单)→计算工日数和机械台班数→确定分部

(分项)工程持续时间→绘制进度计划图(横道图或网络计划图)→检查和调整进度计划→正式确定施工进度计划。

4. 分部分项工程进度计划

分部分项工程进度计划是针对工程量较大或施工技术比较复杂的分部分项工程,在依据工程具体情况所制定的施工方案的基础上,对其各施工过程所做出的时间安排。如大型基础土方工程、复杂的基础加固工程、大体积混凝土工程、大型桩基工程、大面积预制构件吊装工程等,均应编制详细的进度计划,以保证单位工程施工进度计划的顺利实施。

## 小 结

建设工程项目进度控制是工程项目管理的重要工作,是业主方、承包方、监理方等各方均比较重视的控制重点。项目监理工程师应该重视进度控制工作的有效性,如遇进度落后,则应认真分析清楚进度落后的影响因素,采取相应进度计划控制措施及方法,对进度计划进行控制、调整,使进度计划满足各方要求。工期延期或者延误是施工过程中常遇到的问题,项目监理工程师应分清产生的原因,正确、合理划分各方责任,正确处理此类问题。建设工程进度控制计划体系主要包括建设单位的计划系统、监理单位的计划系统、设计单位的计划系统和施工单位的计划系统。

## 巩固训练

**一、单项选择题**

1. 在建设工程进度计划的实施过程中,监理工程师控制进度的关键步骤是(    )。

A. 加工处理收集到的实际进度数据　　B. 调查分析进度偏差产生的原因

C. 实际进度与计划进度的对比分析　　D. 跟踪检查进度计划的执行情况

2. 建设工程进度控制是动态的,进度控制人员必须在计划执行过程中不断检查,并将(    )进行对比。

A. 实际值与计划值　　B. 实际值与预期值

C. 过去值与计划值　　D. 未来值与动态值

3. 当采用匀速进展横道图比较工作实际进度与计划进度时,如果表示实际进度的横道线右端点落在检查日期的左侧,该端点与检查日期的距离表示工作(    )。

A. 拖欠的任务量　　B. 实际少投入的时间

C. 超前的任务量　　D. 实际多投入的时间

4. 当利用S曲线进行实际进度与计划进度比较时，如果检查日期实际进展点落在计划S形曲线的右侧，则该实际进展点与计划S曲线的水平距离表示工程项目（　　）。

A. 实际进度超前的时间　　B. 实际进度拖后的时间

C. 实际超额完成的任务量　　D. 实际拖欠的任务量

5. 应用S曲线比较法时，通过比较实际进度S曲线和计划进度S曲线，可以（　　）。

A. 表明实际进度是否匀速开展

B. 得到工程项目实际超额或拖欠的任务量

C. 预测偏差对后续工作及总工期的影响

D. 表明对工作总时差的利用情况

6. 影响建设工程进度的不利因素有很多，其中，由于向有关部门办理各种申请审批手续造成延误的属于（　　）因素。

A. 业主　　B. 社会环境

C. 组织管理　　D. 自然环境

7. 建设工程项目设计阶段进度控制的任务有（　　）。

A. 搜集有关工期的信息，协助建设单位确定工期总目标

B. 编制施工总进度计划

C. 编制施工年（或季、月、旬、周）实施计划并控制其执行

D. 检查编制供货进度计划并控制其执行

8. 下列建设工程进度控制措施中，属于监理工程师采取的组织措施的是（　　）。

A. 编制进度控制工作细则　　B. 分析进度控制目标风险

C. 建立监督协调会议制度　　D. 定期收集实际进度数据

9. 下列任务中，属于建设工程实施阶段监理工程师进度控制任务的是（　　）。

A. 审查施工总进度计划　　B. 编制单位工程施工进度计划

C. 编制详细的出图计划　　D. 确定建设工期总目标

10. 下列影响建设工程进度的情况中，属于组织管理因素的是（　　）。

A. 合同签订时遗漏条款、表达失当　　B. 节假日交通、市容整顿的限制

C. 有关方拖欠资金，资金不到位　　D. 不可靠技术的应用

11. 建设工程施工进度控制中，业主方的任务是控制整个项目（　　）的进度。

A. 实施阶段　　B. 施工阶段　　C. 全寿命周期　　D. 决策阶段

12. 在建设工程施工过程中，工期的延长分为工期延误和工期延期两种。对于工期延误，造成的一切损失由（　　）承担。

A. 承包单位　　B. 监理单位　　C. 建设单位　　D. 设计单位

13. 利用横道图表示工程进度计划，其不足是不能明确反映（　　）。

A. 整个工程单位时间内的资源需求量

B. 各项工作的开始时间和完成时间

C. 各项工作之间的搭接关系

D. 工程费用与工程总工期之间的关系

14. 与横道图表示的进度计划相比，网络计划的主要特征是能够明确表达（ ）。

A. 单位时间内的资源需求量
B. 各项工作之间的逻辑关系
C. 各项工作的持续时间
D. 各项工作之间的搭接时间

15. 在建设单位的计划系统中，根据初步设计中确立的建设工期和工艺流程，具体安排单位工程的开工日期和竣工日期的计划，称为（ ）。

A. 工程项目总进度计划
B. 工程项目前期工作计划
C. 工程项目年度计划
D. 工程项目进度平衡计划

**二、多项选择题**

1. 当利用S曲线进行实际进度与计划进度比较时，如果检查日期实际进展点落在计划S曲线的左侧，则可以获得的正确信息是（ ）。

A. 实际超额完成的任务量
B. 实际拖欠的任务量
C. 实际进度超前的时间
D. 实际进度拖后的时间
E. 可以预测整个任务提前或完成

2. 与横道图相比，网络计划具有自身优势，具体表现在（ ）。

A. 网络计划图能够明确表达各项工作之间的逻辑关系
B. 通过网络计划图时间参数的计算，可以找出关键线路和关键工作
C. 通过网络计划图时间参数的计算，可以明确各项工作的机动时间
D. 网络计划图可以利用电子计算机进行计算、优化
E. 网络计划调整比较困难

3. 应用S曲线进行建设工程项目进度控制，其控制程序为（ ）。

A. 绘制调整后的横道图
B. 根据工程进展情况，在同一坐标体系中绘制工程数量或造价的实际累计S曲线
C. 将实际S曲线与计划S曲线进行比较，判断工程进度偏差或造价偏差
D. 如果出现较大偏差，则应分析原因，并采取措施进行调整
E. 重新绘制调整后的S曲线，以便在下一步控制过程中进行对比分析

4. 以下属于勘察设计对进度控制不利因素的是（ ）。

A. 勘察单位提供的成果资料不准确
B. 地质资料准确性和完整性不够
C. 提供施工场地条件不及时
D. 提供的场地不能满足工程正常需要
E. 项目管理机构组织职责不清

5. 关于施工进度调整，说法正确的是（ ）。

A. 可以通过压缩关键线路上的关键工作持续时间来实现缩短工期
B. 可以改变关键工作之间的逻辑关系来缩短工期
C. 压缩关键工作的持续时间的措施如组织更多的施工队伍
D. 建设工程项目进度计划的调整，通常只是工期变化而不会增加工程费用
E. 施工工期可以根据安全、质量等要求而无限压缩

6. 以下属于可以取消承包资格的情形的是(　　)。

A. 承包单位接到监理工程师的开工通知后,无正当理由推迟开工时间

B. 在施工过程中无任何理由要求延长工期,施工进度缓慢

C. 无视监理工程师的书面警告

D. 对监理工程师进行人身攻击

E. 在施工过程中不能很好地节约资源

7. 下列工程进度控制措施中,(　　)属于监理工程师采取的技术措施。

A. 审查施工单位的进度计划

B. 建立工程进度报告制度

C. 协调进度计划与合同工期之间的关系

D. 利用网络技术控制工程进度

E. 协助施工单位编制施工组织设计

8. 下列工作中,属于建设工程设计准备阶段进度控制任务的有(　　)。

A. 编制监理进度计划　　B. 编制工程项目总进度计划

C. 进行工期目标和进度控制决策　　D. 编制详细的出图计划

E. 进行环境及施工现场条件的调查和分析

9. 下列属于建设工程进度控制计划体系的有(　　)。

A. 建设单位的计划系统　　B. 勘察单位的计划系统

C. 设计单位的计划系统　　D. 施工单位的计划系统

E. 材料供应的计划系统

10. 在建设单位的计划系统中,工程项目年度计划主要包括(　　)。

A. 年度建设资金平衡表　　B. 年度竣工投产交付使用计划表

C. 年度设备平衡表　　D. 工程项目进度平衡表

E. 设计作业进度计划表

**三、名词解释**

1. 建设工程进度控制:

2. 前锋线比较法:

3. 横道图:

4. 工期延误:

**四、简答题**

1. 建设工程影响进度的因素有哪些?

2. 简述应用香蕉曲线进行建设工程项目进度控制的程序。

3. 简述应用前锋线比较法进行建设工程项目进度控制的程序。

4. 施工进度计划的调整方法有哪些?

5. 工期延期的控制包括哪些工作?

6. 工期延误的处理包括哪些内容?

**五、案例分析**

某工程项目时标网络计划如图 5.12 所示。该计划执行到第 6 周末检查实际进度

时，发现工作 A 和工作 B 已经全部完成，工作 D、工作 E 分别完成计划任务量的 20%、50%，工作 C 尚需 3 周完成。

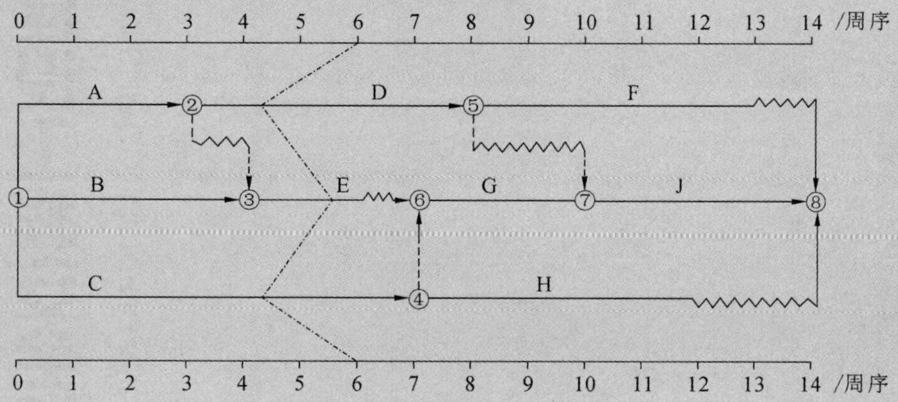


图 5.12　某工程项目时标网络计划

问题：

试用前锋线比较法进行实际进度与计划进度的比较。

# 工作手册6

# 建设工程安全监理

JIANSHE GONGCHENG ANQUAN JIANLI

**知识目标**

掌握建设工程安全监理的基本概念和作用；掌握安全事故等级的划分和安全事故调查报告的编写；掌握施工组织设计中的安全技术措施和专项施工方案审核要求；熟悉建设工程安全生产的监理责任；了解建设工程安全监理的工作程序。

**能力目标**

具备理解和应用建设工程安全监理基本知识的能力；具备理解和落实建设工程安全生产监理责任的能力；具备分析和处理建筑施工安全隐患的能力；能够运用建设工程安全监理相关知识解决工程实际问题。

**工程案例**

某工程项目，为使工程提前完工投入使用，建设单位要求施工单位提前3个月竣工。于是，施工单位在主体结构施工中未执行原施工方案，提前拆除混凝土结构模板。专业监理工程师为此发出“监理通知单”，要求施工单位整改。施工单位以工期紧、气温高和混凝土能达到拆模强度为由回复。专业监理工程师不再坚持整改要求。因气温骤降，施工单位在拆除第五层结构模板时混凝土强度不足，发生了结构坍塌安全事故，造成2人死亡、9人重伤和1100万元的直接经济损失。

问题：

1. 分别从死亡人数、重伤人数和直接经济损失三方面分析事故等级，并综合判断该事故的最终等级。

2. 针对该安全事故，分别指出建设单位、监理单位、施工单位是否有责任，并说明理由。

参考答案

# 6.1 建设工程安全监理的基本概念

## 6.1.1 安全生产的基本概念

所谓“安全生产”，是指在生产经营活动中，为了避免造成人员伤害和财产损失的事故而采取相应的事故预防和控制措施，使生产过程在符合规定的条件下进行，以保证从业人员的人身安全与健康，设备和设施免受损坏，环境免遭破坏，保证生产经营活动得以顺利进行的相关活动的总称。安全生产直接关系到经济建设的发展和社会稳定，标志着社会进步和文明发展进程。建筑业作为我国新兴的支柱产业，也是一个事故多发的行业，更应强调安全生产。安全生产管理是指建设行政主管部门、建设工程安全监督机构、建筑施工企业及有关单位对建设工程生产过程中的安全工作，进行计划、组织、指挥、控制、监督等一系列的管理活动。

### 6.1.2 安全生产的基本方针

《安全生产法》

根据《中华人民共和国安全生产法》(以下简称《安全生产法》)第三条，安全生产工作应当以人为本，坚持安全发展，坚持安全第一、预防为主、综合治理的方针，强化和落实生产经营单位的主体责任，建立生产经营单位负责、职工参与、政府监管、行业自律和社会监督的机制。

建筑工程施工安全生产管理，必须坚持“安全第一、预防为主、综合治理”的基本方针。这个方针是根据建设工程的特点，总结实践经验和教训得出的。在生产过程中，参与各方必须坚持“以人为本”原则，在生产与安全的关系中，一切以安全为重，安全必须排在第一位。

安全第一就是在生产过程中把安全放在第一重要的位置上，切实保护劳动者的生命安全和身体健康。坚持安全第一，是贯彻落实以人为本的科学发展观、构建社会主义和谐社会的必然要求。预防为主就是把安全生产工作的关口前移，超前防范，建立预教、预测、预想、预报、预警、预防的递进式、立体化事故隐患预防体系，改善安全状况，预防安全事故。在新时期，预防为主就是通过建设安全文化、健全安全法制、提高安全科技水平、落实安全责任、加大安全投入，构筑坚固的安全防线。综合治理是指适应我国安全生产形势的要求，自觉遵循安全生产规律，正视安全生产工作的长期性、艰巨性和复杂性，抓住安全生产工作中的主要矛盾和关键环节，综合运用经济、法律、行政等手段，人管、法治、技防多管齐下，并充分发挥社会、职工、舆论的监督作用，有效解决安全生产领域的问题。

“安全第一、预防为主、综合治理”的安全生产方针是一个有机统一的整体。安全第一是预防为主、综合治理的统帅和灵魂，没有安全第一的思想，预防为主就失去了思想支撑，综合治理就失去了整治依据。预防为主是实现安全第一的根本途径，只有把安全生产的重点放在建立事故隐患预防体系上，超前防范，才能有效减少事故损失，实现安全第一。综合治理是落实安全第一、预防为主的手段和方法。只有不断健全和完善综合治理工作机制，才能有效贯彻安全生产方针，真正把安全第一、预防为主落到实处，不断开创安全生产工作的新局面。

### 6.1.3 安全生产的基本原则

建设工程安全生产管理，坚持安全第一、预防为主、综合治理的方针，建立健全安全生产的责任制度和群防群治制度。安全生产是直接关系到人民群众生命安危的头等大事，是“以人为本”重要思想的具体体现。做好建设工程安全生产，除了强调坚持安全生产方针，还必须强调坚持安全生产一系列原则。安全生产的基本原则主要有：

1.“管生产必须管安全”的原则

工程项目各级领导和全体员工在生产过程中必须坚持在抓生产的同时抓好安全工作。该原则实现了安全与生产的统一，生产和安全是一个有机的整体，两者不能分割更不能对立起来，应将安全寓于生产之中。

2.“安全具有否决权”的原则

安全生产工作是衡量工程项目管理的一项基本内容，它要求在对各项指标考核、评优创先时首先必须考虑安全指标的完成情况。安全指标没有实现，即使其他指标顺利完成，仍无法实现项目的最优化，安全具有一票否决的作用。

3.“三同时”原则

“三同时”是指凡是我国境内新建、改建、扩建的基本建设项目（工程）、技术改造项目（工程）和引进的建设项目，其劳动安全卫生设施必须符合国家规定，必须与主体工程同时设计、同时施工、同时投入生产和使用。

4.“四不放过”原则

“四不放过”原则是安全生产管理部门处理安全事故的重要原则，“四不放过”缺一不可。在调查处理工伤事故时，必须坚持事故原因分析不清不放过，事故责任者和群众没有受到教育不放过，没有采取切实可行的防范措施不放过和事故责任者没有被处理不放过。“四不放过”原则的支持依据是《国务院关于特大安全事故行政责任追究的规定》（国务院令第302号）。

5.“五同时”原则

企业的生产组织及领导者在计划、布置、检查、总结、评比生产工作的同时计划、布置、检查、总结、评比安全工作。

6.“三同步”原则

企业在考虑经济发展，进行机构改革、技术改造时，要将安全生产与之同时规划、同时组织实施、同时运作投产。

《国务院关于特大安全事故行政责任追究的规定》

### 6.1.4　监理单位的安全管理制度

1.安全技术措施审查制度

坚持“安全第一、预防为主、综合治理”的方针，体现安全管理的预防和预控作用，严格把好施工组织设计安全技术措施审查关。工程动工之前，督促施工单位认真做好施工组织设计的编制工作并报监理机构审查，审查施工组织设计中安全技术措施是否符合工程建设强制性标准；应急救援组织或者配备应急救援人员，配备救援器材、设备是否符合要求。施工组织设计安全技术措施的审查重点：是否满足两项原则——一是坚持预防为主的原则；二是遵循系统控制的原则，在确保安全目标的前提下，应满足建设工程投资、进度、质量目标的实现。

《建设工程安全生产管理条例》

2.专项施工方案审查制度

专项施工方案的编制必须具有较强的针对性，针对各种不同的工程结构、施工工艺和方法、作业条件等所产生的各种不同的危险因素，采取相应的对策、措施。专项施工方案经施工单位技术负责人、监理工程师审查签字确认后实施，由专项安全员进行现场监督。国家建设主管部门规定，所有建筑工程的施工组织设计、施工方案，必须有安全技术措施。为了从技术上和管理上采取有效措施，防止各类事故发生，需要制定专项施工方案审查制度。

专项施工方案审查要点

3. 安全隐患督促整改制度

1）目的

为了认真贯彻执行“安全第一、预防为主、综合治理”的工作方针，加强安全隐患整改，确保安全生产，特制定本制度。

2）适应范围

总监办、驻地办对所监理标段的安全隐患督促整改及专项治理。

3）基本要求

① 根据施工的实际情况，及时进行安全隐患排查。

② 总监办（驻地办）在日常安全巡查、专项检查中对于发现的安全隐患应及时下发安全监理整改通知及安全监理整改指令，指出存在的问题，提出整改的措施，规定整改期限，并督促其按期整改。

③ 在保证工程施工质量的前提下，确定安全隐患整改期限。

④ 重大安全隐患必须停止施工进行整改，没有进行整改、整改不彻底、整改没有通过检查验收，不能复工；重大安全隐患必须彻底整改并通过检查验收后方可复工。

⑤ 项目部应根据总监办（驻地办）整改要求，在规定的时间内对所存在的隐患进行整改，并把整改结果以书面形式上报上级单位。

⑥ 总监办在收到经驻地办审核无误的整改回复以后，尽快进行复查，并做好复查记录。

⑦ 总监办在月度安全会议上通报各项目部安全隐患整改情况，对无视安全隐患整改工作、拒绝进行整改、整改不彻底、整改没有通过检查验收的相关单位及相关人员要给予严肃批评和处理，并上报项目办。

4. 重大安全隐患报告制度

重大安全隐患是指可能导致重大人身伤亡或者重大经济损失以及可能造成恶劣社会影响的安全隐患。为及时消除重大安全生产隐患，避免施工过程中出现安全事故，制定重大安全隐患报告制度。总监理工程师及现场监理人员应经常巡视施工现场，检查重大安全危险源，现场监理人员发现重大安全隐患应及时向总监理工程师报告。发现现场出现重大安全隐患，总监理工程师应采取停工整改处理措施（含局部），由总监理工程师下达“暂时停止施工通知书”，施工单位在规定期限内完成整改要求，及时向建设单位、建设工程安全监督站书面报告，并抄送总监室。发生了重大安全生产隐患要及时了解掌握情况，向领导和上级部门汇报，并参与调查分析，弄清原因，查明责任，指出防范措施和整改意见。

5. 法律法规与强制性标准实施监理制度

监理单位应当审查施工组织设计中的安全技术措施和专项施工方案是否符合《建设工程安全生产管理条例》和工程建设强制性标准。监理单位在实施监理过程中，发现存在安全事故隐患的，应当要求施工单位整改；情况严重的，应当要求施工单位暂时停止施工，并及时报告建设单位。施工单位拒不整改或者不停止施工的，监理单位应当及时向有关主管部门报告。监理单位和监理工程师应当贯彻执行《中华人民共和国建筑法》《中华人民共和国安全生产法》《建设工程安全生产管理条例》及工程建设中安全生产的相关规定，依照法律、法规和工程建设强制性标准实施监理，并对建设工程安全生产承担监理责任。总监理工程师应当对工程项目的安全监理负总责。工程项目的监理人员按照职责分工，确定安全监理的范围及重点，履行监督检查的职责，并对各自承担的安全监理工作负责。

### 6.1.5 建设工程安全生产的监理责任

(1) 违反《建设工程安全生产管理条例》的规定，工程监理单位有下列行为之一的，责令限期改正；逾期未改正的，责令停业整顿，并处10万元以上30万元以下的罚款；情节严重的，降低资质等级，直至吊销资质证书；造成重大安全事故，构成犯罪的，对直接责任人员，依照刑法有关规定追究刑事责任；造成损失的，依法承担赔偿责任。

① 未对施工组织设计中的安全技术措施或者专项施工方案进行审查的；

② 发现安全事故隐患未及时要求施工单位整改或者暂时停止施工的；

③ 施工单位拒不整改或者不停止施工，未及时向有关主管部门报告的；

④ 未依照法律、法规和工程建设强制性标准实施监理的。

(2) 监理单位履行了安全监理职责，施工单位未执行监理指令继续施工或发生安全事故的，应依法追究监理单位以外的其他相关单位和人员的法律责任。

(3) 要落实监理单位的安全生产监理责任，应做好三方面工作：

① 健全监理单位安全监理责任制：监理单位法定代表人应对本企业监理工程项目的安全监理全面负责；总监理工程师要对工程项目的安全监理负责，并根据工程项目特点，明确监理人员的安全监理职责。

② 完善监理单位安全生产管理制度：在健全审查核验制度、检查验收制度和督促整改制度的基础上，完善工地例会制度及资料归档制度。

③ 建立监理人员安全生产教育培训制度：总监理工程师和安全监理人员经安全生产教育培训后方可上岗，其教育培训情况记入个人继续教育档案。

综上所述，工程监理单位的安全监理责任来自于监理的职责，监理人员只有在监理实施过程中依照法律、法规和工程建设强制性标准实施监理，尽职尽责，对施工单位的安全生产进行全面监督管理，才有可能免除监理单位的安全监理责任。

### 6.1.6 监理人员的安全监理工作职责

《建设工程监理规范》

监理人员应按《建设工程监理规范》(GB/T 50319—2013)规定的岗位工作职责开展安全监理工作。具体到每位监理人员在安全监理工作方面的职责，监理机构应在安全监理规划和监理细则中，根据监理人员的工作岗位分工予以明确。

1. 总监理工程师的安全监理职责

(1) 对所监理的工程项目安全监理工作全面负责；

(2) 确定项目监理机构人员及各自的安全监理工作职责；

(3) 主持编写监理规划中有关的安全监理内容，并审批安全监理实施细则；

(4) 审核并签发有关安全的监理指令和安全监理专题报告；

(5) 审核确认施工组织设计和专项施工方案；

(6) 组织审核和确认施工单位提出的安全技术措施及工程项目安全事故应急救援预案；

(7) 签署安全防护、文明施工措施费用支付证书；

(8) 签发开工/复工报审表、工程暂停令，必要时向有关部门报告；

(9) 检查项目监理机构安全监理工作的落实情况；

(10) 审查施工单位的企业资质、安全生产许可证及安全生产保障体系情况；

(11) 参与或配合本工程安全事故的现场调查。

2. 总监理工程师代表的安全监理职责

(1) 根据总监理工程师的授权，行使总监理工程师的部分职责和权力，并承担相应的责任。

(2) 总监理工程师不得将下列工作委托给总监理工程师代表：

① 对所监理的工程项目安全监理工作全面负责；

② 主持编写监理规划中的安全监理方案，审批安全监理实施细则；

③ 签署安全防护、文明施工措施费用支付证书；

④ 签发安全监理专题报告；

⑤ 签发开工/复工报审表、工程暂停令，必要时向有关部门报告；

⑥ 调换不合格安全监理人员。

3. 专业监理工程师（专职安全监理工程师）的安全监理职责

(1) 在总监理工程师领导下，按照监理规划和监理实施细则的分工，负责本专业日常安全监理工作的实施；

(2) 参与编写包括安全监理内容的监理规划或安全监理方案，负责编制项目安全监理实施细则；

(3) 审查施工单位编制的施工组织设计中的安全技术措施、危险性较大的分部分项工程安全专项施工方案，并向总监理工程师提出审查意见；

(4) 审查施工单位资质和安全生产许可证、项目经理和专职安全生产管理人员资格及特种作业人员的特种作业操作资格证书，并向总监理工程师提出审查意见；

(5) 检查施工单位在工程项目上安全生产规章制度及专职安全生产管理人员的配备情况，并向总监理工程师提出检查意见；

(6) 施工过程中，定期巡视检查施工组织设计中的安全技术措施和专项施工方案执行情况及危险性较大工程作业情况，及时制止违规施工作业；

(7) 核查施工现场施工起重机械、整体提升脚手架、模板等自升式架设设施和安全设施的验收手续；

(8) 发现存在安全事故隐患或违规行为时，应书面通知施工单位，并督促其立即整改，情况严重的，及时报告总监理工程师；

(9) 督促施工单位做好逐级安全技术交底工作；

(10) 每周例行检查并做好安全检查记录等。

4. 监理员的安全监理职责

(1) 在监理工程师的指导下开展安全监理工作；

(2) 填写监理日志，做好安全监理记录；

(3) 检查施工现场的安全状况，发现问题后及时要求施工单位整改，并向监理工程师或总监理工程师汇报；

(4) 做好安全专题会议的记录工作；

(5) 对施工过程中危险性较大工程作业情况进行巡视；

(6) 督促施工单位做好安全培训教育及安全技术交底工作；

(7) 参加工程项目安全生产检查活动，做好安全监理检查记录，收集和整理安全监理资料。

常识：建筑三宝

### 6.1.7 建设工程安全监理的作用

安全监理是建设监理的重要组成部分，是建设工程安全管理的重要内容，还是促进施工现场安全管理水平提高的有效方法。建设工程的安全监理是指具有相应资质的工程监理单位受建设单位（或业主）委托，依据国家有关建设工程的法律、法规、经政府主管部门批准的工程建设文件和建设工程委托监理合同对建设工程安全生产实施的专业化监督管理。

要真正做好施工现场的安全监理工作，在施工安全中发挥真正的作用，监理人员不但要了解和掌握施工安全的专门知识，学习相关法规和技术规范，充分发挥在施工安全监理方面的预控作用，还必须对作为施工安全责任主体的施工单位加强监督管理，以督促施工单位健全自身施工安全保证体系并切实搞好自控，实现安全监理目标。

1. 有利于工程项目顺利建成

多数施工企业通过内部实施各种强化的安全管理措施和有效实施安全监理，使安全生产逐步走向规范化、程序化、科学化，使施工中的安全风险程度降低，消除了事故隐患，制止了建设行为中的冒险性、盲目性和随意性，确保了工程建设的安全性，对工程建设安全顺利地实施起着保障作用。

2. 有利于促进监理工作市场化

随着改革的不断深入，社会发展的日新月异，建筑市场逐步规范并形成了一个有序、公平、公正的竞争环境。随着科学技术的进步，新技术、新材料、新设备的广泛应用，工艺设计、结构设计越来越复杂。目前，基本建设规模不断扩大，大型建筑、高层建筑以及地下结构形式越来越多，自动化施工程度日渐提高，安全事故时有发生。触目惊心的安全事故仅靠政府职能部门加强监督管理和依法干预以及施工企业安全生产管理是不够的，属于社会属性的安全监理便应运而生了。

3. 有利于实现工程投资效益最大化

实行建设工程安全监理制，由监理工程师进行施工现场安全生产的监督管理，防止和减少生产安全事故的发生，既保证了建设工程质量也保证了施工进度顺利开展，从而保证了建设工程整体进度计划的实现，有利于投资的正常回收，实现投资效益的最大化。

4. 有利于转变政府安全监督的方式

以往各级建设行政主管部门和安全监督机构检查的重点是企业施工过程中的实体安全，安全监督人员充当了企业安全员的角色。实施安全生产监理，有利于摆正政府安全监督的位置，做到到位而不越位，把企业自身的安全管理责任还给企业，把安全监督的重点转移到督促工程建设各方特别是监理单位和施工单位落实法定安全生产责任上来。这样有利于完善各项安全生产管理制度，提高企业自身的安全控制意识和能力，从而建立起安全生产的长效管理机制。

5. 有利于保障人民群众生命和财产安全

恶性安全事故的发生，危及人们的生命，从而导致社会不安定因素的产生和生产成本的增加。随着国家各种建筑工程法律、规章及地方建筑工程法规的陆续出台，安全监理在全过程施工中有力地保障了人民群众生命和财产安全。

# 6.2 建设工程安全监理的工作内容及工作程序

## 6.2.1 建设工程安全监理的工作内容

《关于落实建设工程安全生产监理责任的若干意见》

严格执行《建设工程安全生产管理条例》(国务院令第 393 号)第十四条和建设部《关于落实建设工程安全生产监理责任的若干意见》(建市〔2006〕248 号)的规定，按照法律、法规和工程建设强制性标准及委托监理合同实施监理。建设工程安全监理的工作主要分两个阶段：施工准备阶段的安全监理、施工阶段的安全监理。

1. 施工准备阶段的安全监理的主要工作

(1) 监理单位应根据《建设工程安全生产管理条例》的规定，按照工程建设强制性标准、《建设工程监理规范》(GB/T 50319—2013)和相关行业监理规范的要求，编制包括安全监理内容的项目监理规划，明确安全监理的范围、内容、工作程序和制度措施，以及人员配备计划和职责等。

(2) 对中型及以上项目和《建设工程安全生产管理条例》第二十六条规定的危险性较大的分部分项工程，监理单位应当编制监理实施细则。实施细则应当明确安全监理的方法、措施和控制要点，以及对施工单位安全技术措施的检查方案。

(3) 审查施工单位编制的施工组织设计中的安全技术措施和危险性较大的分部分项工程安全专项施工方案是否符合工程建设强制性标准要求。审查的主要内容应当包括：

① 施工单位编制的地下管线保护措施方案是否符合强制性标准要求；

② 基坑支护与降水、土方开挖与边坡防护、模板、起重吊装、脚手架、拆除、爆破等分部分项工程的专项施工方案是否符合强制性标准要求；

③ 施工现场临时用电施工组织设计或者安全用电技术措施和电气防火措施是否符合强制性标准要求；

④ 冬季、雨季等季节性施工方案的制订是否符合强制性标准要求；

⑤ 施工总平面布置图是否符合安全生产的要求，办公、宿舍、食堂、道路等临时设施设置以及排水、防火措施是否符合强制性标准要求。

(4) 检查施工单位在工程项目上的安全生产规章制度和安全监管机构的建立、健全及专职安全生产管理人员配备情况，督促施工单位检查各分包单位的安全生产规章制度的建立情况。

（5）审查施工单位资质和安全生产许可证是否合法有效。

（6）审查项目经理和专职安全生产管理人员是否具备合法资格，是否与投标文件相一致。

（7）审核特种作业人员的特种作业操作资格证书是否合法有效。

（8）审核施工单位应急救援预案和安全防护措施费用使用计划。

2. 施工阶段的安全监理的主要工作

（1）督促检查施工单位做好逐级安全技术交底工作和工人岗前安全培训教育等。

（2）在施工中监督施工单位施工现场安全生产保证体系的运行及其专职安全生产管理人员的到岗与工作情况。

（3）监督以危险性较大的分部分项工程为重点的安全专项施工方案或安全技术措施的实施。

（4）核查施工单位进场的大中型施工机械，整体提升脚手架、模板等自升式架设设施和安全设施的安全许可验收手续。

（5）检查施工单位安全生产事故应急救援预案。

（6）参与施工单位组织的专项安全检查，定期组织项目参建各方进行安全专项检查（含异常气候、节假日期间）并将检查后的项目安全生产状况讲评通报各方。

（7）对施工过程中的高危作业等进行巡视检查，必要时应对关键环节、危险点实施安全旁站监理。

（8）督促施工单位做好"四口"、"五临边"、高处作业等危险部位的安全防护工作，并设置明显的安全警示标志。督促施工单位有效控制现场的废水、扬尘、噪声、振动、坠落物等，创建绿色工作环境。检查现场的建筑起重机械是否严格按照起重机械安装、拆卸工程专项施工方案及使用方案使用。

（9）检查施工现场各种安全标志和安全防护措施是否符合强制性标准要求，督促检查施工单位进行安全自查工作并对施工单位自查情况进行抽查。

（10）将施工现场安全生产重要情况和施工安全隐患的音像资料摘要载入安全监理月报，并对当月施工现场的安全施工状况和安全监理工作做出评述。

（11）参加安全监督部门对项目安全的检查，配合工程安全事故的调查、分析、处理。

（12）对施工现场存在的安全事故隐患以及安全设施不符合安全标准强制性条文要求的情况，应及时要求施工单位限期整改；发现存在严重安全事故隐患的，应立即要求施工单位暂停施工并及时报告建设单位；施工单位对存在严重安全事故隐患拒不整改或者拒不停止施工的，应及时向政府有关部门报告。

工程竣工后对工程缺陷的修补、修复及重建过程进行安全监督管理，对工程安全资料进行整理归档。

### 6.2.2 建设工程安全监理的工作程序

《建设工程安全生产管理条例》规定，工程监理单位应当审查施工组织设计中的安全技术措施或者专项施工方案是否符合工程建设强制性标准。建设工程安全监理的工作程序如图 6.1 所示。工程监理单位的安全监理工作应按照以下程序进行：

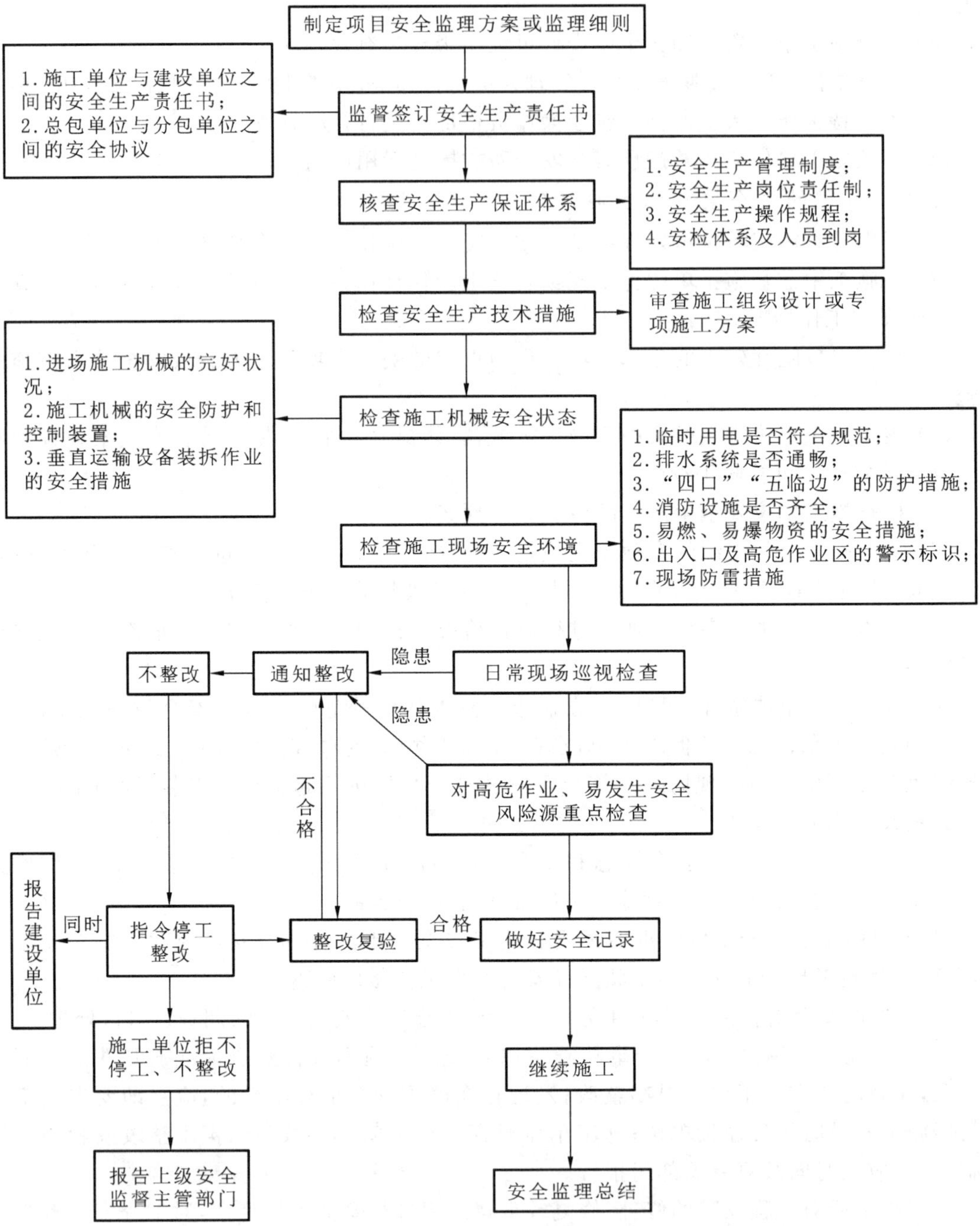


图 6.1 安全监理实施程序

（1）监理单位按照《建设工程监理规范》和相关行业监理规范要求，编制含有安全监理内容的监理规划和监理实施细则。

（2）在施工准备阶段，监理单位审查核验施工单位提交的有关技术文件及资料，并由项目总监在有关技术文件报审表上签署意见；审查未通过的，安全技术措

监理规划的主要内容

监理实施细则的主要内容

施及专项施工方案不得实施。

(3) 在施工阶段,监理单位应对施工现场安全生产情况进行巡视检查,对发现的各类安全事故隐患,应书面通知施工单位,并督促其立即整改;情况严重的,监理单位应及时下达工程暂停令,要求施工单位停工整改,并同时报告建设单位。安全事故隐患消除后,监理单位应检查整改结果,签署复查或复工意见。施工单位拒不整改或不停工整改的,监理单位应当及时向工程所在地建设主管部门或工程项目的行业主管部门报告,以电话形式报告的,应当有通话记录,并及时补充书面报告。检查、整改、复查、报告等情况应记载在监理日志、监理月报中。

监理单位应核查施工单位提交的施工起重机械、整体提升脚手架、模板等自升式架设设施和安全设施的验收记录,并由安全监理人员签收备案。

(4) 工程竣工后,监理单位应将有关安全生产的技术文件、验收记录、监理规划、监理实施细则、监理月报、监理会议纪要及相关书面通知等按规定立卷归档。

## 6.3 建设工程安全隐患和安全事故的应对措施

建设工程的安全管理和安全生产是国家经济发展和社会稳定不可或缺的重要因素,关系到我国改革发展和社会稳定的大局。建设工程安全生产管理的主要目的是及时发现安全隐患,及时纠正和整改,防止事故的发生。对已发生的事故,要及时处理、分析,避免同类和类似的事故再次发生。工程监理单位在实施监理过程中,发现存在安全事故隐患的,应当要求施工单位整改;情况严重的,应当要求施工单位暂时停止施工,并及时报告建设单位。施工单位拒不整改或者不停止施工的,工程监理单位应当及时向有关主管部门报告。

### 6.3.1 建设工程安全隐患及应对措施

1. 安全隐患的分类

安全隐患是指生产经营单位违反安全生产法律、法规、规章、标准、规程、安全生产管理制度的规定,或者其他因素在生产经营活动中存在可能导致不安全事件或事故发生的物的不安全状态、人的不安全行为、生产环境的不良和生产工艺、管理上的缺陷。从性质上分为一般安全隐患和重大安全隐患。

1) 一般安全隐患

一般安全隐患指在实际生活中一件事情不可避免地会有一定概率发生。

2) 重大安全隐患

重大安全隐患指可能导致重大人身伤亡或重大经济损失的安全隐患。重大安全隐患根据作业场所、设备及设施的不安全状态,人的不安全行为和管理上的缺陷,可能导致事故损失的程度分为两级:

(1) 特别重大安全隐患　是指可能造成死亡50人以上，或可能造成直接经济损失1000万元以上的安全隐患；

(2) 重大安全隐患　是指可能造成死亡10人以上，或可能造成直接经济损失500万元以上的安全隐患。

2. 建设工程安全隐患的不安全因素

建设工程安全隐患主要有三个部分的不安全因素：人的不安全因素、物的不安全状态和组织管理上的不安全因素。

1) 人的不安全因素

人的不安全因素包括能够使系统发生故障或发生性能不良的事件的个人的不安全因素和违背安全要求的错误行为。

(1) 个人的不安全因素。

个人的不安全因素包括人员的心理、生理、能力上所具有的不能适应工作、作业岗位要求的影响安全的因素。

① 心理上的不安全因素有：影响安全的性格、气质和情绪(如急躁、懒散、粗心等)。

② 生理上的不安全因素大致有5个方面：

a. 视觉、听觉等感觉器官不能适应作业岗位要求。

b. 体能不能适应作业岗位要求。

c. 年龄不能适应作业岗位要求。

d. 有不适合作业岗位要求的疾病。

e. 疲劳和酒醉或感觉朦胧。

③ 能力上的不安全因素包括：知识技能、应变能力、资格等不能适应工作和作业岗位要求。

(2) 人的不安全行为。

人的不安全行为指能造成事故的人为错误，是人为地使系统发生故障或发生性能不良事件，是违背设计和操作规程的错误行为。

① 不安全行为包括：操作失误、忽视安全、忽视警告；造成安全装置失效；使用不安全设备；手代替工具操作；物体存放不当；冒险进入危险场所；攀坐不安全位置；在起吊物下作业、停留；在机器运转时进行检查、维修、保养；有分散注意行为；没正确使用个人防护用品、用具；不安全装束；对易燃易爆等危险物品处理错误。

② 产生不安全行为的主要原因有：系统、组织上的原因；思想上责任性的原因；工作上的原因。

③ 产生不安全行为的主要工作上的原因有：工作知识不足或工作方法不适当；技能不熟练或经验不足；作业的速度不适当；工作不当，但又不注意警示标志。

2) 物的不安全状态

物的不安全状态是指能导致事故发生的物质条件，包括机械设备或环境所存在的不安全因素。

(1) 物的不安全状态的内容有：①物本身存在的缺陷；②防护保险方面的缺陷；③物的放置方法的缺陷；④作业环境场所的缺陷；⑤外部的和自然界的不安全状态；⑥作业方法导致的物的不安全状态；⑦保护器具信号、标志和个体防护用品的缺陷。

（2）物的不安全状态的类型有：①防护等装置有缺陷；②设备、设施等有缺陷；③个人防护用品有缺陷；④生产场地环境不良。

3）组织管理上的不安全因素

组织管理上的缺陷，也是事故潜在的不安全因素，作为间接的原因有以下几个方面。

（1）技术上的缺陷。

（2）教育上的缺陷。

（3）生理上的缺陷。

（4）心理上的缺陷。

（5）管理工作上的缺陷。

（6）学校教育和社会、历史方面的原因造成的缺陷。

3. 建设工程安全隐患的处理原则

1）冗余安全度处理原则

为确保安全，在处理安全隐患时应考虑设置多道防线，即使有一两道防线无效，还有冗余的防线可以控制事故隐患。例如：道路上有一个坑，既要设防护栏及警示牌，又要设照明及夜间警示红灯。

2）单项隐患综合处理原则

人、机、料、法、环五者任一环节产生安全隐患，都要从五者安全匹配的角度考虑，调整匹配的方法，提高匹配的可靠性。一个单项隐患问题的整改需综合（多角度）处理。人的隐患，既要治人也要治机具及生产环境等各环节。例如，某工地发生触电事故，一方面要进行人的安全用电操作教育，同时现场也要设置漏电开关，对配电箱、用电电路进行防护改造，也要严禁非专业电工乱接乱拉电线。

3）直接隐患与间接隐患并治原则

对人-机-环境系统进行安全治理，同时还需治理安全管理措施。

4）预防与减灾并重处理原则

处理安全事故隐患时，需尽可能减少发生事故的可能性，如果不能控制事故的发生，也要设法将事故等级降低。但是，不论预防措施如何完善，都不能保证事故绝对不会发生，还必须对事故减灾做充分准备，研究应急技术操作规范。

5）重点处理原则

按对隐患的分析评价结果实行危险点分级治理，也可以通过安全检查表打分对隐患进行危险程度分级。

6）动态处理原则

动态处理就是对生产过程进行动态随机安全化治理，生产过程中发现问题及时处理，既可以及时消除隐患，又可以避免小的隐患发展成大的隐患。

4. 建设工程安全隐患的应对措施

安全隐患的管理是建设工程监理的重要组成部分，做好建设工程安全隐患的管理对建筑企业而言有着重要意义。为此，我们必须建立健全相关的规范制度，对施工技术和工艺进行监督和检查，并要做好防范措施，从而最大限度地避免安全事故的发生，为工程建设顺利进行提供强有力的保障。公路工程安全隐患的应对措施如表 6.1 所示。

**表 6.1 公路工程安全隐患的应对措施**

| 序号 | 工程类别 | 控制项目 | 危险因素 | 控制措施 | 实施责任人 | 监督责任人 | 分管责任人 |
|---|---|---|---|---|---|---|---|
| 1 | 安全管理 | 安全管理 | 无安全管理目标，无安全生产领导组织机构 | 必须制定本项目的安全管理目标，成立安全生产领导小组，明确领导小组及成员的职责，并在全体员工会议上宣读 | 项目经理<br>项目书记 | 项目经理<br>项目书记 | 项目经理<br>项目书记 |
| | | | 无安全目标责任书及考核记录 | 必须与各承包、分包单位及各施工作业队伍、各供应商签订安全目标责任书或在合同中明确其安全责任；项目部必须与全体职工签订安全目标责任书并按季度进行考核 | 安全科长<br>合同科长<br>材料科长 | 生产、安全副经理 | 项目经理 |
| | | | 无施工组织设计，无专项施工方案 | 项目总工根据有关规定负责编制项目部的施工组织设计和专项施工方案，报经公司审查同意后，再报监理工程师签批后执行 | 项目总工 | 项目书记 | 项目经理 |
| | | | 未按规定开展安全检查 | 项目经理必须亲自组织安全检查，每月至少 3 次，并在检查记录表上签字、存档 | 项目经理 | 项目书记 | 项目经理 |
| | | | | 专职安全员每日巡查并做好安全日志记录 | 安全员 | 安全科长 | 生产、安全副经理 |
| | | | 无安全生产教育培训记录 | 项目部成立安全生产教育培训学校，制订教育培训计划，每月至少开展一次在职职工安全教育，教育培训以安全生产法律、法规、规程、标准、集团及公司安全管理制度、文件、指令为主要内容；每周开展一次新进场工人安全教育培训；新进场工人教育培训以项目施工现场存在的主要危险因素(点)、安全操作规程、施工现场安全纪律为主要内容；培训内容必须简单、易懂，并对培训内容进行考核，试卷存档 | 项目总工<br>生产、安全副经理 | 项目经理<br>项目书记 | 项目经理<br>项目书记 |

续表

| 序号 | 工程类别 | 控制项目 | 危险因素 | 控制措施 | 实施责任人 | 监督责任人 | 分管责任人 |
|---|---|---|---|---|---|---|---|
| 1 | 安全管理 | 安全管理 | 无安全技术交底 | 工程开工前由项目总工对施工安全进行总交底(项目所有技术、管理人员及施工合作单位主要技术、管理人员参加),所有人员在交底书上签字存档 | 项目总工 | 项目书记 | 项目经理 |
| | | | | 工程施工期间由技术人员按工序或分部分项工程编制安全技术交底书,经总工审核后,由技术人员组织进行书面交底,安全员参加,所有人员签字存档;安全技术交底贯穿施工全过程,施工不结束,交底就存在 | 技术员 | 工程科长<br>安全科长 | 项目总工 |
| | | | | 每天开工前由班组长对参加施工工人进行口头安全技术交底,点明今日施工任务、存在的主要危险及现场安全纪律。口头安全技术交底以班前会形式开展,交底后做好简单记录,签字存档 | 班组长<br>技术员 | 工程科长<br>安全科长 | 生产、安全副经理 |
| | | | 没有召开专题安全会议 | 项目部每旬至少召开一次安全专题会议,项目班子成员、各科室主要负责人、各工点技术施工负责人及各施工队主要技术、管理人员参加;会议内容包括旬检情况、安全活动、安全举报、安全管理重点、本旬出现的安全问题的解决办法,并布置下旬安全管理任务 | 安全、生产副经理 | 项目书记 | 项目经理 |
| | | | 没有安全标识标牌及劳保用品的管理制度 | 要求制定标牌布设方案,布设后拍照存档并及时维护,建立劳保用品管理制度 | 安全科长 | 安全、生产副经理 | 项目经理 |

续表

| 序号 | 工程类别 | 控制项目 | 危险因素 | 控制措施 | 实施责任人 | 监督责任人 | 分管责任人 |
|---|---|---|---|---|---|---|---|
| 2 | 路基土石方工程 | 高陡边坡处施工 | 边坡开挖遇地下水涌出未先排水，开挖与装运上下双重作业，未设警示标志，危石 | 先排水后开挖；严禁上下双重作业；设警示标志；清理危石 | 作业工人<br>施工队长<br>技术员 | 工程科长<br>安全科长 | 生产、安全副经理 |
| | | 滑坡地段开挖 | 开挖方法错误 | 开挖由两侧向中部、自上而下进行 | 作业工人<br>施工队长<br>技术员 | 工程科长<br>安全科长 | 生产、安全副经理 |
| | | 落石与岩堆地段施工 | 危石 | 先清理危石和设置拦截设施后开挖 | 作业工人<br>施工队长<br>技术员 | 工程科长<br>安全科长 | 生产、安全副经理 |
| | | 机械在边坡、边沟作业 | 与边缘保持距离小 | 作业时应与边缘保持必要的安全距离 | 操作手<br>施工队长<br>技术员 | 工程科长<br>安全科长<br>设备科长 | 生产、安全副经理<br>设备副经理 |
| | | 推土机上、下坡施工 | 坡度太陡 | 纵坡度小于 30°，横坡度小于 10° | 操作手<br>施工队长 | 技术员<br>工程科长<br>安全科长<br>设备科长 | 生产、安全副经理<br>设备副经理 |
| | | 平地机在坡道上停放 | 停车方向、松土器 | 停车按车头向下坡方向，并将刀片或松土器压入土中 | 操作手<br>施工队长 | 技术员<br>工程科长<br>安全科长<br>设备科长 | 生产、安全副经理<br>设备副经理 |
| | | 压路机作业 | 上下坡操作错误，作业间距太小 | 上坡时变速应在制动后进行，下坡时严禁脱挡滑行；两台压路机平面作业距离不小于 3 m，坡道上不小于 20 m | 操作手<br>施工队长 | 技术员<br>工程科长<br>安全科长<br>设备科长 | 生产、安全副经理<br>设备副经理 |
| | | 石方爆破作业 | 导火索 | 超过 5 m 深孔不得使用导火索；导火索采用一次点火法点火，其长度大于1.2 m | 爆破工<br>施工队长<br>技术员 | 工程科长<br>安全科长 | 项目总工<br>生产、安全副经理 |
| | | 砂浆拌和机 | 机械故障 | 切断电源，进行维修 | 操作手<br>修理工<br>电工 | 安全科长<br>设备科长 | 生产、安全副经理<br>设备副经理 |
| | | 消解石灰 | 人员烫伤 | 严禁石灰浸水时边投料边翻拌，人员应远避，以防烫伤 | 作业人员<br>施工队长<br>技术员 | 工程科长<br>安全科长 | 生产、安全副经理 |

续表

| 序号 | 工程类别 | 控制项目 | 危险因素 | 控制措施 | 实施责任人 | 监督责任人 | 分管责任人 |
|---|---|---|---|---|---|---|---|
| 2 | 路基土石方工程 | 稳定土拌和机作业 | 急转弯、倒挡作业 | 拌和过程中严禁急转弯或原地转向，严禁使用倒挡进行拌和作业 | 操作手<br>施工队长 | 技术员<br>工程科长<br>安全科长<br>设备科长 | 生产、安全副经理<br>设备副经理 |
| 2 | 路基土石方工程 | 后场拌和机检修 | 电源、闸箱 | 关机、断电，固锁电源闸箱，专人监护 | 操作手<br>修理工<br>站长 | 安全科长<br>设备科长 | 设备副经理 |
| 2 | 路基土石方工程 | 自卸车 | 自卸车装料不均匀，车体受力不平衡，易侧翻；倒车卸料伤人，疲劳驾驶，自卸车斗未放下行驶；当液压系统出现故障，在没有安全保护措施的前提下进行维修 | 自卸车装料要均匀，车体受力要平衡，防止侧翻；倒车卸料必须有专人指挥，严禁疲劳驾驶，严禁拖车斗行驶；当液压系统出现故障后，在未采取可靠保障措施时严禁将头伸进车斗下方检修 | 司机<br>施工队长 | 工程科长<br>安全科长<br>设备科长 | 生产、安全副经理<br>设备副经理 |
| 3 | 路面工程 | 沥青作业 | 烫伤 | 皮肤外露部分涂抹防护药膏 | 作业人员<br>施工队长 | 技术员<br>工程科长<br>安全科长 | 生产、安全副经理 |
| 3 | 路面工程 | 导热油加热沥青 | 自控系统失灵，管道无防护措施 | 自控系统灵敏性、可靠性应符合要求，管道应设防护设施，安全附件符合技术要求 | 操作手 | 安全科长<br>设备科长 | 生产、安全副经理<br>设备副经理 |
| 3 | 路面工程 | 沥青洒布车 | 着火，行驶加热，作业范围内有人 | 防护、防火设备齐全、有效，行驶时严禁使用加热系统，作业时在喷洒方向10 m内不得有人停留 | 操作手 | 安全科长<br>设备科长 | 生产、安全副经理<br>设备副经理 |
| 3 | 路面工程 | 沥青拌和站 | 未按程序操作，拌缸着火，停机未停料，工具伸入滚筒，人员进入搅拌鼓，料斗下方站人 | 拌和机启动、停机必须按规定程序进行；烘干拌和筒着火时应立即关闭燃烧器鼓风机及排风机，停止供沥青，用含水量高的细料投入烘干拌和筒，并在外部卸料口用干粉或泡沫灭火器灭火；机械运行中不得将工具伸入滚筒内掏挖或清理；人员进入搅拌鼓内作业时，鼓外有专人监护 | 操作手<br>站长 | 安全科长<br>设备科长 | 生产、安全副经理<br>设备副经理 |

续表

| 序号 | 工程类别 | 控制项目 | 危险因素 | 控制措施 | 实施责任人 | 监督责任人 | 分管责任人 |
|---|---|---|---|---|---|---|---|
| 3 | 路面工程 | 摊铺机摊铺 | 换挡错误，熨平板变形，使用明火，急转弯，靠近路缘石作业，大坡度作业，长途行驶，钢丝绳牵引摊铺机 | 换挡必须在摊铺机完全停止时进行；熨平板严禁局部加热造成变形；用柴油清洗摊铺机时，不得接近明火；严禁作业时急转弯；熨平片端头与路缘石间距不小于10 cm；在大坡度上作业时，减少料斗中的混合料，按额定摊铺机能力的60%进行；摊铺机不得长途行驶，其行驶距离不应超过1 km；当用其他车辆牵引摊铺机时，只允许使用刚性拖杆 | 操作手<br>摊铺机机长 | 安全科长<br>设备科长 | 生产、安全副经理<br>设备副经理 |
| | | 压路机 | 胶轮压路机涂油，压路机伤人 | 涂油装置应跟在压路机后方，严禁倒退涂油；压路机起步时应巡视四周，并鸣笛 | 操作手 | 安全科长<br>设备科长 | 生产、安全副经理<br>设备副经理 |
| | | 压实作业 | 未按规定工序要求施工，施工作业违反安全规程 | 压实作业要求先轻后重、先静后振、先低后高、先慢后快、轨迹重叠。作业时应注意各仪表读数，发现异常，必须查明原因并及时排除，严禁带病作业；多台压路机联合作业时，应保持规定的队形及间隔距离，并应建立相应的联络信号；在新筑的道路上碾压时，应从中间向两侧碾压，距路基边缘不小于0.5 m；压路机在坡道上行驶时禁止换挡，禁止脱挡滑行。碾压傍山道路时，必须由里侧向外侧碾压，碾压第二行时必须重叠半个滚轮压痕。振动压路机起振必须在压路机行走后进行，停振必须在压路机停车前进行，在坚硬的路面上行走时严禁振动 | 操作手<br>施工队长<br>技术员 | 工程科长<br>安全科长<br>设备科长 | 生产、安全副经理<br>设备副经理 |
| | | 混凝土切缝机 | 刀片夹板螺母未紧固，无安全防护罩，刀片切入太快，切割阻力太大，一闸多机，无防护用品 | 切缝前刀片夹板螺母应紧固；设备安全防护罩完好；切缝时刀片要缓缓切入，并注意切割深度指示器；当遇有较大切割阻力时，应立即升起刀片检查；用电“一机一闸一箱一漏”；作业时穿戴安全防护用品 | 作业人员<br>施工队长<br>技术员 | 工程科长<br>安全科长<br>设备科长 | 生产、安全副经理<br>设备副经理 |

续表

| 序号 | 工程类别 | 控制项目 | 危险因素 | 控制措施 | 实施责任人 | 监督责任人 | 分管责任人 |
|---|---|---|---|---|---|---|---|
| 4 | 桥涵工程 | 手持式电动工具 | 未按操作规程作业,无漏电保护器 | 严格按安全技术规程管理、使用、检查和维护,并加设漏电保护器 | 作业人员<br>施工队长 | 技术员<br>工程科长<br>安全科长<br>设备科长 | 生产、安全副经理 |
| | | 高处露天作业、吊装 | 六级以上大风 | 遇有六级(含六级)以上的大风时,应停止施工作业 | 作业人员<br>施工队长<br>技术员 | 工程科长<br>安全科长 | 生产、安全副经理 |
| | | 明挖基础 | 挖掘机坑顶作业、水中挖基,顶面出现裂缝、涌水、砂;无标志牌 | 机身距坑边安全距离一般不小于1 m;堆放材料和机具时,不小于0.8 m;在水中挖基,应备有便于出入基坑的爬梯;小型桥涵施工时,公路两端应设“禁止通行”标志 | 作业人员<br>施工队长<br>技术员 | 工程科长<br>安全科长 | 生产、安全副经理 |
| | | 钢板桩及钢筋混凝土板桩围堰 | 施工前桩基未全面检查,锁口未检修,吊具拴在桩夹具上,未进行试吊,未持证上岗,桩上无溜绳,吊具位置错误,初始阶段重锤打击,桩帽变形 | 施工前对打桩机进行全面检查,锁口应进行修整或试插;组拼夹具夹牢,不得将吊具拴在桩夹具上;必须进行试吊;作业时,应在桩上拴好溜绳;防止起吊急剧摆动;桩位附近不得站人,吊点不低于桩顶下1/3桩长的位置。桩锤击下沉时,初始阶段应轻打;桩帽变形时应及时更换 | 作业人员<br>施工队长<br>技术员 | 工程科长<br>安全科长 | 项目总工<br>生产、安全副经理 |
| | | 钻孔灌注桩 | 钻架倾斜,电缆线破损、透水、漏电;电缆线及风水管路受挤压,钻头提升,碰撞护筒和勾挂护筒底缘;未加护筒顶盖或未加设安全网遮罩;非封闭作业区,非工作人员入内;孔口未采取防护措施;人员进入孔内作业;管节螺栓未紧固,拆套管时,管节未吊牢时拆除螺栓 | 钻架应加设斜撑或缆风绳;钻机使用的电缆线要定期检查,接头绑扎牢固,确保不漏水、不漏电;挪移钻机时,不得挤压电缆线及风水管路;钻头提升到接近护筒底缘时应减速,平稳提升;护筒已埋未开钻或已成桩护筒未拔除,应加设护筒顶盖或铺设安全网遮罩;划定作业区并封闭,非作业人员禁止入内;孔口应采取防护措施,严禁人员进入孔内作业;管节螺栓应紧固、合格;拆套管时,将被拆管节吊牢后方可拆除螺栓 | 作业人员<br>施工队长<br>技术员 | 工程科长<br>安全科长 | 项目总工<br>生产、安全副经理 |

续表

| 序号 | 工程类别 | 控制项目 | 危险因素 | 控制措施 | 实施责任人 | 监督责任人 | 分管责任人 |
|---|---|---|---|---|---|---|---|
| 4 | 桥涵工程 | 挖孔、沉管灌注桩基础 | 孔壁未支护，排水、降水措施不到位；吊装设备未检查；孔顶未设围栏；未备人员用梯子；夜间未挂警示灯；孔口未设防护措施；人工挖孔通风措施不到位；人工挖孔深度大于15 m；孔内岩石爆破方法错误；沉管管节与桩帽连接不牢，作业平台未设防护栏 | 挖孔较深或有渗水时，应采取孔壁支护及排水、降水措施并落实到位；吊装设备应经常性检查，防止钢丝绳断丝、吊桶不合格，形成制度；孔顶应设置围栏；作业人员出入应设梯子；夜间作业应悬挂示警红灯；孔口应设置罩盖及标志；人工挖孔二氧化碳含量超过0.3%时，应采取通风措施；人工挖孔最深不宜大于15 m；孔内岩石需要爆破时，应采取浅眼爆破法；沉管管节与桩帽应连接牢固，作业平台按规范设置护栏 | 作业人员<br>施工队长<br>技术员 | 工程科长<br>安全科长 | 项目总工<br>生产、安全副经理 |
| | | 墩台工程 | 施工未设栏杆、安全网；吊斗升降无专人指挥，吊运过程中碰撞模板及脚手架；脚手架跳板未铺满；滑模施工无专项施工方案，未进行安全技术交底；架体提升未设保险装置，人员站在爬架上；液压设备无专人操作；模板提升2 m高以后，未挂设安全网；支撑杆弯曲变形，机具不检查、无记录；平台上多人聚集一处；墩上施工人员未系安全带，外用电梯无安全卡、限位开关；模板拆除现场未划定警戒区 | 施工平台外侧设栏杆，墩高在10 m以上时应加设安全网；吊斗升降应有专人指挥，严禁碰撞模板、脚手架；脚手架跳板应铺满，其宽度、坡度及强度等应满足安全要求；滑模施工应编制专项施工方案并进行安全技术交底；架体提升时应另设保险装置；液压设备应由专人操作；模板提升到2 m高以后，应挂好安全网；支撑杆弯曲变形时应及时加固，机具应进行日常检查并做好记录；平台上应按限量标准规定荷载和堆放材料，不得多人聚集在一处；墩上施工人员应佩系安全带，外用电梯应设安全卡、限位开关；模板拆除现场应划定警戒区，警戒线到建筑物边缘安全距离不得小于10 m | 作业人员<br>施工队长<br>技术员 | 工程科长<br>安全科长 | 项目总工<br>生产、安全副经理 |

续表

| 序号 | 工程类别 | 控制项目 | 危险因素 | 控制措施 | 实施责任人 | 监督责任人 | 分管责任人 |
|---|---|---|---|---|---|---|---|
| 4 | 桥涵工程 | 预制构件的安装 | 导梁悬臂部分超出已拼好导梁全长的1/3；导梁轨道不平行、不等距；龙门架落位后未系缆风绳；龙门架顶横移轨道的两端未设制动枕木；千斤顶未做承载试验，承重小于规定值；构件两端同时顶起或下落 | 导梁组装时，悬臂部分不得超过已拼好导梁全长的1/3；导梁轨道应平行、等距；龙门架落位后应立即与墩顶预埋件连接并系好缆风绳；龙门架顶横移轨道的两端应设置制动枕木；千斤顶使用前要做承载试验，起重吨位不得小于顶升物件的1.2倍，千斤顶一次顶升高度应为活塞行程的1/3；顶升T梁、箱梁等大吨位物件时，构件两端不得同时顶起或下落，一端顶升时，另一端应支稳、撑牢 | 作业人员<br>施工队长<br>技术员 | 工程科长<br>安全科长<br>设备科长 | 项目总工<br>生产、安全副经理 |
| | | 架桥机安装构件 | 前后支点不稳定，未设缆风绳封固；安装大型盆式橡胶支座，墩两侧未搭操作平台；龙门架、架桥机拆除前未切断电源，拆除时底部未垫实，顶部未设缆风绳和安装临时连接梁；单面配筋的盖板未标明起吊标志 | 为使前后支点稳定，应用方木支垫，并用缆风绳封固于墩顶两侧；安装大型盆式橡胶支座时，墩两侧应搭设操作平台；龙门架、架桥机拆除前应切断电源，拆除时底部应垫实，并在顶部拉好缆风绳和安装临时连接梁；单面配筋的盖板应标明起吊标志 | 作业人员<br>施工队长<br>技术员<br>电工 | 工程科长<br>安全科长<br>设备科长 | 项目总工<br>生产、安全副经理 |
| | | 悬臂浇筑法施工 | 施工前未制定安全技术措施，挂篮组装后未进行静载试验；墩上零号块施工、斜拉托架施工平台边缘处未设安全防护措施，平台之间的人行道板连接不牢固；使用不符合安全规定的机具设备；双层作业时，铁件工具掉落；挂篮行走速度快，后部无溜绳；水箱做平衡重，加水量过大；凿毛作业人员无安全防护措施，用手拉葫芦起降底模时未加设保险绳 | 施工前应制定安全技术措施，挂篮组装后应进行静载试验；墩上零号块施工、斜拉托架做施工平台时，平台边缘处应设安全防护设施，平台之间搭设的人行道板必须连接牢固；使用的机具设备必须符合安全规定的要求；双层作业时，要防止铁件工具掉落伤人；挂篮行走速度控制在0.1 m/min，挂篮后部各设一组溜绳，以保安全；使用水箱做平衡重时，加水量应符合设计要求；凿毛作业人员要备安全防护设施，用手拉葫芦起降底模时应加设保险绳 | 作业人员<br>施工队长<br>技术员 | 工程科长<br>安全科长<br>试验室主任 | 项目总工<br>生产、安全副经理<br>设备副经理 |

续表

| 序号 | 工程类别 | 控制项目 | 危险因素 | 控制措施 | 实施责任人 | 监督责任人 | 分管责任人 |
|---|---|---|---|---|---|---|---|
| 4 | 桥涵工程 | 预应力张拉施工 | 张拉作业区闲人进入,张拉设备不符合安全要求;油泵操作人员未佩戴防护眼镜;操作人员联络信号错误;悬浇箱梁张拉平台四周无护栏;高处作业无上下扶梯及安全绳;人员站在张拉千斤顶的对面及后面;张拉钢束完毕时退销无安全防护措施 | 张拉作业区无关人员不得进入,张拉设备应符合施工安全要求;油泵操作人员要佩戴防护眼镜;张拉前操作人员要确定联络信号,信号传递要正确;悬浇箱梁张拉作业平台四周加设护栏;高处作业应设上下扶梯和安全绳;张拉千斤顶的对面及后面严禁站人,作业人员应站在千斤顶的两侧;张拉钢束完毕,退销时应采取安全防护措施 | 作业人员<br>施工队长<br>技术员 | 工程科长<br>安全科长<br>设备科长 | 项目总工<br>生产、安全副经理 |
| | | 搅拌站 | 机械外露转动部位无防护装置;搅拌机钢丝绳损坏未及时检查、更换;离合器、制动器、升降器失灵 | 搅拌机械外露转动部位应设安全防护装置;搅拌机钢丝绳应定期检查,不符合要求及时更换;离合器、制动器、升降器要灵活可靠 | 操作手<br>站长 | 安全科长<br>设备科长 | 项目总工<br>生产、安全副经理<br>设备副经理 |
| | | 发电机组 | 机房未配备消防设备,无接地保护,接地电阻大于4 Ω;发电机电源未与外电电源连锁,并列运行;发电机附近堆放易燃易爆物品 | 机房内应配备消防设备,发电机应设接地保护,接地电阻不得大于4 Ω;发电机电源与外电电源连锁,严禁并列运行;发电机附近不得堆放易燃易爆物品 | 电工 | 安全科长<br>设备科长 | 生产、安全副经理<br>设备副经理 |
| | | 电动振捣器 | 操作人员未配备安全防护用品;多台振捣器同时作业,集中开关箱无人看管;风动振捣器连接软管有破损或漏气现象 | 操作人员应配备安全防护用品;多台振捣器同时作业时,应设集中开关箱,并由专人负责看管;风动振捣器连接软管不得有破损或漏气现象 | 操作手<br>施工队长 | 技术员<br>工程科长<br>安全科长<br>设备科长 | 生产、安全副经理<br>设备副经理 |
| | | 支架 | 桩木腐朽、劈裂、有大节疤,万能杆件扭曲;无防冲刷或防冻胀安全措施,支架承载力、稳定性不符合设计要求;支立排架无专人统一指挥;用吊机竖立排架,无溜绳控制排架;支立排架与便桥或脚手架相连,支架失稳 | 支架所用桩木应无腐朽、劈裂、大节疤,万能杆件无扭曲;根据施工季节支架工程应采取防冲刷或防冻胀安全措施,支架要具有足够的承载力和稳定性并符合设计要求;支立排架时,应设专人统一指挥;用吊机竖立排架时,应用溜绳控制排架起吊时的摆动;支立排架不得与便桥或脚手架相连,防止支架失稳 | 作业人员<br>施工队长<br>技术员 | 工程科长<br>安全科长<br>设备科长<br>试验室主任 | 生产、安全副经理<br>设备副经理 |

续表

| 序号 | 工程类别 | 控制项目 | 危险因素 | 控制措施 | 实施责任人 | 监督责任人 | 分管责任人 |
|---|---|---|---|---|---|---|---|
| 4 | 桥涵工程 | 脚手架 | 钢管脚手架连接扣件、接头未错开，螺栓未紧固，立杆底端无底座；用铅丝和麻绳连接钢脚手架；脚手架跳板未铺满、未绑牢，有探头板；脚手架与模板相连，未设置栏杆；有坡度的脚手架未设置防滑木条；高度在10～15 m时未设缆风绳，45°～60°缆风绳地锚未设围栏；拆除脚手架上下双层作业 | 钢管脚手架连接扣件、接头应错开，螺栓要紧固，立杆底端要使用立杆底座；不得使用铅丝和麻绳连接钢脚手架；脚手架跳板要铺满、绑牢，无探头板；脚手架的任何部位均不得与模板相连，脚手架应设置栏杆；有坡度的脚手架应设置防滑木条；高度在10～15 m时脚手架应设置一组(4～6根）缆风绳，45°～60°缆风绳地锚应设围栏，防止碰撞破坏；拆除脚手架应设警戒标志，并从上而下拆除，不得上下双层同时作业，严禁随意抛掷 | 作业人员<br>施工队长<br>技术员 | 工程科长<br>安全科长<br>设备科长 | 生产、安全副经理<br>设备副经理 |
| | | 钢筋 | 未设置防护挡板，闲人随意进入作业场所；切断机刃口松动；小直径的钢筋集束切割；短头钢筋乱扔 | 钢筋调直及冷拉场地应设置防护挡板，作业时非作业人员不得进入现场；切断机作业前，应先进行试运转，检查刃口是否松动；不得因钢筋直径小而集束切割；严禁短头钢筋乱扔，防止弹跳伤人 | 作业人员<br>施工队长 | 技术员<br>工程科长<br>安全科长<br>设备科长 | 生产、安全副经理<br>设备副经理 |
| | | 电焊 | 电焊机周围有易燃易爆物品，和其他设备共用开关箱，工人未穿戴防护用品，施焊完毕未拉闸上锁；电焊机在潮湿地面上作业；在带压力的容器和管道上施焊；在密闭金属容器内施焊，无进出风口；容器内照明电压大于36 V；高空焊接时无安全带；焊接场地无消防设备 | 电焊机周围严禁堆放易燃易爆物品，应设单独开关箱，工人作业时应穿戴好防护用品，施焊完毕应拉闸上锁；在潮湿地点作业，电焊机应放在木板上，操作人员应站在绝缘胶板和木板上操作；严禁在带压力的容器和管道上施焊；在密闭金属容器内施焊时，应设进出风口；容器内照明电压小于36 V；在高空焊接时，必须系好安全带；焊接场地应备有安全消防设备 | 电焊工<br>施工队长 | 工程科长<br>安全科长<br>设备科长 | 生产、安全副经理<br>设备副经理 |

续表

| 序号 | 工程类别 | 控制项目 | 危险因素 | 控制措施 | 实施责任人 | 监督责任人 | 分管责任人 |
|---|---|---|---|---|---|---|---|
| 4 | 桥涵工程 | 气焊 | 乙炔发生器未用定型产品，无防止回火的安全装置；乙炔发生器与氧气瓶同放一处；明火检验是否漏气；氧气瓶、乙炔发生器受热大于35 ℃；气焊枪点火作业顺序错误；焊割工具表面沾污油脂；添加电石时明火照明；乙炔发生器放在电线的正下方，焊接场地距明火小于10 m；氧气瓶在强烈阳光下暴晒；乙炔胶管回火安全装置冻结时，用明火烘烤 | 乙炔发生器采用定型产品，必须备有灵敏可靠的防止回火的安全装置；乙炔发生器与氧气瓶不得同放一处；严禁明火检验是否漏气；氧气瓶、乙炔发生器受热应小于35 ℃；气焊枪点火时应遵循“先开乙炔，先关乙炔”的作业顺序；焊割工具表面严禁沾污油脂；添加电石时严禁明火照明；乙炔发生器不得放在电线的正下方，焊接场地距明火应大于10 m；氧气瓶应避免碰撞、剧烈振动和在强烈阳光下暴晒；胶管回火安全装置冻结时，应用热水融化 | 电焊工<br>施工队长 | 工程科长<br>安全科长<br>设备科长 | 生产、安全副经理<br>设备副经理 |
| | | 高处作业 | 悬空高处作业未设安全防护措施；酒后、有不宜登高作业病症的人员登高作业；穿拖鞋或硬底鞋登高作业；高处作业的梯子缺档或垫高；升降电梯、吊笼无安全装置 | 悬空高处作业必须设可靠安全防护措施；从事高处作业人员要定期或随时体检，发现有不宜登高的病症，不得从事登高作业，严禁酒后登高作业；高处作业人员不得穿拖鞋或硬底鞋；高处作业的梯子不得缺档或垫高；升降电梯、吊笼应有可靠的安全装置 | 作业人员<br>施工队长<br>技术员 | 工程科长<br>安全科长<br>设备科长 | 生产、安全副经理<br>设备副经理<br>项目总工 |
| 5 | 隧道工程 | 不良地质地段施工 | 违背施工顺序及原则 | 遇有不良地质地段施工，应按照先治水、短开挖、弱爆破、先护顶、强支护、早衬砌的原则稳步前进，超前钻孔，探明情况，采取预防措施 | 作业人员<br>施工队长<br>技术员<br>工程科长 | 安全科长<br>项目总工<br>生产、安全副经理 | 项目经理 |

续表

| 序号 | 工程类别 | 控制项目 | 危险因素 | 控制措施 | 实施责任人 | 监督责任人 | 分管责任人 |
|---|---|---|---|---|---|---|---|
| 5 | 隧道工程 | 开挖、凿除、爆破 | 工作面存在不安全状态，支护不牢固，顶板和两帮有松动的土块、石块或裂缝，在碴堆上作业，滑坍伤人；钻杆不直、带伤、钻孔堵塞，电钻无把手胶套绝缘，无防止电缆脱落的装置；电钻工未佩戴绝缘手套、脚穿绝缘胶鞋，用电钻处理被夹住的钎子；在工作面内拆卸、修理风、电钻，在残眼中继续钻眼，装药与钻孔平行作业；爆破器材加工房设在洞口 50 m 以内；爆破作业人员穿着化纤衣物；进行爆破时人员未撤离到安全距离以外；装药与放炮时间间隔太长；刚打好的炮眼立即装药；洞内爆破使用黑火药；一个爆破工一次性点燃的根数多于 5 根；电雷管爆破时，洞内电源漏电；爆破后人员立即进入工作面，发现盲炮另派人员处理；两工作面接近贯通时（相距 15～20 m），一端装药放炮时，另一端人员未撤离到安全地点 | 开挖人员进入工作区，应首先检查工作面是否处于安全状态，支护是否牢固，顶板和两帮松土块、石块或裂缝应予以清除或支护，站在碴堆上作业，应注意碴堆的稳定防止滑坍伤人；钻杆应顺直、无伤痕、钻孔不堵塞，电钻应检查把手胶套绝缘和防止电缆脱落的装置是否完好；电钻工必须手戴绝缘手套、脚穿绝缘胶鞋，不得用电钻处理被夹住的钎子；在工作面内不得拆卸、修理风、电钻，严禁在残眼中继续钻眼，装药与钻孔不宜平行作业；爆破器材加工房应设在洞口 50 m 以外；爆破作业人员严禁穿着化纤衣物；进行爆破时人员应撤离到安全距离以外；装药与放炮时间间隔不宜太久；刚打好的炮眼不得立即装药；洞内爆破不得使用黑火药；一个爆破工一次性点燃的根数不宜多于 5 根；采用电雷管爆破时，应加强洞内电源管理，防止漏电引爆；爆破后必须经过 15 min 通风排烟后，检查人员方可进入工作面，检查有无盲炮及可疑现象。发现盲炮必须由原爆破人员按规定处理；两工作面接近贯通时，一端装药放炮时，另一端人员应撤离到安全地点 | 作业人员<br>施工队长<br>技术员<br>工程科长 | 安全科长<br>项目总工<br>生产、安全副经理 | 项目经理 |

续表

| 序号 | 工程类别 | 控制项目 | 危险因素 | 控制措施 | 实施责任人 | 监督责任人 | 分管责任人 |
|---|---|---|---|---|---|---|---|
| 5 | 隧道工程 | 衬砌 | 衬砌用工作平台，跳板安装不牢固，有露头的钉子和突出的尖角，工作平台铺板未钉铺结实；高于 2 m 的工作平台设置低于 1 m 的栏杆；跳板无防滑条，安装拆除模板，无专人看护；拆下的模板堆放在通道上；墙后超挖过大，未及时回填；模板台车距开挖面的距离及台车下的净空不符合规定；砼未对称浇筑，台车上堆放料具，未设安全栏杆 | 衬砌使用的工作平台，跳板应安装牢固，不得有露头的钉子和突出的尖角，工作平台铺板应钉铺结实；高于 2 m 的工作平台设置不低于 1 m 的栏杆；跳板应设防滑条，安装拆除模板，应有专人看护；拆下的模板不得堆放在通道上；墙后超挖过大，回填层应逐层用干（浆）砌料填塞，以免坍塌；模板台车距开挖面的距离不得小于 260 m，台车下的净空应能保证运输车辆的顺利通行；砼浇筑时，必须两侧对称进行，台车上不得堆放料具，工作台应满铺底板，并设安全栏杆 | 作业人员<br>施工队长<br>技术员<br>工程科长 | 安全科长<br>项目总工<br>生产、安全副经理 | 项目经理 |
| | | 洞内运输 | 进洞车辆，人料混载；燃烧汽油的车辆进洞，运载车辆超载、超宽、超高运输；进出隧道的人员不走人行道，与车辆抢道；车辆行驶在洞内超车；在洞口、平交道口及施工狭窄地段无标志，无专人指挥交通；雷管、炸药同车运输；运输爆破器材时，汽车排气口无防火罩 | 洞内运输严禁人料混载；严禁燃烧汽油的车辆入洞，所有运载车辆均不准超载、超宽、超高运输；进出隧道的人员应走人行道，不得与机械或车辆抢道，严禁扒车、追车或强行搭车。车辆行驶中严禁超车；在洞口、平交道口及施工狭窄地段应设置“缓行”标志，必要时应设专人指挥交通；雷管、炸药必须分别装在两辆车内运送，相隔 50 m 以上；运输爆破器材时，汽车排气口应加装防火罩，运行中应显示红灯 | 驾驶员<br>车队长<br>施工队长 | 安全科长<br>设备科长 | 生产、安全副经理<br>设备副经理 |
| | | 支护 | 对支护未定期检查，支护至开挖面距离大于 4 m，支撑立柱置于废碴或活动的石头上；洞内测量数据有不正常变化或突变时，人员未及时撤离 | 现场施工负责人应会同有关人员对支护各部位定期进行检查，支护到开挖面距离一般不得超过 4 m，不得将支撑立柱置于废碴或活动的石头上；当洞内测量数据有不正常变化或突变时，人员应及时撤离 | 作业人员<br>施工队长<br>技术员 | 安全科长<br>工程科长 | 生产、安全副经理 |

续表

| 序号 | 工程类别 | 控制项目 | 危险因素 | 控制措施 | 实施责任人 | 监督责任人 | 分管责任人 |
|---|---|---|---|---|---|---|---|
| 5 | 隧道工程 | 通风及防尘 | 粉尘浓度大于 2 mg/m³，瓦斯或二氧化碳浓度大于 0.5%，一氧化碳浓度大于 30 mg/m³，隧道内气温超过 28 ℃，物品放在通风管口上 | 粉尘浓度应小于 2 mg/m³，瓦斯或二氧化碳浓度应小于 0.5%，一氧化碳浓度小于 30 mg/m³，隧道内气温不宜超过 28 ℃，严禁物品放在通风管口上 | 检测员 | 安全科长<br>工程科长 | 生产、安全副经理 |
| | | 照明、排水、明火 | 隧道内用电线路未使用防潮绝缘导线，电线挂在铁钉上或捆扎在一起或放在地上；隧道内照明电压作业地段大于 36 V，成洞地段大于 220 V；在潮湿及漏水隧道中电灯未使用防水灯口，抽水设备使用内燃抽水机；洞内明火作业或取暖，洞内及各洞室存放汽油、煤油及其他易燃物品 | 隧道内用电线路，均应使用防潮绝缘导线，不得将电线挂在铁钉上或捆扎在一起，不得放在地上；隧道内照明电压作业地段为 12～36 V，成洞地段为 110～220 V；在潮湿及漏水隧道中电灯应使用防水灯口，抽水设备宜采用电力机械；洞内严禁明火作业与取暖，洞内及各洞室不得存放汽油、煤油及其他易燃物品 | 作业人员<br>施工队长<br>电工 | 技术员<br>工程科长<br>安全科长 | 生产、安全副经理 |
| 6 | 养护工程 | 养护维修作业 | 作业人员、管理人员未穿戴反光背心或橘红色工作服，交通控制不符合规范要求或缺少标志、标牌；山体滑坡地段作业未设专人观察险情；作业人员在控制区外活动或将物体置于控制区以外，桥梁、栏杆外作业无防护措施，作业人员未系安全带，雨季作业脚手架无防滑措施；雾天进行作业，能见度差的条件下进行路面保洁作业；绿化洒水车辆尾部未安装发光可变标志牌；养护机械在靠近架空输电线路作业时，未采取安全保护措施 | 作业人员、管理人员作业时应穿反光背心或橘红色工作服，交通控制方式应满足施工的需要和养护安全作业规程的规定；山体滑坡、塌方、泥石流路段养护作业时，应设专人观察险情；维修作业人员不得在控制区外活动或将任何物体置于控制区以外，桥梁、栏杆外作业应设置悬挂式吊篮等防护设施，作业人员系好安全带，雨季作业脚手架应设防滑措施；雾天不宜进行养护维修作业，能见度差的条件下严禁工人清扫路面；绿化洒水车辆尾部应安装发光可变标志牌；养护机械在靠近架空输电线路作业时，必须采取安全保护措施 | 作业人员<br>施工队长<br>技术员 | 工程科长<br>设备科长<br>安全科长 | 生产、安全副经理<br>设备副经理 |

**续表**

| 序号 | 工程类别 | 控制项目 | 危险因素 | 控制措施 | 实施责任人 | 监督责任人 | 分管责任人 |
|---|---|---|---|---|---|---|---|
| 7 | 绿化工程 | 挖坑 | 挖坑时人与人距离太近，两人同时在一个坑内施工，蹬锹时溜脚划伤脚心，用肚子顶锹把挖土；推车时注意力不集中、绊倒 | 挖坑时人与人应保持一定的安全距离，严禁两人对向开挖，严禁两人在一个坑内施工，蹬锹时脚靠近锹把，防止溜脚划伤脚心，严禁用肚子顶锹把挖土；推车时注意力要集中，注意脚下砖头瓦块，防止绊倒 | 作业人员<br>施工队长 | 技术员<br>工程科长<br>安全科长 | 生产、安全副经理 |
| | | 植树、铺草皮 | 搬运树木碰上方架空电线，摆放树木不顺直，影响交通；搬运草皮散落砸脚；高边坡铺草、播种无安全防护措施，中央分隔带铺草皮、植树无交通控制措施 | 搬运树木，注意树木上方架空的电线，保持安全距离，散苗时树木要顺放，不能影响交通；草皮搬运防止散落砸脚；高边坡铺草、播种应设置安全防护措施，中央分隔带铺草皮、植树应设置标志、标牌进行安全交通控制 | 作业人员<br>施工队长<br>技术员 | 工程科长<br>安全科长 | 生产、安全副经理 |
| 8 | 临时用电工程 | 外电防护 | 外电线路与在建工程(含脚手架)、高大施工设备、场内机动车道之间小于安全距离且未采取防护措施；防护设施和绝缘隔离措施不符合规范；在外电架空线路正下方施工、建造临时设施或堆放材料物品 | 外电线路与在建工程(含脚手架)、高大施工设备、场内机动车道之间的距离要满足规范要求且要采取防护措施；防护设施和绝缘隔离措施必须符合规范要求；外电架空线路正下方禁止施工、建造临时设施或堆放材料物品 | 电工 | 设备科长<br>安全科长 | 项目总工<br>生产、安全副经理 |
| | | 接地与接零保护系统 | 施工现场专用变压器配电系统未采用 TN－S 接零保护方式；配电系统未采用同一保护方式；保护零线引出位置不符合规范；保护零线装设开关、熔断器或与工作零线混接；保护零线材质、规格及颜色标记不符合规范；电气设备未接保护零线；工作接地与重复接地的设置和安装不符合规范，工作接地电阻大于 4 Ω，重复接地电阻大于 10 Ω；施工现场防雷措施不符合规范 | 施工现场专用变压器配电系统必须采用 TN－S 接零保护方式；配电系统必须采用同一保护方式；保护零线引出位置必须符合《施工现场临时用电安全技术规范(附条文说明)》(JGJ 46—2005)的要求，严禁保护零线装设开关、熔断器或与工作零线混接；保护零线材质、规格及颜色标记要符合规范要求；电气设备必须接保护零线；工作接地与重复接地的设置和安装要符合规范要求，工作接地电阻不能大于 4 Ω，重复接地电阻不能大于 10 Ω，定期测试；施工现场防雷措施要符合规范 | 电工 | 设备科长<br>安全科长 | 项目总工<br>生产、安全副经理 |

续表

| 序号 | 工程类别 | 控制项目 | 危险因素 | 控制措施 | 实施责任人 | 监督责任人 | 分管责任人 |
|---|---|---|---|---|---|---|---|
| 8 | 临时用电工程 | 配电线路 | 线路老化破损，接头处理不当；线路未设短路、过载保护；线路截面不能满足负荷电流；线路架设或埋设不符合规范，电缆沿地面明敷；使用四芯电缆外加一根线替代五芯电缆；电杆、横担、支架不符合要求 | 制定临时用电施工组织设计，合理布线；每日巡查，发现破损老化电缆及时更换；线路设短路、过载保护装置；线路必须架设或埋设，不可沿地面明敷；严禁使用四芯电缆外加一根线替代五芯电缆；电杆、横担、支架要符合规范要求 | 电工 | 设备科长<br>安全科长 | 项目总工<br>生产、安全副经理 |
| | | 配电箱与开关箱 | 配电系统未按“三级配电、二级保护”设置；用电设备违反“一机、一闸、一箱、一漏”；配电箱与开关箱结构设计、电器设置不符合规范；总配电箱与开关箱未安装漏电保护器；漏电保护器参数不匹配或失灵；配电箱与开关箱内闸具损坏；配电箱与开关箱进线和出线混乱；配电箱与开关箱内未绘制系统接线图和分路标记；配电箱与开关箱未设门锁、未采取防雨措施；配电箱与开关箱安装位置不当，周围杂物多，不便操作；分配电箱与开关箱的距离、开关箱与用电设备的距离不符合规范 | 施工用电实行“三级配电、二级保护”；用电设备必须满足“一机、一闸、一箱、一漏”；配电箱及开关箱的箱体制作材料、箱体尺寸应与箱内电器的数量相适应；开关箱应由分配电箱配电，开关箱内的漏电保护器的额定漏电动作电流必须小于30 mA，额定漏电动作时间应小于0.1 s，且其额定漏电动作电流与额定漏电动作时间的乘积不应大于30 mA·s；配电箱及开关箱的门锁闭合，电源线应在箱底进出，标识清晰，并分路成束加套管保护；配电箱内的连接线必须采用铜芯绝缘导线，并设保护零线PE端子板和工作零线端子板，箱体必须与PE端子板做电气连接；配电箱与开关箱安装位置要适当，做好防雨设施；配电箱与开关箱之间的距离不能超过30 m，开关箱与用电设备之间的距离不能超过3 m | 电工<br>施工队长<br>作业人员 | 工程科长<br>设备科长<br>安全科长 | 项目总工<br>生产、安全副经理 |

续表

| 序号 | 工程类别 | 控制项目 | 危险因素 | 控制措施 | 实施责任人 | 监督责任人 | 分管责任人 |
|---|---|---|---|---|---|---|---|
| 8 | 临时用电工程 | 配电室与配电装置 | 配电室用未经过防火处理的木质门，不满足三级防火要求，门向里开，门口堆放杂物；配电室和控制室内无专人负责，无岗位责任制，无安全操作规程，无进出登记、检修与送电记录，无停送电挂牌制度；配电室未配备合格的消防器材，无事故照明；缺少安全用具；配电装置中的仪表、电气元件设置不符合规范或损坏、失效；备用发电机组未与外电线路进行连锁；配电室未采取防雨雪和小动物侵入的措施；配电室未设警示标志、工地供电平面图和系统图 | 配电室建筑耐火等级要高于三级，门向外开，门口禁止堆放杂物；配电室和控制室内设专人负责，岗位责任制、安全操作规程上墙，进出登记，做好检修与送电记录，执行停送电挂牌制度；配电室要配备合格的消防器材(如1211灭火器)，安设应急照明灯；配电室必须配备绝缘手套、绝缘鞋、绝缘垫、绝缘棒等；配电装置中的仪表、电气元件设置要符合规范，定期检查是否损坏、失效；备用发电机组必须与外电线路进行连锁；配电室要满足通风、防潮、防雨雪、防小动物侵入要求，使用百叶窗；配电室必须设(高压危险)警示标志，悬挂工地供电平面图和系统图 | 电工 | 设备科长<br>安全科长 | 项目总工<br>生产、安全副经理 |
| | | 施工机械设备用电 | 施工机械设备金属结构、金属外壳漏电；电源线老化破损；电气控制开关失效；机械设备在配电系统上三相负荷不平衡，造成人员触电和火灾 | 施工机械设备金属结构、金属外壳应采用保护接零；同一施工现场的电气设备不得一部分做保护接零，一部分做保护接地；起重机轨道、金属结构及所有电气设备的金属外壳应采用重复接地和防雷接地，接地电阻值应不大于4 Ω；施工机械的电源开关箱内必须设置漏电保护器，漏电保护器的额定漏电动作电流必须小于30 mA；电源开关箱距离施工机械不应超过3 m；配电系统上三相负荷线的机械设备负荷要保持平衡；建立施工机械的定期检查制度，做好施工机械的电气设备台账；对施工机械的操作人员“定人、定岗、定机”，进行各种施工机械的专项安全用电的培训；电气设备的检查维修人员必须是专业电工；禁止使用倒顺开关 | 操作手<br>施工队长 | 技术员<br>工程科长<br>设备科长<br>安全科长 | 生产、安全副经理<br>设备副经理 |

续表

| 序号 | 工程类别 | 控制项目 | 危险因素 | 控制措施 | 实施责任人 | 监督责任人 | 分管责任人 |
|---|---|---|---|---|---|---|---|
| 8 | 临时用电工程 | 电焊机施工用电 | 电焊防护用品选用有缺陷；作业人员更换焊条时接触焊条、焊枪的带电部分；利用不能做焊接回路的金属构件做焊接回路；电焊机金属外壳漏电；电源线老化破损；电气控制开关失效；电焊机在配电系统上三相负荷不平衡；露天冒雨从事电焊作业等造成人员触电和火灾 | 电焊机的金属外壳应采用保护接零；电源开关箱内必须设置漏电保护器，漏电保护器的额定漏电动作电流必须小于30 mA；移动电焊机时，应切断电源，不得用拖拉电缆的方法移动焊机；当焊接中突然停电时，应立即切断电源；焊接电缆与焊机的接线，必须采用铜线鼻子，以避免二次端子板烧坏造成火灾；焊接电缆应用整根的，中间若有接头，不许超过2个；电焊机的设备负荷在配电系统三相负荷线上要保持平衡；电焊机应有二次空载降压保护器或触电保护器 | 电焊工<br>施工队长 | 技术员<br>工程科长<br>设备科长<br>安全科长 | 生产、安全副经理<br>设备副经理 |
| | | 手持电动工具用电 | 手持式电动工具金属外壳漏电；电源线老化破损；电气控制开关失效；机械设备在配电系统上三相负荷不平衡造成人员触电和火灾 | 施工机械设备金属结构、金属外壳应采用保护接零；在潮湿地区或在金属构架、压力容器、管道等导电好的场所作业时，必须使用双重绝缘或加强绝缘的电动工具；电动工具的外壳、手柄不得出现裂缝、破损；电缆线及插头等应完好无损，开关动作正常；防护罩齐全牢固，电气保护装置可靠；机具启动时，应空载运转，观察并确认机具联动灵活无阻，严禁超载使用；在潮湿场所或金属构架上严禁使用Ⅰ类手持式电动工具，必须使用Ⅱ类或Ⅲ类工具，并保证金属外壳与PE线连接点大于2处，开关箱中额定漏电动作电流不大于15 mA；手持电动工具负荷线应采用耐气候型橡皮护套铜芯软电缆，并不得有接头，使用时应穿戴绝缘防护品；配电系统上三相负荷线的机械设备负荷要保持平衡；禁止使用倒顺开关 | 电工<br>施工队长<br>作业人员 | 技术员<br>工程科长<br>设备科长<br>安全科长 | 生产、安全副经理<br>设备副经理 |

续表

| 序号 | 工程类别 | 控制项目 | 危险因素 | 控制措施 | 实施责任人 | 监督责任人 | 分管责任人 |
|---|---|---|---|---|---|---|---|
| 8 | 临时用电工程 | 现场照明 | 照明用电与动力用电混用；特殊场所未使用36 V及以下安全电压；手持照明灯未使用36 V以下电源供电；照明变压器未使用双绕组安全隔离变压器；照明专用回路未安装漏电保护器；灯具金属外壳未接保护零线；灯具与地面、易燃物间小于安全距离；照明接线混乱，安全电压线路接头处未使用绝缘布包扎 | 照明用电与动力用电严禁混用；特殊场所必须使用36 V及以下安全电压；手持照明灯必须使用36 V以下电源供电；照明变压器必须使用双绕组安全隔离变压器；照明专用回路必须安装漏电保护器；灯具金属外壳必须接保护零线；碘钨灯及钠、铊、铟等金属卤化物灯具的安装高度不小于3 m；照明线路布置清晰，安全电压线路接头处使用绝缘布包扎 | 电工<br>施工队长 | 工程科长<br>设备科长<br>安全科长 | 生产、安全副经理<br>设备副经理 |
| 9 | 办公区 | 办公区 | 办公室使用电热得快，乱接电线，电脑、空调等设备无漏电保护器，烟头随地乱扔，容易引起触电及火灾事故，财务等重点部门防盗 | 办公室严禁使用电热得快烧水，禁止私拉乱接电线，所有电气设备加设用电保护器，烟头熄灭后放到指定的烟灰缸内，烟灰缸内加一点水，财务部应明确限制现金存放金额 | 全体员工 | 办公室主任<br>财务科长 | 项目书记 |
| 10 | 生活区 | 宿舍 | 茶水桶无盖无锁；茶水桶和饮水用具无消毒措施；无医药急救箱；无卫生管理制度；宿舍内电线从钢制的床架通过；宿舍内使用拖线板供电；无消防器材 | 茶水桶增设桶盖或上锁，避免烫伤事故；茶水桶和饮水用具必须定期消毒；配备医药急救箱，备齐常用药品；建立卫生管理制度；宿舍内电线禁止从钢制的床架通过；禁止使用拖线板供电；配备合格的消防器材 | 全体员工 | 办公室主任 | 项目书记 |
| | | 食堂 | 饭菜无防尘措施；使用再生塑料做食品盛器；食堂无消毒、灭鼠、灭蝇措施；食堂与厕所污水池距离小于30 m；炊事员无体检合格证；用铝质锅盆装熟食；无生熟食隔离措施；高温季节无防暑降温措施 | 饭菜必须设罩子，防灰尘、苍蝇；禁止使用再生塑料做食品盛器；食堂要定期消毒、灭鼠、灭蝇；食堂与厕所污水池距离大于30 m；炊事员必须有健康证并定期体检；禁止用铝质锅盆装熟食；制定生熟食隔离措施；高温季节制定防暑降温措施 | 炊事员 | 办公室主任 | 项目书记 |
| | | 厕所 | 化粪池、水池无安全防护、无盖；垃圾堆放无处理措施 | 化粪池、水池制定安全防护措施、增设池盖；垃圾堆放制定处理措施 | 勤杂工 | 办公室主任 | 项目书记 |

### 6.3.2　建设工程安全事故及应对措施

1. 建设工程安全事故的分类

工程安全事故是工程建设活动中突然发生的，伤害人身安全和健康，或者损坏设备设施，或者造成经济损失的，导致原工程建设活动暂时中止或永远终止的意外事件。工程安全事故亦是指建设单位、设计单位、施工单位、工程监理单位违反国家规定，降低工程质量标准，造成安全事故的行为。

《生产安全事故报告和调查处理条例》

建设工程主要伤亡事故的类别包括高处坠落、物体打击、触电、机械伤害、坍塌。根据《生产安全事故报告和调查处理条例》第三条，根据生产安全事故（以下简称事故）造成的人员伤亡或者直接经济损失，事故一般分为以下等级：

（1）特别重大事故，是指造成30人以上死亡，或者100人以上重伤（包括急性工业中毒，下同），或者1亿元以上直接经济损失的事故。

（2）重大事故，是指造成10人以上30人以下死亡，或者50人以上100人以下重伤，或者5000万元以上1亿元以下直接经济损失的事故。

（3）较大事故，是指造成3人以上10人以下死亡，或者10人以上50人以下重伤，或者1000万元以上5000万元以下直接经济损失的事故。

（4）一般事故，是指造成3人以下死亡，或者10人以下重伤，或者1000万元以下直接经济损失的事故。

国务院安全生产监督管理部门可以会同国务院有关部门，制定事故等级划分的补充性规定。该事故等级划分中所称的“以上”包括本数，所称的“以下”不包括本数。

2. 建设工程安全事故的处理程序

1）事故发生及时报告

建筑施工现场发生伤亡事故后，负伤人员或最先发现事故的现场人员应立即将事故概况（包括伤亡人数及发生事故的时间、地点、原因）等报告本单位工程项目经理部领导或安全技术人员，单位负责人接到报告后，应当于1小时内向事故发生地县级以上人民政府安全生产监督管理部门和负有安全生产监督管理职责的有关部门报告，并有组织、有指挥地抢救伤员、排除险情。安全生产监督管理部门和负有安全生产监督管理职责的有关部门根据事故的严重程度和施工现场情况，用快速办法分别通知和报告公安机关、劳动部门、工会、人民检察院及上级主管部门。

2）发生事故后迅速抢救伤员并保护好事故现场

事故发生后，首先迅速采取必要措施抢救伤员和排除险情，预防事故的蔓延扩大。同时，为了调查事故、查清事故原因，必须保护好事故现场。因抢救负伤人员和排除险情而必须移动现场物件时，要进行录像、摄影或画清事故现场示意图，并做出标记。因为事故现场是提供有关物证的主要场所，是调查事故原因不可缺少的客观条件，所以要严加保护。要求现场各种物体的位置、颜色、形状及其物理、化学性质等尽可能保持事故发生时的状态。必须采取一切措施，防止人为或自然因素的破坏。

清理事故现场应在调查组确认现场取证完毕，并征得上级劳动安全监察部门、行业主管部门、公安部门、工会等同意后进行。不得借口恢复生产，擅自清理现场将现场破坏。

3）组织事故调查组

一般事故，由企业负责人或其指定人员组织生产、技术、安全等有关人员以及工会成员成立事故调查组。较大事故，由企业主管部门会同事故发生地的市（或者相当于设区的市一级）劳动安全监察部门、公安部门、工会组成的事故调查组对事故进行调查。重大事故，由省、自治区、直辖市主管部门或者国务院有关主管部门会同同级劳动部门、公安部门、监察部门、工会组成事故调查组，进行调查。根据事故性质，可邀请人民检察院派员参加或有关专家、工程技术人员进行鉴定。与事故有直接利害关系的人员不得参加事故调查组。

4）现场勘察

在事故发生后，调查组必须到现场进行勘察。现场勘察是一项技术性很强的工作，涉及广泛的科学技术知识和实践经验，对事故的现场勘察必须及时、全面、细致、客观。现场勘察的主要内容有：

① 做出笔录。发生事故的时间、地点、气象等；现场勘察人员的姓名、单位、职务；现场勘察起止时间、勘察过程；能量逸散所造成的破坏情况、状态、程度等；设备损坏或异常情况及事故前后的位置；事故发生前的劳动组合、现场人员的位置和行动；散落情况；重要物证的特征、位置及检验情况等。

②现场拍照。方位拍照，反映事故现场在周围环境中的位置；全面拍照，反映事故现场各部分之间的联系；中心拍照，反映事故现场中心情况；细目拍照，揭示事故直接原因的痕迹物、致害物等；人体拍照，反映伤亡者主要受伤和造成死亡的伤害部位。

③现场绘图。根据事故类别和规模以及调查工作的需要绘出下列示意图：建筑物平面图、剖面图；事故发生时人员位置及疏散（活动）图；破坏物立体图或展开图；涉及范围图；设备或工器具构造图等。

5）分析事故原因、确定事故性质

通过事故的调查，分析事故原因，总结教训，制定预防措施，避免类似事故的重复发生；确定事故性质，明确事故的责任人，为依法处理提供证据。

(1) 查明事故经过，弄清造成事故的各种因素，包括人、物、生产管理和技术管理方面的问题，经过认真、客观、全面、细致、准确的分析，确定事故的性质和责任。

(2) 事故分析步骤，首先整理和仔细阅读调查材料，对受伤部位、受伤性质、起因物、致害物、伤害方法、不安全状态和不安全行为等七项内容进行分析，确定直接原因、间接原因和事故责任者。

(3) 分析事故原因时，应根据调查所确认的事实，从直接原因入手，逐步深入到间接原因。通过对直接原因和间接原因的分析，确定事故中的直接责任者和领导责任者，再根据其在事故发生过程中的作用，确定主要责任者。

(4) 事故的性质，通常分为三类：

① 责任事故，即由于人的过失造成的事故。

② 非直接责任事故，即由于人们不能预见或不可抗拒的自然条件变化所造成的事故，或是在技术改造、发明创造、科学试验活动中，由于科学条件限制而发生的无法预料的事故。但是，能够预见并可采取措施加以避免的伤亡事故，或由于没有经过认真研究解决技术问题而造成的事故，不能包括在内。

③ 破坏性事故，即为达到既定目的而故意制造的事故。对已确定为破坏性事故的，应由公安机关和企业保卫部门认真追查破案、依法处理。

6）写出事故调查报告

事故调查组应着重把事故发生经过、原因、责任分析和处理意见以及本次事故教训和改进工作的建议等，按照“职工死亡、重伤事故调查报告书”规定内容逐项写出文字报告，经调查组全体人员签字后报批。如调查组内部意见有分歧，应在弄清楚事实的基础上，对照政策法规反复研究，统一认识。对于个别同志持有不同意见，允许保留，并在签字时写明自己的意见。事故调查报告提交期限为事故发生之日起 60 日内，特殊情况的，延长期限最长不超过 60 日。事故调查报告应当包括下列内容：

① 事故发生单位概况；

② 事故发生经过和事故救援情况；

③ 事故造成的人员伤亡和直接经济损失；

④ 事故发生的原因和事故性质；

⑤ 事故责任的认定以及对事故责任者的处理建议；

⑥ 事故防范和整改措施。

7）事故的审理与结案

事故的审理与结案主要包括以下几项内容：

（1）事故的审理和结案的权限和期限。

企业及其主管部门负责处理的内容包括：

① 执行对事故责任人员的行政处分；

② 组织防范措施的实施；

③ 做好事故的善后处理。

企业及其主管部门根据事故调查组提出的调查报告中的处理意见和防范措施建议，写出“企业职工伤亡事故调查处理报告书”，报经劳动监察部门审查同意批复后视为结案。

企业在接到对伤亡事故处理的结案批复文件后，要在企业职工中公开宣布批复意见和处理结果。关于对事故责任者的处理，根据情节轻重和损失大小，按照是主要责任、重要责任、一般责任还是领导责任等，予以处分。对有关人员的处分要存入受处分人的档案。但依法应由司法机关处理的除外。

一般情况下，重大事故、较大事故、一般事故处理应当在 75 天内结案；特别重大事故，在 90 天内结案，特殊情况不得超过 180 天。

（2）事故档案。

事故的教训是用鲜血换来的宝贵财富，应予以记载并归档保存，这是研究改进措施、进行安全教育并展开科学研究难得的资料。因此，要把事故调查处理的文件、图集、照片、录像带等资料长期完整地保存下来。

当事故处理结案后，应归档的事故资料如下：

① 职工伤亡事故登记表；

② 职工死亡、重伤事故调查报告及批复材料；

③ 现场调查记录、图纸、照片；

④ 技术鉴定和试验报告；

⑤ 物证、人证材料；

⑥ 直接和间接经济损失材料；

⑦ 事故责任者的自述材料；

⑧ 医疗部门对伤亡人员的诊断书；

⑨ 发生事故时的工艺条件、操作情况和设计材料；

⑩ 处分决定和受处分人员的检查材料；

⑪ 有关事故的通报、简报及文件；

⑫ 注明参加事故调查的人员姓名、职务、单位等。

# 6.4 安全文明施工监理

## 6.4.1 安全文明施工监理控制要点

安全文明施工管理要点

1. 安全施工监理控制要点

（1）对施工单位的安全生产责任制、安全生产保证体系进行检查、审核，并督促其建立、完善。对施工单位在施工过程中制定的各项安全措施进行检查、审核，并对其具体的实施情况进行监理。

（2）依照安全生产的法规、规定、标准及监理合同要求，督促、协调施工单位从管理入手，在施工中执行各种规范，对可能发生的事故采取预防措施，实施施工全过程的安全生产。及时制止和纠正各种违章作业，及时发现各种隐患，督促其整改。对重大隐患和问题有权责令施工单位停工整改。

（3）对施工单位施工机械设备的数量、性能等进行审核、监督，确保机械设备的正常运转，消除安全隐患。

（4）审查施工单位提交的施工现场平面布置图；督促施工单位定期或不定期检查用电、机械设备、临边防护、消防安全等。

（5）每日巡视，并做好安全监理日记，每周应对施工现场的安全用电、防护设施和消防器材的设置及防火、防事故措施的落实情况进行一次综合性的检查。每月应书面向建设单位工程项目管理组反馈安全监理情况，重大信息及时汇报。

（6）检查施工单位特殊工种的上岗操作证。6 级风以上严禁高空作业，有关设备或设施应装设防雷装置，以防雷击。

（7）检查开孔未浇筑或浇筑完成的桩位是否用木板或竹夹板等覆盖。

（8）检查泥浆池、桩孔周边是否安装警示灯，挂警示带，设安全标志。

（9）用电必须采用“三相五线制”，并做到“一机、一闸、一箱、一漏”。

2. 文明施工监理控制要点

（1）检查督促施工单位按规定做好施工区域与非施工区域之间分隔围栏的设置。

（2）检查工地的临时排水设施，保证其畅通。

（3）检查督促对公用管线的保护措施和其他应急设施（包括防污设施）的落实。

（4）检查督促施工单位保持施工沿线单位居民的出入口和道路的畅通、整洁，凡施工道路的交叉口要按规定设置交通标志牌，夜间设警示灯，防止事故发生。

（5）检查督促施工单位按规定落实各类材料及土方的堆放，做到整齐有序。

(6) 检查督促施工单位在施工中防止渣土洒落、泥浆废水流溢和乱排、粉尘飞扬，减少施工对周边环境和绿化的污染；严格控制施工噪声。

(7) 检查督促施工单位按规定做好施工现场管理，建立各项管理制度，落实卫生包干责任制，搞好施工区域和生活区域的环境卫生。

(8) 工程竣工后，检查督促施工单位在规定期限内完成现场的清场工作。

建筑施工现场
“五牌一图”

文明施工监理控制要点如表6.2所示。

表6.2　文明施工监理控制要点

| 内　　容 | 监督检查内容 |
| --- | --- |
| 施工现场挂牌 | 挂牌内容齐全，“五牌一图”挂放整齐、醒目 |
| 封闭式管理 | 现场统一服装，佩戴出入证，确立门卫制度，杜绝人员混杂 |
| 现场围挡 | 围挡高度应不低于当地主管部门要求，整齐、安全，无残缺 |
| 总平面图 | 构件、料具及设施布置严格按经审定的总平面图实施，道路畅通，无大面积积水 |
| 现场住宿 | 施工作业区与住宿区必须隔离，住宿环境安全、卫生 |
| 生活设施 | 厕所必须符合卫生要求，卫生饮水保证供应，食堂符合卫生要求 |
| 保健急救 | 现场应配备医疗室及经培训的急救人员，具备急救措施和器材 |
| 垃圾、污水 | 垃圾集中堆放、及时清运，排污符合环卫要求 |
| 防火 | 必须配备经培训的消防人员，配置充足的消防器材、消防水源，有严格的消防措施 |
| 宣传 | 现场有安全标语、安全标志 |
| 施工人员 | 外来施工人员必须办理暂住证 |

### 6.4.2　安全文明施工监理措施

为保证工程安全施工的目标，项目监理机构应对工程中的人、机、环境及施工全过程进行预测、评价、监控和督察，促使施工过程中的各项作业符合国家安全生产的法律法规，制止建设中的冒险性、盲目性和随意性行为，有效地把工程安全控制在允许的风险范围内。具体可采取以下措施来保证工程安全目标的实现。

1. 组织措施

建立项目安全管理体系，项目总监为项目监理机构安全管理的第一责任人，同时各专业监理工程师负责职责范围内的具体安全管理工作，明确责任和分工。同时督促承包商建立安全控制组织机构，形成安全控制组织系统；明确各部门、人员的职责，形成安全控制责任系统；配备必要的资源，形成安全控制要素系统。

加强对施工现场安全文明施工的检查与考核，及时发现、处理、消除不安全因素，检查执行安全法律的状况等，从而进行安全改进，消除隐患，提高安全控制水平。

2. 技术措施

改善生产工艺，改进生产设备，控制生产因素的不安全状态。针对项目的不安全状态的形成与发展，采取相应安全技术措施，将物的不安全状态消除在生产活动进行之前或引发事故之前。

3. 合同、经济措施

建议业主在施工合同中明确安全文明施工的要求及目标，结合经济措施，对安全检查合格者给予鼓励，优良者给予表扬、奖励，不合格者给予批评、惩罚。

### 6.4.3 安全文明施工监理内容

项目监理机构在开展安全监理工作时，应根据国家有关规定，对以下内容进行重点检查和管理。

(1) 专职安全生产管理人员的配备应符合《建筑施工企业安全生产管理机构设置及专职安全生产管理人员配备办法》中的有关规定。

(2) 垂直运输机械作业人员、安装拆卸工、爆破作业人员、起重信号工、登高架设作业人员等特种作业人员，必须按照国家有关规定经过专门的安全作业培训，并取得特种作业操作资格证书后，方可上岗作业。

(3) 施工单位应当在施工组织设计中编制安全技术措施和施工现场临时用电方案，对下列达到一定规模的危险性较大的分部分项工程编制专项施工方案，并附具安全验算结果，经施工单位技术负责人、总监理工程师签字后实施，由专职安全生产管理人员进行现场监督：基坑支护与降水工程；土方开挖工程；模板工程；起重吊装工程；脚手架工程；拆除、爆破工程；国务院建设行政主管部门或者其他有关部门规定的其他危险性较大的工程。

(4) 对工程中涉及深基坑、地下暗挖工程、高大模板工程的专项施工方案，施工单位还应当组织专家进行论证、审查。

(5) 在施工现场入口处、施工起重机械、临时用电设施、脚手架、出入通道口、楼梯口、孔洞口、基坑边沿、爆破物及有害危险气体和液体存放处等危险部位，设置明显的安全警示标志。安全警示标志必须符合国家标准。

(6) 施工现场的办公、生活区与作业区分开设置，并保持安全距离；办公、生活区的选址应当符合安全性要求。职工的膳食、饮水、休息场所等应当符合卫生标准。施工单位不得在尚未竣工的建筑物内设置员工集体宿舍。

(7) 施工现场临时搭建的建筑物应当符合安全使用要求。施工现场使用的装配式活动房屋应当具有产品合格证。

(8) 对因建设工程施工可能造成损害的毗邻建筑物、构筑物和地下管线等，应当采取专项防护措施。

(9) 遵守有关环境保护法律、法规的规定，在施工现场采取措施，防止或者减少粉尘、废气、废水、固体废物、噪声、振动和施工照明对人和环境的危害和污染。

《建筑施工场界环境噪声排放标准》

(10) 在城市市区内的建设工程，施工单位应当对施工现场实行封闭围挡。

(11) 施工单位应当在施工现场建立消防安全责任制度，确定消防安全责任人，制定用火、用电、使用易燃易爆材料等各项消防安全管理制度和操作规程，设置消防通道、消防水源，配备消防设施和灭火器材，并在施工现场入口处设置明显标志。

(12) 在采用新技术、新工艺、新设备、新材料时，应当对作业人员进行相应的安全生产教育培训。

《建设工程施工现场环境与卫生标准》

(13) 对施工现场使用的各种安全防护用具、机械设备、施工机具在使用前应注意从以下几方面进行检查。

① 采购、租赁的安全防护用具、机械设备、施工机具及配件，应当具有生产(制造)许可证、产品合格证，并在进入施工现场前进行查验。

② 机械设备和配件应当按照安全施工的要求配备齐全有效的保险、限位等安全设施和装置。对租借的机械设备和施工机具及配件，出租单位对安全性能进行检测，在签订租赁协议时，应当出具检测合格证明。禁止出租检测不合格的机械设备和施工机具及配件。

③ 在施工现场安装、拆卸施工起重机械和整体提升脚手架、模板等自升式架设设施，必须由具有相应资质的单位承担。安装、拆卸施工起重机械和整体提升脚手架、模板等自升式架设设施，应当编制拆装方案、制定安全施工措施，并由专业技术人员现场监督。施工起重机械和整体提升脚手架、模板等自升式架设设施安装完毕后，安装单位应当自检，出具自检合格证明，并向施工单位进行安全使用说明，办理验收手续并签字。

④ 施工起重机械和整体提升脚手架、模板等自升式架设设施的使用达到国家规定的检验检测期限的，必须经具有专业资质的检验检测机构检测。经检测不合格的，不得继续使用。检验检测机构对检测合格的施工起重机械和整体提升脚手架、模板等自升式架设设施，应当出具安全合格证明文件，并对检测结果负责。

⑤ 施工单位在使用施工起重机械和整体提升脚手架、模板等自升式架设设施前，应当组织有关单位进行验收，也可以委托具有相应资质的检验检测机构进行验收；使用承租的机械设备和施工机具及配件的，由施工总承包单位、分包单位、出租单位和安装单位共同进行验收。验收合格的方可使用。

⑥《特种设备安全监察条例》规定的施工起重机械，在验收前应当经有相应资质的检验检测机构监督检验合格。

⑦ 施工单位应当自施工起重机械和整体提升脚手架、模板等自升式架设设施验收合格之日起 30 日内，向建设行政主管部门或者其他有关部门登记。登记标志应当置于或者附着于该设备的显著位置。

《工程质量安全手册(试行)》

## 小结

建筑工程施工安全生产管理，必须坚持“安全第一、预防为主、综合治理”的基本方针。做好建设工程安全生产，除了强调坚持安全生产方针，还必须强调坚持安全生产一系列原则和制定监理单位的安全管理制度，明确总监理工程师、总监理工程师代表、专业监理工程师、监理员的建设工程安全监理职责。建设工程安全监理的工作主要分两个阶段：施工准备阶段的安全监理、施工阶段的安全监理。工程监理单位在实施监理过程中，发现存在安全事故隐患的，应当要求施工单位整改；情况严重的，应当要求施工单位暂时停止施工，并及时报告建设单位。施工单位拒不整改或者不停止施工的，工程监理单位应当及时向有关主管部门报告。

## 巩固训练

一、单项选择题

1. 根据《建设工程安全生产管理条例》，工程监理单位的安全生产管理职责是(　　)。

A. 发现存在安全事故隐患时，应要求施工单位暂时停止施工

B. 委派专职安全生产管理人员对安全生产进行现场监督检查

C. 发现存在安全事故隐患时，应立即报告建设单位

D. 审查施工组织设计中的安全技术措施或专项施工方案是否符合工程建设强制性标准

2. 工程施工中发生事故造成 10 人死亡，该事故属于(　　)事故。

A. 特别重大　　B. 重大　　C. 较大　　D. 一般

3. 特种作业人员不包括(　　)。

A. 建筑电工　　B. 建筑架子工

C. 建筑起重机械司机　　D. 抹灰工

4. 在建筑工程施工质量验收时，对涉及结构安全的试块、试件，按规定应进行(　　)检测。

A. 抽样　　B. 全数　　C. 无损　　D. 见证取样

5. 下列建设工程安全隐患的不安全因素中，属于“物的不安全状态”的是(　　)。

A. 个人防护用品缺失　　B. 未正确使用个人防护用品

C. 物体存放不当　　D. 对易燃易爆等危险品处理不当

6. 下列内容属于施工阶段建设工程安全监理的工作内容的是(　　)。

A. 编制包括安全监理内容的项目监理规划

B. 审查施工单位编制的施工组织设计中的安全技术措施

C. 检查自升式架设设施和安全设施的验收手续

D. 检查施工单位的安全生产规章制度

7. 在施工阶段，监理单位如果发现各类安全事故隐患，情况严重的，应该(　　)。

A. 书面通知施工单位，督促其立即整改

B. 及时下达工程暂停令，要求施工单位停工整改，并报告建设单位

C. 要求施工单位立即整改，无须报告建设单位

D. 及时向工程所在地的建设主管部门或行业主管部门报告

8.《安全生产法》明确了安全生产三大目标，即(　　)、保护国家财产安全、促进社会经济发展。

A. 保护环境卫生　　B. 保证产品质量

C. 保障人民生命安全　　D. 健全安全生产体系

9. 建筑工程安全生产监理必须坚持(　　)的方针。

A. 经济效益第一　　B. 事中控制与事后控制相结合

C. 技术先进　　D. 安全第一、预防为主、综合治理

10. 总监理工程师的工作职责不包括(　　)。

A. 主持编写监理规划中有关的安全监理内容,并审批安全监理实施细则

B. 审核确认施工组织设计和专项施工方案

C. 签发开工/复工报审表、工程暂停令,必要时向有关部门报告

D. 参与或配合本工程安全事故的现场调查并随时向社会公布调查情况

11. 工程监理单位和监理工程师应当按照法律法规和工程建设强制性标准实施监理,并对建设工程安全生产承担(　　)责任。

A. 全部　　B. 连带　　C. 监理　　D. 主要

12. 达到一定规模的危险性较大的分部分项工程应编制专项施工方案,经施工单位技术负责人和(　　)签字后实施。

A. 业主代表　　B. 设计主持人

C. 总监理工程师　　D. 有关部门

13. 旁站监理是指监理人员在工程施工阶段监理中,对(　　)实施全过程现场跟班的监督活动。

A. 关键部位、关键工序的施工质量　　B. 施工质量

C. 施工工艺　　D. 施工流程

14. 目前在我国建设工程安全监理主要是着重于建设工程的(　　)。

A. 全过程　　B. 施工阶段

C. 设计阶段和施工阶段　　D. 设计阶段

15.《建设工程安全生产管理条例》规定,不属于监理单位安全生产管理责任和义务的是(　　)。

A. 编制安全技术措施及专项施工方案

B. 审查安全技术措施及专项施工方案

C. 报告安全生产事故隐患

D. 承担建设工程安全生产监理责任

16. 工程变更指令应由(　　)下达。

A. 设计单位　　B. 总监理工程师　　C. 建设单位　　D. 承包单位

17. 施工单位应当对管理人员和作业人员每年至少进行(　　)安全生产教育培训。

A. 一次　　B. 两次　　C. 三次　　D. 四次

18. 按照《建筑施工场界环境噪声排放标准》,建筑施工场界环境噪声排放限值为(　　)。

A. 昼间 60 dB(A),夜间 50 dB(A)　　B. 昼间 65 dB(A),夜间 50 dB(A)

C. 昼间 70 dB(A),夜间 55 dB(A)　　D. 昼间 75 dB(A),夜间 60 dB(A)

19.《建设工程安全生产管理条例》规定,监理单位应当审查施工组织设计中的安全技术措施或者专项施工方案是否符合(　　)。

A. 监理规范　　B. 监理规则

C. 工程建设强制性标准　　D. 监理细则

20. 某建筑工人经过安全教育培训后，仍然未戴安全帽就进入现场作业施工。从事故隐患的角度来看，这种情况属于(　　)。

A. 人的不安全行为　　B. 物的不安全状态

C. 管理上的缺陷　　D. 环境的缺陷

**二、多项选择题**

1. 根据《生产安全事故报告和调查处理条例》，事故调查报告的内容包括(　　)。

A. 事故发生单位概况　　B. 事故发生经过和事故救援情况

C. 事故调查结论　　D. 事故发生的原因和事故性质

E. 事故造成的人员伤亡和直接经济损失

2. 下列建设工程风险事件中，属于技术风险的有(　　)。

A. 设计规范应用不当　　B. 施工方案不合理

C. 合同条款有遗漏　　D. 施工设备供应不足

E. 施工安全措施不当

3. 属于施工阶段安全监理主要工作内容的有(　　)。

A. 督促施工单位进行安全自查工作

B. 核查整体提升脚手架验收手续

C. 审查季节性施工方案的制定是否符合强制性标准要求

D. 审核特种作业人员的特种作业操作资格证书是否合法有效

E. 参加建设单位组织的安全生产专项检查

4. 施工升降机安装前应对基础进行验收，合格后方能安装，参与验收的单位有(　　)。

A. 施工总承包单位　　B. 安装单位

C. 监理单位　　D. 使用单位

E. 出租单位

5. 下列属于安全检查隐患整改“三定”原则的内容有(　　)。

A. 定计划　　B. 定人　　C. 定时间　　D. 定措施

E. 定落实

6. 专家论证的主要内容是(　　)。

A. 专项方案内容是否完整、可行

B. 专项方案计算书和验算依据是否符合有关标准、规范

C. 安全施工的基本条件是否满足现场实际情况

D. 专项方案经论证后，专家组应当提交论证报告，对论证的内容提出明确的意见，并在论证报告上签字

E. 论证报告作为专项方案修改完善的指导意见

7. 施工单位应对达到一定规模的危险性较大的分部分项工程编制专项施工方案，并附具安全验算结果，经(　　)签字后实施，由专职安全生产管理人员现场监督。

A. 施工单位技术负责人　　B. 项目负责人

C. 总监理工程师　　D. 安全生产管理机构

E. 设计单位

8.《建设工程监理规范》规定，监理员的职责包括（　　）。

A. 复核工程计量的有关数据并签署原始凭证

B. 做好监理日记和有关的监理记录

C. 收集、汇总及整理监理资料

D. 验收分项工程

E. 核查进场材料、设备、构配件的原始凭证、检测报告等质量证明文件

9.《建设工程监理规范》规定，工程项目的重点部位、关键工序应由（　　）共同确认。

A. 建设单位　　B. 设计单位

C. 项目监理机构　　D. 施工单位

E. 施工分包单位

10. 建设工程安全隐患包括三个部分的不安全因素：人的不安全因素、物的不安全状态和组织管理上的不安全因素。下列各项中属于人的不安全因素的是（　　）。

A. 手代替工具操作　　B. 施工人员急躁、懒散

C. 疲劳和酒醉或感觉朦胧　　D. 没正确使用个人防护用品、用具

E. 知识技能、应变能力、资格等不能适应工作

**三、名词解释**

1. 安全生产：

2. 安全隐患：

3. 安全事故：

4. 五牌一图：

5. 重大安全隐患：

**四、简答题**

1. 安全生产的基本原则主要有哪些？

2. 建设工程安全事故的“四不放过”的原则是什么？

3. 监理单位有哪些安全管理制度？

4. 总监理工程师的安全监理职责是什么？

5. 建设工程安全监理的作用是什么？

6. 施工阶段的安全监理的主要工作有哪些？

7. 建设工程安全事故分为哪几类？

8. 建设工程安全隐患的处理原则是什么？

**五、案例分析**

某新建钢筋混凝土框架结构工程，地下2层，地上15层，建筑总高58 m，玻璃幕墙外立面，钢筋混凝土叠合楼板，预制钢筋混凝土楼梯。基坑挖土深度为8 m，地下水位位于地表以下8 m，采用钢筋混凝土排桩＋钢筋混凝土内支撑支护体系。

在履约过程中，发生了下列事件：

事件1：监理工程师在审查施工组织设计时，发现需要单独编制专项施工方案的分项工程清单内列有塔吊安装拆除、施工电梯安装拆除、外脚手架工程。监理工程师要求补充完善清单内容。

事件 2：项目专职安全员在安全“三违”巡视检查时，发现人工拆除钢筋混凝土内支撑施工的安全措施不到位，有违章作业现象，要求立即停止拆除作业。

事件 3：施工员在楼层悬挑式钢质卸料平台安装技术交底中，要求使用卡环进行钢平台吊运与安装，并在卸料平台 3 个侧边设置 1200 mm 高的固定式安全防护栏杆，架子工对此提出异议。

事件 4：主体结构施工过程中发生塔吊倒塌事故，当地县级人民政府接到事故报告后，按规定组织安全生产监督管理部门。负有安全生产监督管理职责的有关部门等派出的相关人员组成了事故调查组，对事故展开调查。施工单位按照事故调查组移交的事故调查报告中对事故责任者的处理建议对事故责任人进行处理。

问题：

1. 事件 1 中，按照《危险性较大的分部分项工程安全管理规定》，本工程还应单独编制哪些专项施工方案？

2. 事件 2 中，除违章作业外，针对操作行为检查的“三违”巡查还应包括哪些内容？混凝土内支撑还可以采用哪几类拆除方法？

3. 写出事件 3 中技术交底的不妥之处，并说明楼层卸料平台上安全防护与管理的具体措施。

4. 事件 4 中，施工单位对事故责任人的处理做法是否妥当？说明理由。事故调查组应还有哪些单位派员参加？

# 工作手册7

## 建设工程合同管理

JIANSHE GONGCHENG HETONG GUANLI

**知识目标**

掌握建设工程监理合同中双方的权利、义务和责任；掌握建设工程监理合同的生效、变更和终止；熟悉建设工程监理合同示范文本和简单工作内容；了解监理合同的价款与酬金、监理合同的履行。

**能力目标**

具备建设工程监理合同示范文本的基本知识和运用能力；能够运用建设工程委托监理合同的订立与履行解决建设工程实际问题。

**工程案例**

某工程，建设单位与甲施工单位按照《建设工程施工合同（示范文本）》签订了施工合同。经建设单位同意，甲施工单位选择了乙施工单位作为分包单位。在合同履行过程中，发生了下列事件。

事件1：在合同约定的工程开工日前，建设单位收到甲施工单位报送的“工程开工报审表”后即予以处理：考虑到施工许可证已获政府主管部门批准且甲施工单位的施工机具和施工人员已经进场，便审核签认了“工程开工报审表”并通知了项目监理机构。

事件2：在施工过程中，甲施工单位的资金出现困难，无法按分包合同约定支付乙施工单位的工程款。乙施工单位向项目监理机构提出了支付申请。项目监理机构受理并征得建设单位同意后，即向乙施工单位签发了付款凭证。

事件3：专业监理工程师在巡视中发现，乙施工单位施工的某部位存在质量隐患，专业监理工程师随即向甲施工单位签发了整改通知。甲施工单位回函称，建设单位已直接向乙施工单位付款，因而本单位对乙施工单位施工的工程质量不承担责任。

参考答案

问题：

1. 指出事件1中建设单位做法的不妥之处，说明理由。
2. 指出事件2中项目监理机构做法的不妥之处，说明理由。
3. 在事件3中甲施工单位的说法是否正确？为什么？

# 7.1 建设工程监理合同的基本知识

《中华人民共和国民法典》第三编第四百六十四条规定，合同是民事主体之间设立、变更、终止民事法律关系的协议。

《民法典》

### 7.1.1 建设工程委托监理合同的概念

建设工程委托监理合同简称监理合同，它是委托合同的一种，是指工程建设单位聘请监理单位代其对工程项目进行管理，明确双方权利，义务的协议。建设单位称委托人，监理单位称受托人。

### 7.1.2 建设工程委托监理合同的特征

（1）监理合同的当事人双方应当是具有民事权利能力和民事行为能力、取得法人资格的企事业单位。

监理合同的当事人双方应当是具有民事权利能力和民事行为能力、取得法人资格的企事业单位、其他社会组织，个人在法律允许范围内也可以成为合同当事人。作为委托人必须是有国家批准的建设项目，落实投资计划的企事业单位、其他社会组织及个人；作为监理人必须是依法成立具有法人资格的监理单位，并且所承担的工程监理业务应与单位资质相符合。

（2）监理合同的订立必须符合工程项目建设程序。

（3）委托监理合同的标的是服务。

工程建设实施阶段所签订的其他合同，如勘察设计、施工合同等标的物是产生新的物质或信息成果，而监理合同的标的是服务，即监理工程师根据自己的知识、经验、技能受业主委托为其所签订的其他合同的履行实施监督和管理。

《中华人民共和国民法典》将监理合同划入委托合同的范畴，《民法典》第七百九十六条规定，建设工程实施监理的，发包人应当与监理人采用书面形式订立委托监理合同。发包人与监理人的权利和义务以及法律责任，应当依照本法委托合同以及其他有关法律、行政法规的规定。

### 7.1.3 订立监理合同的必要性

订立监理合同需注意的问题

《建设工程监理规范》中指出：实施建设工程监理前，建设单位应委托具有相应资质的工程监理单位，并以书面形式与工程监理单位订立建设工程监理合同，合同中应包括监理工作的范围、内容、服务、期限和酬金，双方的义务、违约责任等相关条款。

订立建设工程监理合同符合国际惯例，是做好监理工作的必要条件。

（1）使双方明确认识到各自应承担的责任、义务和权利，便于做好工作。

建设监理的委托与被委托是一种商业行为，签约双方建立的是一种经济关系。因此，必须在事前就双方在合同中的一切事项加以明确，通过签订合同，使双方清楚地认识到自己一方和对方在合同中应承担的责任、义务和权利，包括实施服务的具体内容、所需要支付的费用以及工作需要的条件等，便于做好工作。

(2) 对双方具有法律约束力,可以有效地保护双方的合法权益。

法律约束力主要有以下几方面:

① 合同必须全面履行,双方当事人对于承诺合同如果不履行或不适当履行规定的义务,则被视为违约行为;

② 合同一经签订不得擅自变更或解除,如果客观条件发生变化,一方要求变更或解除合同时,必须经双方协商达成新的协议之后才能变更或解除合同,否则就是违约行为;

③ 合同是一种法律文书,当事人在履行合同中所发生的争议,都应以合同的条款、约定为依据;

④ 国家强制力是履行合同的保障,除了不可抗力等法律规定的情况外,当事人不履行或不完全履行合同时,就要支付违约赔偿费,或强制违约方履行合同。

因此,用书面的形式来明确工程服务的合同,最终是为委托方和被委托方的共同的利益服务的。

### 7.1.4 建设工程委托监理合同的一般条款

监理合同是委托任务履行过程中当事人双方的行为准则,因此内容应全面、用词要严谨。合同条款的组成结构包括以下几个方面:

(1) 合同内所涉及的词语定义和遵循的法规;

(2) 监理人的义务;

(3) 委托人的义务;

(4) 监理人的权利;

(5) 委托人的权利;

(6) 监理人的责任;

(7) 委托人的责任;

(8) 合同生效、变更与终止;

(9) 监理报酬;

(10) 其他;

(11) 争议的解决。

## 7.2 《建设工程监理合同(示范文本)》

### 7.2.1 《建设工程监理合同(示范文本)》的组成

我国一般采用《建设工程监理合同(示范文本)》(GF—2012—0202),它是由住房和城乡建设部、国家工商行政管理总局联合颁布的。该监理合同由协议书、通用条件和专用条件组成。

《建设工程监理合同(示范文本)》

1. 协议书

协议书是纲领性文件，主要内容是当事人双方确认的委托监理工程的概况（工程名称、地点、规模及总投资），合同签订、生效、完成时间，双方愿意履行约定的各项义务的承诺，以及合同文件的组成。监理合同除“合同”之外还应包括：

(1) 监理投标书或中标通知书；

(2) 委托监理合同通用条件；

(3) 委托监理合同专用条件；

(4) 在实施过程中双方共同签署的补充与修正文件。

“合同”是一份标准的格式文件，经当事人双方在有限的空格内填写具体规定的内容并签字盖章后，即发生法律效力。

2. 通用条件

通用条件涵盖了合同中所用词语的定义与解释，签约双方的义务和违约责任，支付，合同生效、变更、暂停、解除与终止，争议解决以及其他一些情况。它是监理合同的通用文本，适用于各类工程建设监理委托，是所有签约工程都应遵守的基本条件。

3. 专用条件

由于通用条件适用于所有的工程建设监理委托，因此其中的某些条款规定得比较笼统，需要在签订具体工程项目的委托监理合同时，就地域特点、专业特点和委托监理项目的特点，对通用条件中的某些条款进行补充、修正。如对委托监理的工作内容，认为通用条件中的条款还不够全面，允许在专用条件中增加双方议定的条款内容。

所谓补充，是指通用条件中的某些条款明确规定，在该条款确定的原则下，在专用条件的条款中进一步明确具体内容，使两个条件中相同序号的条款共同组成一条内容完备的条款。

所谓修正，是指通用条件中规定的程序方面的内容，如果双方认为不合适，可以协议修正。如通用条件中规定委托人对监理人提交的支付申请书有异议时，应在收到支付申请书7天内向监理人发出异议通知。如果委托人认为这个时间太短，在与监理人协商达成一致意见后，可在专用条件的相同序号条款内延长时效。

### 7.2.2 《建设工程监理合同(示范文本)》的词语定义

1. 合同当事人

委托人是指本合同中委托监理与相关服务的一方，及其合法的继承人或受让人。

监理人是指本合同中提供监理与相关服务的一方，及其合法的继承人。

委托人和监理人构成了合同的主体。委托人和监理人在合同中具有平等的法律地位。

无论是委托人还是监理人，未经双方的书面同意，均不能将所签订合同的议定权利和义务转让给第三人，而单方面变更合同主体。

《建设工程施工合同(示范文本)》

《建设工程勘察合同(示范文本)》

2.合同标的

监理合同的标的，是监理人为委托人提供的监理服务。工程建设监理可以按照工程建设程序，进行“三控三管一协调”的相关工作。具体地讲，工程建设监理包括工程监理的正常工作和附加工作。

1）工程监理的正常工作

工程监理的正常工作是指合同订立时通用条件和专用条件中约定的监理人的工作。大致包括以下几方面内容。

① 工程技术咨询服务：如进行可行性研究，各种方案的成本效益分析，建筑设计标准、技术规范准备，提出质量保证措施等。

② 协助委托人选择承包人，组织设计、施工、设备采购招标等。

③ 技术监督和检查：检查工程设计、材料和设备质量，对操作或施工质量的监理和检查等。

④ 施工管理：包括质量控制、成本控制、计划和进度控制等。

就具体项目而言，要根据工程的特点、监理人的能力、建设不同阶段的监理任务等诸方面因素，将委托的监理业务详细地写入合同的专用条件之中。

2）工程监理的附加工作

工程监理的附加工作是指本合同约定的正常工作以外监理人的工作。

3.其他词语定义

(1) 承包人：是指在工程范围内与委托人签订勘察、设计、施工等有关合同的当事人，及其合法的继承人。

(2) 项目监理机构：是指监理人派驻工程负责履行本合同的组织机构。

(3) 总监理工程师：是指由监理人的法定代表人书面授权，全面负责履行本合同、主持项目监理机构工作的注册监理工程师。

(4) 日：是指第一天零时至第二天零时的时间。

(5) 月：是指按公历从一个月中任何一天开始的一个公历月时间。

### 7.2.3 合同有效期

监理合同中注明“本合同自×年×月×日开始实施，至×年×月×日完成”，但此期限仅指完成监理工作预定的时间，并不一定是监理合同的有效期。监理合同的有效期(即监理人的责任期)，不以合同约定的日历天数为准，而是根据监理人是否完成了包括附加工作的全部监理工作的义务来判定。监理合同有效期起始时间以签订监理合同、工程准备工作开始时计。确定监理合同有效期截止时间的条件为(以下三项缺一不可)：

(1) 监理人向委托人办理完竣工验收或工程移交手续；

(2) 承包人和委托人已签订工程保修责任书；

(3) 监理人收到监理报酬尾款。

# 7.3 建设工程监理合同的订立与履行

## 7.3.1 建设工程监理合同的订立

1. 订立监理合同的步骤

1）合同签订前双方的相互考察

签订合同是一种法律行为，合同一旦签订，双方就要受到合同的约束。

（1）业主对监理单位的资格考察。

① 是否具有资质等级证书；

② 是否是经工商行政管理机关审查注册、取得营业执照、具有独立法人资格的正式企业；

③ 是否具有对拟委托的建设工程进行监理的实际能力；

④ 财务情况是否满足要求；

⑤ 社会信誉及已承接的监理任务的完成情况；

⑥ 承担类似业务的监理业绩、经历及合同的履行情况是否满足要求等。

（2）监理单位对业主的考察。

① 项目业主是否具有签订合同的合法资格；

② 业主是否具有与签订合同相适应的财产和经费；

③ 监理合同的标的是否符合国家政策，是否违反国家的有关法律法规。

（3）监理单位对工程合同的可行性考察。

① 从自身情况出发考虑竞争项目的可行性；

② 实事求是，考虑承担项目是否一定有利润；

③ 是否发挥本企业的技术优势，做到扬长避短；

④ 考虑竞争对手的实力及投标报价的动向。

2）合同的谈判与签订

通常由业主提出监理合同的各项条款，招标工程应将合同的主要条款包括在招标文件内，作为要约邀请；监理单位获得招标文件或与业主草签协议后，应立即对工程所需费用进行预算，提出一个报价，同时对招标文件的合同文本进行分析、审查，为合同谈判和签订提供依据。

（1）合同的谈判。

在使用合同范本时，要根据合同条件，结合协议条款逐条加以谈判。可对合同条件的具体条款在协商的基础上进行修改、补充、不采用。业主必须提出对工程的工期、质量的具体要求。谈判的顺序通常是工作计划、人员配备、业主的投入、价格谈判。在合同谈判时，双方应本着诚实信用、公平平等原则，内容要具体，责任要明确，对谈判内容双方应达成一致意见，要有准确的文字记载。

(2) 合同的签订。

经过谈判,双方就监理合同的各项条款达成一致,即可正式签订合同文件。

《建设工程设计合同示范文本(专业建设工程)》

2. 双方的权利

1) 委托人的权利

(1) 授予监理人权限的权利。

① 在监理合同内除需明确委托的监理任务外,还应规定监理人的权限。

② 委托人授予监理人权限的大小,要根据自身的管理能力、建设工程项目的特点及需要等因素考虑。

③ 监理合同内授予监理人的权限,在执行过程中可随时通过书面附加协议予以扩大或减小。

(2) 对其他合同承包人的选定权。

① 委托人是建设资金的持有者和建筑产品的所有人,因此对设计合同、施工合同、加工制造合同等的承包单位有选定权和订立合同的签字权。

《建设工程设计合同示范文本(房屋建筑工程)》

② 监理人在选定其他合同承包人的过程中仅有建议权而无决定权。监理人协助委托人选择承包人的工作可能包括:邀请招标时提供有资格和能力的承包人名录,帮助起草招标文件,组织现场考察,参与评标,以及接受委托代理招标等。

③ 监理人对设计和施工等总包单位所选定的分包单位,拥有批准权或否决权。

(3) 委托监理工程重大事项的决定权。

委托人有对工程规模、规划设计、生产工艺设计、设计标准和使用功能要求等的认定权,工程设计变更审批权。

(4) 对监理人履行合同的监督控制权。

委托人对监理人履行合同的监督权利体现在以下 3 个方面:

① 对监理合同转让和分包的监督。除了支付款的转让外,监理人不得将所涉及的利益或规定义务转让给第三方。监理人所选择的监理工作分包单位必须事先征得委托人的认可。在没有取得委托人的书面同意前,监理人不得开始实行、更改或终止全部或部分服务的任何分包合同。

② 对监理人员的控制监督。合同专用条款或监理人的投标书内,应明确总监理工程师人选、监理机构派驻人员计划。合同开始履行时,监理人应向委托人报送委派的总监理工程师及其监理机构主要成员名单,以保证完成监理合同专用条件中约定的监理工作范围内的任务。当监理人调换总监理工程师时,须经委托人同意。

③ 对合同履行的监督权。监理人有义务按期提交月、季、年度的监理报告,委托人也可以随时要求其对重大问题提交专项报告,这些内容应在专用条款中明确约定。委托人按照合同约定检查监理工作的执行情况,如果发现监理人员不按监理合同履行职责或与承包方串通,给委托人或工程造成损失,有权要求监理人更换监理人员,直至终止合同,并承担相应赔偿责任。

2) 监理人的权利

(1) 选择工程总设计单位和施工总承包单位的建议权。

(2) 选择工程分包设计单位和施工分包单位的确定权与否定权。

(3) 对工程建设有关事项,包括工程规模、设计标准、规划设计、生产工艺设计和使用功能要求,向业主提出建议的建议权。

(4) 对工程结构设计和其他专业设计中的技术问题,按照安全和优化的原则,自主向设计单位提出建议,并向业主提出书面报告;如果拟提出的建议会提高工程造价,或延长工期,应当事先取得业主的同意。发现工程设计不符合建筑工程质量标准或者合同约定的质量要求的,有权报告建设单位,由其要求设计单位改正。

(5) 对工程施工组织设计和技术方案,按照保质量、保工期和降低成本的原则,自主向承包商提出建议,并向业主提出书面报告;如果拟提出的建议会提高工程造价,或延长工期,应当事先取得业主的同意。

(6) 对与工程建设有关的协作单位进行组织协调的主持权,重要协调事项应当事先向业主报告。

(7) 报经业主同意后,发布开工令、停工令、复工令。

(8) 工程上使用的材料和施工质量的检验权。对于不符合设计要求及国家质量标准的材料、设备,有权通知承包商停止使用;不符合规范和质量标准的工序、分项分部工程和不安全的施工作业,有权通知承包商停工整改、返工。承包商取得监理机构复工令后才能复工。发布停、复工令应当事先向业主报告,如在紧急情况下未能事先报告,则应在24小时内向业主做出书面报告。

(9) 工程施工进度的检查、监督权,以及工程实际竣工日期提前或超过工程承包合同规定的竣工期限的签认权。

(10) 在工程承包合同约定的工程价格范围内工程款支付的审核和签认权,以及结算工程款的复核确认权与否定权。未经监理机构签字确认,业主不支付工程款。

在委托的工程范围内,委托人或承包人对对方的任何意见和要求(包括索赔要求),均必须首先向监理机构提出,由监理机构研究处置意见,再同双方协商确定。当委托人和承包人发生争议时,监理机构应根据自己的职能,以独立的身份判断,公正地进行调解。当双方的争议由政府建设行政主管部门调解或仲裁机构仲裁时,应当提供作证的事实材料。

3. 双方的义务

1) 委托人的义务

(1) 按合同约定,按时支付监理酬金。

(2) 负责工程建设的所有外部关系的协调,为监理工作提供外部条件。

《建设工程造价咨询合同(示范文本)》

(3) 在双方约定的时间内免费向监理机构提供与工程有关的为监理机构所需要的工程资料。

(4) 在约定的时间内就监理单位书面提出并要求做出决定的一切事宜做出书面决定。

(5) 应当授权一名熟悉本工程情况、能迅速做出决定的常驻代表,负责与监理单位联系。

(6) 应当将授予监理单位的监理权力,以及监理机构主要成员的职能分工,及时书面通知已选定的第三方,并在与第三方签订的合同中予以明确。

(7) 业主应为监理机构提供如下协助:获取本工程使用的原材料、机械设备等生产厂家名录,提供与本工程有关的协作单位、配合单位的名录。

(8) 免费向监理机构提供合同专用条件约定的设施，对监理单位自备的设施给予合理的 经济补偿。

(9) 双方约定由业主免费向监理机构提供职员和服务人员，则应在监理合同专用条件中增加与此相应的条款。

(10) 未经监理单位书面同意，业主不得转让该合同约定的权利和义务。

2) 监理人的义务

(1) 向业主报送委派的总监理工程师及其监理机构主要成员名单、监理规划，完成监理合同专用条件中约定的工程监理范围内的监理业务。

(2) 监理机构在履行监理合同的义务期间，应运用合理的技能，为业主提供与其水平相适应的咨询意见，认真、勤奋地工作，帮助业主实现合同预定的目标，公正地维护各方的合法权益。

(3) 监理机构使用的业主提供的设施和物品属于业主的财产，在监理公正完成或中止时，应将此类设施和剩余的物品库存清单提交给业主，并按合同约定的时间和方式移交此类设施和物品。

(4) 在合同期内或合同终止后，未征得有关方同意，不得泄露与本工程、本合同业务活动有关的保密资料。

(5) 监理单位不得转让合同约定的权利和义务。

(6) 除业主书面同意外，监理单位及职员不应该接受监理合同约定以外的与监理工程项目有关的报酬。监理单位不能参与可能与合同规定的与业主的利益相冲突的任何活动。

(7) 工程监理单位应当在其资质等级许可的监理范围内，承担工程监理业务。

(8) 工程监理单位与被监理的工程承包单位以及建筑材料、建筑构配件和设备供应单位不得有隶属关系或者其他利害关系。

4. 双方的责任

1) 委托人的责任

(1) 业主应当履行监理合同约定的义务，如有违反则应当承担违约责任，赔偿给监理单位造成的经济损失。

(2) 由于业主或第三方的原因使监理工作受到阻碍或延误，以致增加了工作量或持续时间，则监理单位应当将此情况与可能产生的影响及时通知业主。由此增加的工作量视为附加工作，完成监理业务的时间应当相应延长，并得到额外的酬金。

(3) 业主如果要求监理单位全部或部分暂停执行监理业务或终止监理合同，则应当在56天前通知监理单位。

(4) 监理单位在应当获得监理酬金之日起30天内仍未收到支付单据，而业主又未对监理单位提出任何书面意见时，如果终止监理合同的通知发出后14天内未得到业主答复，可进一步发出终止合同的通知，如果第二次通知发出后42天内仍未得到业主答复，可终止合同，自行暂停或继续暂停全部或部分监理业务。

(5) 监理单位由于非自己的原因而暂停或终止执行监理业务，其善后工作以及恢复执行监理业务的工作，应当视为额外工作，有权得到额外的时间和酬金。

(6) 如果业主在规定的支付期限内未支付监理酬金，自规定支付之日起，应当向监理单位补偿应支付的酬金利息，利息额按规定支付期限最后一日的银行贷款利息率乘以拖欠酬金时间计算。

2）监理人的责任

(1) 监理单位在责任期内，应当履行监理合同中约定的义务。如果因监理单位过失而造成了经济损失，监理单位应当承担相应的赔偿责任。

(2) 工程监理单位与承包商串通，为承包单位谋取非法利益，给建设单位造成损失的，应当与承包单位承担连带赔偿责任。

(3) 监理单位如需另聘专家咨询或协助，在监理业务范围内其费用由监理单位承担(监理业务以外，其费用由业主承担)。

(4) 监理单位向业主提出赔偿要求不能成立时，监理单位应当补偿由于该索赔所导致的业主的各种费用支出。

(5) 监理单位对第三方违反合同规定的质量要求和完工(交图、交货)时限，不承担责任。因不可抗力导致监理合同不能全部或部分履行，监理单位不承担责任。

5.合同的生效、变更、暂停、解除与终止

1）生效

除法律另有规定或者专用条件另有约定外，委托人和监理人的法定代表人或其授权代理人在协议书上签字并盖单位章后合同生效。

哪些合同属于无效合同?

2）变更

(1) 任何一方提出变更请求时，双方经协商一致后可进行变更。

(2) 除不可抗力外，因非监理人原因导致监理人履行合同期限延长、内容增加时，监理人应当将此情况与可能产生的影响及时通知委托人。增加的监理工作时间、工作内容应视为附加工作。附加工作酬金的确定方法在专用条件中约定。

(3) 合同生效后，如果实际情况发生变化使得监理人不能完成全部或部分工作时，监理人应立即通知委托人。除不可抗力外，其善后工作以及恢复服务的准备工作应为附加工作，附加工作酬金的确定方法在专用条件中约定。监理人用于恢复服务的准备时间不应超过28天。

(4) 合同签订后，遇有与工程相关的法律法规、标准颁布或修订的，双方应遵照执行。由此引起监理与相关服务的范围、时间、酬金变化的，双方应通过协商进行相应调整。

(5) 因非监理人原因造成工程概算投资额或建筑安装工程费增加时，正常工作酬金应作相应调整。调整方法在专用条件中约定。

(6) 因工程规模、监理范围的变化导致监理人的正常工作量减少时，正常工作酬金应作相应调整。调整方法在专用条件中约定。

3)暂停与解除

除双方协商一致可以解除合同外，当一方无正当理由未履行合同约定的义务时，另一方可以根据合同约定暂停履行合同直至解除合同。

(1) 在合同有效期内，由于双方无法预见和控制的原因导致合同全部或部分无法继续履行或继续履行已无意义，经双方协商一致，可以解除合同或监理人的部分义务。在解除之前，监理人应作出合理安排，使开支减至最小。

因解除合同或解除监理人的部分义务导致监理人遭受的损失，除依法可以免除责任的情况外，应由委托人予以补偿，补偿金额由双方协商确定。

解除合同的协议必须采取书面形式，协议未达成之前，合同仍然有效。

(2) 在合同有效期内，因非监理人的原因导致工程施工全部或部分暂停，委托人可通知监理人要求暂停全部或部分工作。监理人应立即安排停止工作，并将开支减至最小。除不可抗力外，由此导致监理人遭受的损失应由委托人予以补偿。

暂停部分监理与相关服务时间超过 182 天，监理人可发出解除合同约定的该部分义务的通知；暂停全部工作时间超过 182 天，监理人可发出解除合同的通知，合同自通知到达委托人时解除。委托人应将监理与相关服务的酬金支付至合同解除日，且应承担合同约定的责任。

(3) 当监理人无正当理由未履行合同约定的义务时，委托人应通知监理人限期改正。若委托人在监理人接到通知后的 7 天内未收到监理人书面形式的合理解释，则可在 7 天内发出解除合同的通知，自通知到达监理人时合同解除。委托人应将监理与相关服务的酬金支付至限期改正通知到达监理人之日，但监理人应承担合同约定的责任。

(4) 监理人在专用条件约定的支付之日起 28 天后仍未收到委托人按合同约定应付的款项，可向委托人发出催付通知。委托人接到通知 14 天后仍未支付或未提出监理人可以接受的延期支付安排，监理人可向委托人发出暂停工作的通知并可自行暂停全部或部分工作。暂停工作后 14 天内监理人仍未获得委托人应付酬金或委托人的合理答复，监理人可向委托人发出解除合同的通知，自通知到达委托人时合同解除。委托人应承担合同约定的责任。

(5) 因不可抗力致使合同部分或全部不能履行时，一方应立即通知另一方，可暂停或解除合同。

(6) 合同解除后，合同约定的有关结算、清理、争议解决方式的条件仍然有效。

4) 终止

以下条件全部满足时，合同即告终止：

(1) 监理人完成合同约定的全部工作；

(2) 委托人与监理人结清并支付全部酬金。

6. 监理报酬

1) 监理报酬的组成

监理报酬由正常监理报酬、附加工作报酬和合理化建议奖励金额及费用组成，如图 7.1 所示。

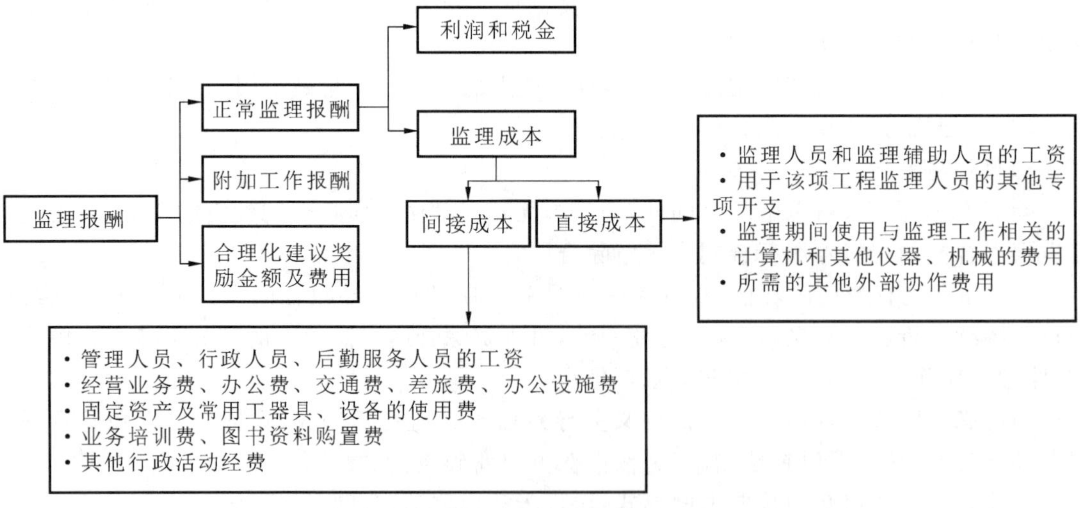


图 7.1 监理报酬的组成

(1) 正常监理工作的酬金。

正常监理工作酬金的构成,是监理人在工程项目监理中所需的全部成本,再加上合理的利润和税金。监理成本具体应包括直接成本和间接成本。

(2) 附加监理工作的酬金。

监理的附加工作可分为增加监理工作时间和增加监理工作内容两种。

① 增加监理工作时间的补偿酬金:

$$酬金=附加工作天数\times\frac{合同约定的报酬}{合同中约定的监理服务天数}$$

② 增加监理工作内容的补偿酬金:

增加监理工作的范围或内容属于监理合同的变更,双方应另行订立补充协议,并具体商定报酬额度和报酬的计算方法。

(3) 奖金。

监理人在监理过程中提出的合理化建议使委托人得到了经济效益,可获得经济奖励。奖金的计算办法是:

$$奖励金额=工程费用节省额\times报酬比例$$

2) 支付

① 在监理合同实施中,监理酬金支付方式可以根据工程的具体情况由双方协商确定。一般采取首期支付多少,以后每月(季)等额支付,工程竣工验收后结算尾款。

② 支付过程中,如果委托人对监理人提交的支付申请书有异议,应在收到支付申请书7天内向监理人发出异议通知,不得拖延其他无异议酬金项目支付。

③ 当委托人在议定的支付期限内未予支付的,自规定支付之日起向监理人补偿应支付酬金的利息。利息额按规定支付期限最后一天银行贷款利息率乘以拖欠酬金时间计算。

3) 监理报酬的计收

我国现行的监理费计算方法主要有四种,国家物价局、建设部颁发的价费字479号文《关于发布工程建设监理费有关规定的通知》中规定,工程建设监理费,根据委托监理业务的范围、深度和工程的性质、规模、难易程度以及工作条件等情况,按照下列方法之一收费。

(1) 按所监理工程概(预)算的百分比计收(工程建设监理收费标准如表7.1所示)。

(2) 按年度平均人数计算:3.5万~5万元/(人·年)。

(3) 不宜按上述两项办法计收的,由建设单位和监理单位按商定的其他方法计收。

(4) 中外合资,合作、外商独资的建设工程,工程建设监理费由双方参照国际标准协商确定。

**表7.1　工程建设监理收费标准**

| 序　号 | 工程概(预)算 $M$/万元 | 设计阶段(含设计招标)监理取费 $a$/(%) | 施工(含施工招标)及保修阶段监理取费 $b$/(%) |
|---|---|---|---|
| 1 | $M<500$ | $0.20<a$ | $2.50<b$ |
| 2 | $500\leqslant M<1000$ | $0.15<a\leqslant 0.20$ | $2.00<b\leqslant 2.50$ |
| 3 | $1000\leqslant M<5000$ | $0.10<a\leqslant 0.15$ | $1.40<b\leqslant 2.00$ |
| 4 | $5000\leqslant M<10\ 000$ | $0.08<a\leqslant 0.10$ | $1.20<b\leqslant 1.40$ |
| 5 | $10\ 000\leqslant M<50\ 000$ | $0.05<a\leqslant 0.08$ | $0.80<b\leqslant 1.20$ |

续表

| 序号 | 工程概(预)算 $M$/万元 | 设计阶段(含设计招标)监理取费 $a$/(%) | 施工(含施工招标)及保修阶段监理取费 $b$/(%) |
|---|---|---|---|
| 6 | $50\ 000 \leqslant M < 100\ 000$ | $0.03 < a \leqslant 0.05$ | $0.60 < b \leqslant 0.80$ |
| 7 | $100\ 000 \leqslant M$ | $a \leqslant 0.03$ | $b \leqslant 0.60$ |

上述四种取费方法，其中(3)(4)的具体适用范围，已有明确的界定；(1)(2)的使用范围，按照我国目前情况，做如下规定：

第(1)种方法，即按监理工程概预算百分比计收，这种方法比较简单、科学，在国际上也是一种比较常用的方法，一般情况下，新建、改建、扩建的工程，都应采用这种方式。

第(2)种方法，即按照参与监理工作的年度平均人数计算收费，这种方法，主要适用于单工种或临时性，或不宜按工程概预算的百分比计取监理费的监理项目。

按以上取费方法收取的费用，仅是正常的监理工作的那部分取费，在监理工作中所收费用还应包括附加工作的报酬。其收费应按照监理合同专用条件约定的方法计取，并按约定的时间和数额进行支付。

正常的监理工作、附加工作的报酬，按照监理合同专用条件中约定的方法计算，并按约定的时间和数额支付。如果委托人在规定的时间未支付监理报酬，自规定之日起，还应向监理人支付滞纳金。滞纳金从规定支付期限最后一日算起。支付监理报酬所采取的货币币种、汇率由合同专用条件约定。

7. 争议的解决及其他

1）争议的解决

一般首先通过双方协商解决。若未能达成一致，则提交主管部门协调。仍不能达成一致时，则提交仲裁机构仲裁或向法院起诉。争议的解决一般有和解、调解、仲裁或诉讼。

监理合同属于什么合同？

2）其他

(1) 委托的建设工程监理所必要的监理人员出外考察、材料设备复试，其费用支出经委托人同意的，在预算范围内向委托人实报实销。

(2) 在监理业务范围内，如需聘用专家咨询或协助，由监理人聘用的，其费用由监理人承担；由委托人聘用的，其费用由委托人承担。

(3) 监理人在监理工作过程中提出的合理化建议，使委托人得到了经济效益，委托人应当按合同专用条件中的约定给予经济奖励。

(4) 监理人驻地监理机构及其职员不得接受监理工程项目施工承包人的任何报酬或者经济利益。

(5) 监理人不得参与可能与合同规定的与委托人的利益相冲突的任何活动。

(6) 监理人在监理过程中，不得泄露委托人申明的秘密，监理人亦不得泄露设计人、承包人等提供并申明的秘密。

(7) 监理人对由其编制的所有文件拥有版权，委托人仅有权为本工程使用或复制此类文件。

## 7.3.2　建设工程监理合同的履行

建设工程监理合同的主要内容

1. 业主的履行

(1) 严格按照监理合同的规定履行应尽义务。

协调外部关系，为监理单位提供本工程使用的原材料、构配件、机械设备等生产厂家名录。

(2) 按照监理合同的规定行使权利。

① 对设计、施工任务的发包权；

② 对工程规模、设计标准的认定权及设计变更的审批权；

③ 对监理人的监督管理权。

(3) 业主的档案管理。

2. 监理单位的履行

(1) 确定项目总监理工程师，成立项目监理机构，进一步熟悉情况，收集有关资料，为开展建设监理工作做准备。收集项目特征有关资料、报建程序有关规定、工程所在地区技术经济状况及建设条件资料、类似工程建设有关资料。

(2) 制定工程项目监理规划。

(3) 制定各专业监理工作计划或实施细则。

(4) 根据制定的监理工作计划和运行制度，规范化地开展监理工作。一般情况下，监理单位应按时向业主提供监理月报，以供业主监督工程进展情况和检查监理机构的工作质量；如业主提出要求，还应就某些有关事项提交专项报告。监理工作的规范化要求工作应有顺序性，监理工作的规范化要求建设监理工作职责要明确，监理工作的规范化要求监理工作应有明确的工作目标。

如何写监理工作总结？

(5) 监理工作总结，包括向业主提交的监理工作总结、向监理单位提交的监理工作总结、监理工作中存在的问题及改进的建议。

## 小　结

建设工程委托监理合同简称监理合同，是一个总的协议，是纲领性文件。建设单位称委托人，监理单位称受托人。建设工程委托监理合同的特征有：监理合同的当事人双方应当是具有民事权利能力和民事行为能力、取得法人资格的企事业单位；监理合同的订立必须符合工程项目建设程序；委托监理合同的标的是服务。《建设工程监理合同(示范文本)》由协议书、通用条件和专用条件组成。

## 巩固训练

一、单项选择题

1.《建设工程监理合同(示范文本)》的附录 A 是用来明确约定(　　)的。

A. 监理服务酬金及支付时间　　B. 相关服务工作内容和范围

C. 项目监理机构人员及其职责　　D. 项目监理设备配置数量和时间

2.(　　)是指当事人双方约定一方委托他人处理事务,他人同意为其处理事务的协议。

A. 合同　　B. 委托合同　　C. 合同委托　　D. 监理合同

3.《建设工程监理合同(示范文本)》由协议书、(　　)组成。

A. 标准条件及通用条件　　B. 通用条件及专用条件

C. 标准条件及专用条件　　D. 示范文本条件及专用条件

4.(　　)是监理人为委托人提供的监理服务。

A. 监理合同的标的　　B. 监理投资控制

C. 监理质量控制　　D. 监理工期控制

5. 对工程设计中的技术问题,按照(　　)原则,向设计人提出建议。

A. 安全和优化　　B. 安全和适用　　C. 安全和可靠　　D. 安全和实用

6. 当事人一方要求变更或者解除合同时,应当在(　　)前通知对方。

A. 30 日　　B. 35 日　　C. 42 日　　D. 48 日

7.(　　)的签订,意味着委托关系的形成,委托方与被委托方都将受到合同的约束。

A. 监理合同　　B. 委托协调合同　　C. 委托合同　　D. 监理委托合同

8. 双方承担义务和责任的协议是(　　)。

A. 监理合同　　B. 监理委托合同　　C. 委托合同　　D. 委托协调合同

9. 委托人委托监理业务的范围可以非常广泛,在每一阶段内可进行(　　)的三大控制。

A. 进度、质量、工期　　B. 投资、进度、质量

C. 投资、质量、工期　　D. 投资、进度、工期

10. 监理人执行监理工作的要求,应当符合(　　)的规定。

A. 建设工程委托监理合同　　B. 建筑工程质量验收规范

C.《建设工程监理规范》　　D. 建筑工程质量评定规范

11. 项目建设所需物资按标的物的特点可以区分为(　　)两大类。

A. 总包合同和分包合同　　B. 要约合同和承诺合同

C. 买卖合同和承揽合同　　D. 买卖合同和租赁合同

12. 监理规划是工程监理企业接受业主委托并签订建设工程委托监理合同后,由(　　)主持编写的。

A. 承建商　　B. 总监理工程师

C. 专业监理工程师　　D. 监理员

13. 建设工程监理目标是项目监理机构建立的前提，应根据(　　)确定的监理目标建立项目监理机构。

A. 委托监理合同　B. 监理实施细则　C. 监理大纲　D. 监理规划

14. 根据《中华人民共和国招标投标法》，中标通知书发出后，招标人和中标人应在(　　)天内订立书面合同。

A. 10　B. 20　C. 30　D. 40

15. 根据《建设工程监理合同(示范文本)》，当委托人严重拖欠监理酬金而未提出任何书面解释时，监理人可(　　)。

A. 发出终止合同通知，通知发出 14 日合同即行终止

B. 发出终止合同通知，通知发出 14 日内未得到答复，可进一步发出终止合同通知，第二个通知到达即行终止

C. 发出终止合同通知，通知发出 14 日内未得到答复，可在第一个通知发出 35 日内终止合同

D. 发出终止合同通知，通知发出 14 日内未得到答复，可进一步发出终止合同通知，第二个通知发出 42 日仍未得到答复可终止合同

16. 监理合同的有效期是指(　　)。

A. 合同约定的开始日至完成日

B. 合同签订日至合同约定的完成日

C. 合同约定的开始日至工程验收合格日

D. 合同签订日至监理人收到监理报酬尾款日

17. 应由建设单位承担责任的索赔事件，分包商向(　　)提出索赔要求后，承包商应首先分析事件的起因和影响，并依据两个合同判明责任。

A. 建设单位　B. 承包商　C. 工程师　D. 工程师代表

18. 根据《建设工程施工合同(示范文本)》的规定，下列施工合同履行中发生的事件，既可作为顺延合同工期的理由，又可作为调整合同价款理由的是(　　)。

A. 一周内限电导致累计停工时间超过一个工作日

B. 工程造价管理部门公布的价格调整

C. 施工作业导致停水 2 天

D. 地方税费发生变化

19. 根据《建设工程施工合同(示范文本)》的规定，下列关于隐蔽工程检验的说法中，正确的是(　　)。

A. 工程师与承包人共同检验

B. 工程师无故不参加验收，视为该隐蔽工程通过检验

C. 工程师未在检验记录上签字，承包人 7 日内不得进行工程隐蔽

D. 验收不合格，承包人应在工程师限定的时间内返工后重新报验

20. 某施工合同履行过程中，承包人因自身原因造成实际工程进度滞后于计划进度，按照工程师要求对进度计划进行了修改，并得到工程师的确认。但执行修改后的进度计划，仍不能按期完工。下列关于该拖期的处理方法中，正确的是(　　)。

A. 追究承包人拖期违约责任时，减少合同约定的日拖期赔偿金额

B. 工程师对确认进度计划负责，承担部分拖期完工违约金

C. 承包人按合同约定的拖期违约金的计算办法承担违约责任

D. 按照修改后的进度计划确认新的合同工期，不视为拖期完工

**二、多项选择题**

1. 建设工程委托监理合同简称监理合同，其特征是(　　)。

A. 监理合同的当事人双方应当是具有民事权利能力和民事行为能力，取得法人资格的企事业单位

B. 监理合同委托的工作内容必须符合工程项目建设程序

C. 委托监理合同的标的是劳务

D. 委托监理合同的标的是服务

E. 监理合同的订立必须符合工程项目建设程序

2. 根据《建设工程监理合同(示范文本)》的规定，下列监理工作中，属于附加监理工作的有(　　)。

A. 由于委托人的原因使工作受阻而增加的工作

B. 由于第三方的原因使工作受阻而增加的工作

C. 由于委托人要求增加服务内容和工作范围而增加的工作

D. 非监理人的原因导致监理业务暂停后的恢复工作

E. 非监理人的原因导致监理合同终止的善后工作

3. 根据《建设工程监理合同(示范文本)》，下列情况中，监理人应承担违约责任的有(　　)。

A. 因承包人维修工程质量缺陷导致工程延误竣工

B. 承包人未执行监理工程师的指示，在施工中发生安全事故

C. 承包商未能发现设计错误，导致施工返工

D. 监理工程师未按规定程序进行质量检验

E. 监理工程师未能按试验数据做出正确判断，导致工程发生质量事故

4. 根据《建设工程监理合同(示范文本)》，监理人在委托人委托的工程范围内享有的权利包括(　　)。

A. 工程施工组织设计的审批权　　B. 工程建设规模的建议权

C. 选择工程分包人的认可权　　D. 工程设计标准的决策权

E. 工程设计中技术问题的建议权

5. 委托合同中委托人、受托人是主体，受托人的义务有(　　)。

A. 受托人对委托事务原则上亲自办理

B. 受托人对委托事务应亲自办理

C. 受托人应将委托事务的开展情况向委托人报告

D. 受托人应将因办理委托事务取得的各种利益及时转给委托人

E. 受托人以自己的名义为委托人办理事务而取得的权利，应将权利转移给委托人

6. 建设工程委托监理合同中监理人的责任有(　　)。

A. 监理人的责任期即委托监理合同有效期

B. 监理人在责任期内,如因过失而造成经济损失,要负监理失职的责任

C. 监理人对承包人违反合同规定的质量和要求完工时限,不承担责任

D. 监理人对承包人违反合同规定的质量和要求完工时限,承担责任

E. 监理人向委托人提出赔偿要求不能成立时,监理人应当补偿由于该索赔所导致的委托人的各种费用支出

7. 正常的监理酬金的构成,是监理人在工程项目监理中所需的全部成本,再加上合理的利润和税金,其中直接成本包括(　　)。

A. 监理人员和监理辅助人员的工资

B. 用于该项工程监理人员的其他专项开支

C. 监理期间使用与监理工作相关的计算机和其他仪器、机械的费用

D. 监理期间的工程事故损失费用

E. 所需的其他外部协作费用

8. 在签订建设工程委托监理合同时双方必须商定(　　)。

A. 监理期限　　B. 监理内容

C. 何时开始　　D. 何时完成

E. 监理酬金

9. 委托人与监理人签订合同,其根本目的就是实现合同的标的,明确双方的权利和义务,则委托人的权利有(　　)。

A. 授予监理人权限

B. 监理人调换总监理工程师不需经委托人同意

C. 对其他合同承包人的选定权

D. 委托监理工程重大事项的决定权

E. 对监理人履行合同的监督控制权

10. 工程监理的正常工作是指合同订立时通用条件和专用条件中约定的监理人的工作,大致包括(　　)。

A. 工程技术咨询服务　　B. 工程技术管理服务

C. 技术监督和检查　　D. 工程质量、进度控制

E. 协助委托人选择承包人,组织设计、施工、设备采购招标等

**三、名词解释**

1. 建设工程委托监理合同:

2. 监理合同标的:

3. 监理合同有效期:

4. 监理报酬:

5. 正常监理工作的酬金:

**四、简答题**

1. 简述建设工程委托监理合同的特征。

2. 简述建设工程监理合同中委托人的权利。

3. 简述建设工程监理合同中监理人的权利。

4. 简述建设工程监理合同中委托人的义务。

5. 简述建设工程监理合同中监理人的义务。

6. 简述监理报酬的组成。

7. 我国现行的监理费计算方法主要有哪几种?

8. 简述建设工程监理合同业主的履行。

**五、案例分析**

某工程项目，建设单位与施工总承包单位按《建设工程施工合同(示范文本)》签订了施工承包合同，并委托某监理公司承担施工阶段的监理任务，施工总承包单位将桩基工程分包给一家专业施工单位。开工前：

(1) 总监理工程师组织监理人员熟悉设计文件时发现部分图纸设计不当，即通过计算修改了该部分图纸，并直接签发给施工总承包单位；

(2) 在工程定位放线期间，总监理工程师指派测量监理员复核施工总承包单位报送的原始基准点、基准线和测量控制点；

(3) 总监理工程师审查了分包单位直接报送的资格报审表等相关资料；

(4) 在合同约定开工日期的前 5 天，施工总承包单位书面提交了延期 10 天开工申请，总监理工程师不予批准。

钢筋混凝土施工过程中监理人员发现：

(1) 按合同约定由建设单位负责采购的一批钢筋，虽供货方提供了质量合格证，但在使用前的抽检试验中材质检验不合格；

(2) 在钢筋绑扎完毕后，施工总承包单位未通知监理人员检查就准备浇筑混凝土；

(3) 该部位施工完毕后，混凝土浇筑时留置的混凝土试块试验结果没有达到设计要求的强度。

竣工验收时，总承包单位完成了自查、自评工作，填写了工程竣工报验单，并将全部竣工资料报送项目监理机构，申请竣工验收。总监理工程师认为施工过程中均按要求进行了验收，即签署了竣工报验单，并向建设单位提交了质量评估报告。建设单位收到监理单位提交的质量评估报告后，即将该工程正式投入使用。

问题：

1. 对总监理工程师在开工前所处理的几项工作是否妥当进行评价，并说明理由。如果有不妥当之处，写出正确做法。

2. 对施工过程中出现的问题监理人员应分别如何处理?

3. 指出工程竣工验收时总监理工程师在执行验收程序方面的不妥之处，写出正确做法。

4. 建设单位收到监理单位提交的质量评估报告，即将该工程正式投入使用的做法是否正确？说明理由。

工作手册8

# 建设工程信息管理

JIANSHE GONGCHENG XINXI GUANLI

**知识目标**

掌握建设工程监理信息的管理流程及基本环节；掌握建设工程监理文件和档案资料管理；熟悉建设工程监理信息的特点、重要性和分类；了解归档文件的质量要求、组卷要求和建设工程监理表格体系与填写要点。

**能力目标**

具备理解和应用建设工程监理信息管理流程及基本环节的基本能力；具备建设工程监理资料编制及归档的基本能力；具备应用建设工程监理表格体系与填写要点的基本能力；能够运用监理信息管理相关基本知识解决工程实际问题。

**工程案例**

某工程建设项目，业主（建设单位）委托某监理公司承担该项目的施工阶段的监理工作，要求建设工程档案管理和分类按照《建设工程文件归档规范》执行。工程开始后，总监理工程师任命了一位负责信息管理的专业监理工程师，并根据《建设工程监理规范》建立了监理报表体系，制定了监理主要文件档案清单，并按建设工程信息管理各环节要求进行建设工程的文档管理，竣工后又按要求向相关单位移交了监理文件。

参考答案

问题：

1. 按照《建设工程文件归档规范》规定，建设工程档案资料分为哪几大类？

2. 根据《建设工程监理规范》的规定，构成监理报表体系的报表有哪几大类？监理主要文件档案有哪些？

3. 建设工程信息管理有哪些环节？

4. 监理机构应向哪些单位移交需要归档保存的监理文件？

## 8.1 建设工程信息管理基本知识

### 8.1.1 数据、信息的基本概念

1. 数据

数据是客观实体属性的反映，是一组表示数量、行为和目标，可以记录下来加以鉴别的符号。

数据，首先是客观实体属性的反映，客观实体通过各个角度的属性的描述，反映其与其他实体的区别。例如，在反映某个建筑工程质量时，我们通过对设计、施工单位资质、人员、施工设备、使用的材料、构配件、施工方法、工程地质、天气、水文等各个角度的数据搜集汇总，就很好地反映了该工程的总体质量。这里，各个角度的数据，即是建筑工程这个实体的各种属性的反映。

数据有多种形态，我们这里所提到的数据是广义的数据概念，包括文字、数值、语言、图表、图形、颜色等多种形态。例如，施工图纸、管理人员发出的指令、施工进度的网络图、管理的直方图、月报表等都是数据。今天，我们的计算机对此类数据都可以加以处理。

2. 信息

信息是对数据的解释，反映了事物（事件）的客观规律，为使用者提供决策和管理所需要的依据。信息和数据是不可分割的。信息来源于数据，又高于数据，信息是数据的灵魂；数据是信息的载体。

3. 信息的时态

信息有三个时态：信息的过去时是知识，现在时是数据，将来时是情报。

(1) 信息的过去时是知识。知识是前人经验的总结，是人类对自然界规律的认识和掌握，是一种系统化的信息。

(2) 信息的现在时是数据。数据是人类生产实践中不断产生信息的载体，我们要用动态的眼光来看待数据，把握住数据的动态节奏，就掌握了信息的变化。

(3) 信息的将来时是情报。情报代表信息的趋势和前沿，情报往往要用特定的手段获取，有特定的使用范围、特定的目的、特定的时间、特定的传递方式，带有特定的机密性。

### 8.1.2 监理信息的特点

1. 信息量大

因为监理的工程项目管理涉及多部门、多专业、多环节、多渠道，而且工程建设中的情况多变化，处理的方式又多样化，因此信息量也特别大。

2. 信息系统性强

由于工程项目往往具有一次性（或单件性）的特点，即使是同类型的项目，也往往因为地点、施工单位或其他情况的变化而变化，因此虽然信息量大，但都集中于所管理的项目对象上，这就为信息系统的建立和应用创造了条件。

3. 信息传递中的障碍多

传递中的障碍来自于地区的间隔、部门的分散、专业的隔阂，或传递的手段落后，或对信息的重视与理解能力、经验、知识的限制。

4. 信息的滞后现象

信息往往是在项目建设和管理过程中产生的，信息反馈一般要经过加工、整理、传递以后才能到达决策者手中，因此是滞后的。倘若信息反馈不及时，容易影响信息作用的发挥而造成失误。

### 8.1.3 建设工程项目信息的分类

建设工程项目监理过程中涉及大量的信息，这些信息依据不同标准可划分如下。

1. 按照建设工程的目标划分

(1) 投资控制信息：指与投资控制直接有关的信息，如各种估算指标、类似工程造价、物价指数，设计概算、概算定额，施工图预算、预算定额，工程项目投资估算，合同价组成，投资目标体系，计划工程量、已完工程量、单位时间付款报表、工程量变化表，人工、材料调差表，索赔费用表，投资偏差、已完工程结算，竣工决算、施工阶段的支付账单，原材料价格、机械设备台班费、人工费、运杂费等。

(2) 质量控制信息：指与建设工程项目质量有关的信息，如国家有关的质量法规、政策及质量标准、项目建设标准，质量目标体系和质量目标的分解，质量控制工作流程、质量控制的工作制度、质量控制的方法，质量控制的风险分析，质量抽样检查的数据，各个环节工作的质量(工程项目决策的质量、设计的质量、施工的质量)，质量事故记录和处理报告等。

(3) 进度控制信息：指与进度相关的信息，如施工定额，项目总进度计划、进度目标分解、项目年度计划、工程总网络计划和子网络计划、计划进度与实际进度偏差，网络计划的优化、网络计划的调整情况，进度控制的工作流程、进度控制的工作制度、进度控制的风险分析等。

(4) 合同管理信息：指与建设工程相关的各种合同信息，如工程招投标文件；工程建设施工承包合同，物资设备供应合同，咨询、监理合同；合同的指标分解体系；合同签订、变更、执行情况；合同的索赔等。

2. 按照建设工程项目信息的来源划分

(1) 项目内部信息：指建设工程项目各个阶段、各个环节、各有关单位发生的信息总体。内部信息取自建设项目本身，如工程概况、设计文件、施工方案、合同结构、合同管理制度，信息资料的编码系统、信息目录表，会议制度，监理班子的组织，项目的投资目标、项目的质量目标、项目的进度目标等。

(2) 项目外部信息：来自项目外部环境的信息称为外部信息。如国家有关的政策及法规，国内及国际市场的原材料及设备价格、市场变化，物价指数，类似工程造价、进度，投标单位的实力、投标单位的信誉、毗邻单位情况，新技术、新材料、新方法，国际环境的变化，资金市场变化等。

3. 按照信息的稳定程度划分

(1) 固定信息：指在一定时间内相对稳定不变的信息，包括标准信息、计划信息和查询信息。标准信息主要指各种定额和标准，如施工定额、原材料消耗定额、生产作业计划标准、设备和工具的耗损程度等。计划信息反映在计划期内已定任务的各项指标情况。查询信息主要指国家和行业颁发的技术标准、不变价格、监理工作制度、监理工程师的人事卡片等。

(2) 流动信息：指在不断变化的动态信息。如：项目实施阶段的质量、投资及进度的统计信息，它反映在某一时刻项目建设的实际进程及计划完成情况；项目实施阶段的原材料实际消耗量、机械台班数、人工工日数等。

4. 按照信息的层次划分

(1) 战略性信息：指该项目建设过程中的战略决策所需的信息，如投资总额、建设总工期、承包商的选定、合同价的确定等信息。

（2）管理性信息：指项目年度进度计划、财务计划等。

（3）业务性信息：指各业务部门的日常信息，较具体，精度较高。

5. 按照信息的性质划分

建设项目信息按项目管理功能可分为组织类信息、管理类信息、经济类信息和技术类信息四大类。

6. 按照其他标准划分

（1）按照信息范围的不同，可以把建设工程项目信息分为精细的信息和摘要的信息两类。

（2）按照信息时间的不同，可以把建设工程项目信息分为历史性信息、即时信息和预测性信息三大类。

（3）按照监理阶段的不同，可以把建设工程项目信息分为计划的、作业的、核算的、报告的信息。在监理开始时，要有计划的信息；在监理过程中，要有作业的和核算的信息；在某一项目的监理工作结束时，要有报告的信息。

（4）按照对信息的期待性不同，可以把建设工程项目信息分为预知的信息和突发的信息两类。预知的信息是监理工程师可以估计到的，它产生在正常情况下；突发的信息是监理工程师难以预计的，它发生在特殊情况下。

## 8.2 建设工程信息管理流程

建设工程参建各方对数据和信息的收集是不同的，有不同的来源、不同的角度、不同的处理方法，但要求各方相同的数据和信息应该规范。

从监理的角度，建设工程的信息收集由介入阶段不同，决定收集不同的内容。监理单位介入的阶段有项目决策阶段、项目设计阶段、项目施工招投标阶段、项目施工阶段等多个阶段。各不同阶段，与建设单位签订的监理合同内容也不尽相同，因此收集信息要根据具体情况决定。

### 8.2.1 监理工作信息流程

建设工程的信息流由建设各方的信息流组成，监理单位的信息系统是建设工程信息系统的一个子系统，监理的信息流仅仅是建设工程中的一部分信息流。建设工程的信息流程图如图 8.1 所示。

在监理单位内部，也有一个信息流程。监理单位的信息系统更偏重于内部管理和对所监理的建设工程项目监理部的宏观管理，对具体的某个工程项目监理部，也要组织必要的信息流程，加强项目数据和信息的微观管理。监理单位的信息流程图如图 8.2 所示，项目监理部的信息流程图如图 8.3 所示。

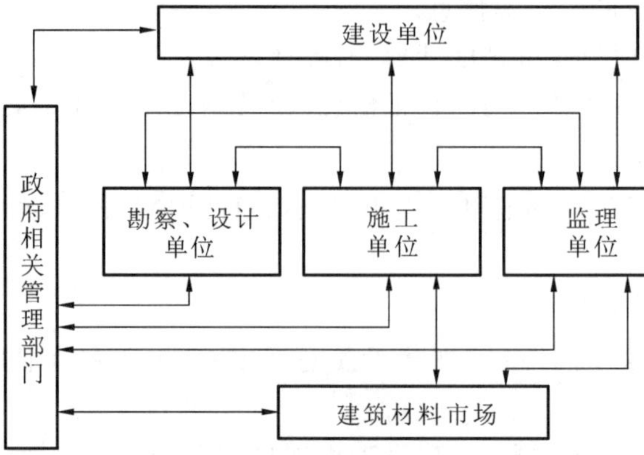


图 8.1 建设工程的信息流程图

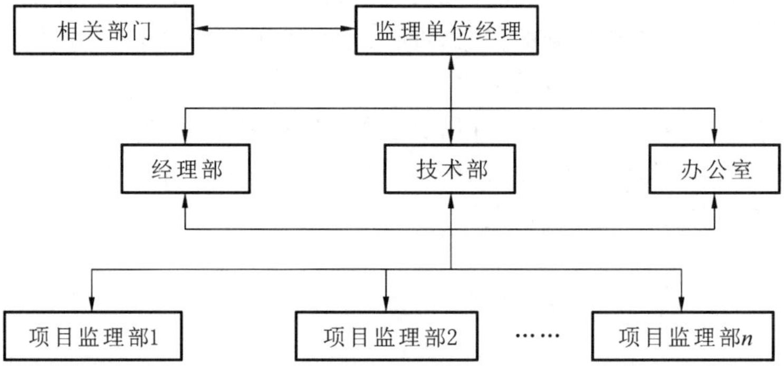


图 8.2 监理单位的信息流程图

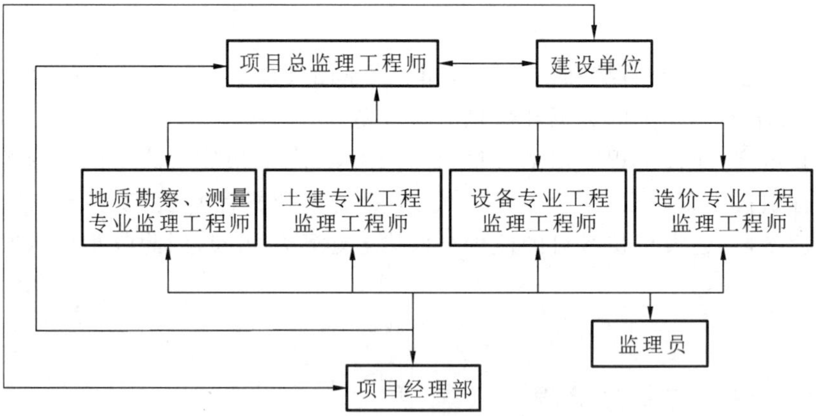


图 8.3 项目监理部的信息流程图

### 8.2.2 监理信息的收集

1. 项目决策阶段的信息收集

在项目决策阶段，信息收集从以下几方面进行：

(1) 项目相关市场方面的信息。如产品预计进入市场后的市场占有率、社会需求量、预计产品价格变化趋势、影响市场渗透的因素、产品的生命周期等。

(2) 项目资源相关方面的信息。如资金筹措渠道、方式,原辅料,矿藏来源,劳动力,水、电、气供应等。

(3) 自然环境相关方面的信息。如城市交通、运输、气象、地质、水文、地形地貌、废料处理可能性等。

(4) 新技术、新设备、新工艺、新材料,专业配套能力方面的信息。

(5) 政治环境,社会治安状况,当地法律、政策、教育的信息。

2. 设计阶段的信息收集

监理单位在设计阶段的信息收集要从以下几方面进行:

(1) 可行性研究报告,前期相关文件资料,存在的疑点和建设单位的意图,建设单位前期准备和项目审批完成的情况。

(2) 同类工程相关信息:建筑规模,结构形式,造价构成,工艺,设备的选型,地质处理方式及实际效果,建设工期,采用新材料、新工艺、新设备、新技术的实际效果及存在的问题,技术经济指标。

(3) 拟建工程所在地相关信息:地质、水文情况,地形地貌、地下埋设和人防设施情况,城市拆迁政策和拆迁户数,青苗补偿,周围环境(水、电、气及道路等的接入点,周围建设、交通、学校、医院、商业、绿化、消防、排污)。

(4) 勘察、测量、设计单位相关信息:同类工程完成情况,实际效果,完成该工程的能力,人员构成,设备投入,质量管理体系完善情况,创新能力,收费情况,施工期技术服务主动性和处理发生问题的能力,设计深度和技术文件质量,专业配套能力,设计概算和施工图预算编制能力,合同履约情况,采用新技术、新设备能力等。

(5) 工程所在地政府相关信息:国家和地方政策、法律、法规、规范、规程、政府服务情况和限制等。

(6) 设计中的设计进度计划,设计质量保证体系,设计合同执行情况,偏差产生的原因,纠偏措施,专业间设计交接情况,规范、规程、技术标准特别是强制性规范执行的情况,设计概算和施工图预算结果,超限额的原因,各设计工序对投资的控制等。

3. 施工招投标阶段的信息收集

施工招投标阶段信息收集从以下几方面进行:

(1) 工程地质、水文地质勘查报告,施工图设计及施工图预算、设计概算,设计、地质勘查、测绘的审批报告等方面的信息,特别是该建设工程有别于其他同类工程的技术要求、材料、设备、工艺、质量要求的有关信息。

(2) 建设单位建设前期报审文件:立项文件,建设用地、征地、拆迁文件。

(3) 工程造价的市场变化规律及所在地区的材料、构件、设备、劳动力差异。

(4) 当地施工单位管理水平、质量保证体系、施工质量、设备、机具能力。

(5) 本工程适用的规范、规程、标准,特别是强制性规范。

(6) 所在地关于招投标有关法规、规定,国际招标、国际贷款指定适用的范本,本工程适用的建筑施工合同范本及特殊条款精髓所在。

(7) 所在地招投标代理机构能力、特点,所在地招投标管理机构及管理程序。

(8) 该建设工程采用的新技术、新设备、新材料、新工艺,投标单位对“四新”的处理能力和了解程度、经验、措施。

4. 施工阶段的信息收集

施工阶段的信息收集，可从施工准备期、施工实施期、竣工保修期三个阶段分别进行。

施工阶段是物质过程和信息过程的高度融合。虽然施工阶段的主要任务是按图施工，其主要工作成果是建设完成的工程项目实体，但施工阶段的物质生产过程始终伴随着信息过程，它一方面需要施工之前的信息过程产生的信息，另一方面又不断地产生着新信息。从项目管理的角度，传统工程建设组织中存在的信息沟通障碍及主要问题有：一是重在纵向命令，缺乏横向沟通；二是沟通路线长，沟通层次多；三是信息传递手段落后，信息传递方式单调；四是信息管理混乱，缺少统一信息编码；五是信息传递中有效内容短缺；六是信息传递中信息内容扭曲；七是信息传递中信息内容过载；八是信息内容传递延误；九是信息管理和沟通的成本过高。

1）施工准备期

施工准备期指从建设工程合同签订到项目开工这个阶段，在施工招投标阶段监理未介入时，本阶段是施工阶段监理信息收集的关键阶段，监理工程师应该从以下几点入手收集信息：

(1) 监理大纲；施工图设计及施工图预算，特别要掌握结构特点，掌握工程难点、要点、特点，掌握工业工程的工艺流程特点、设备特点，了解工程预算体系（按单位工程、分部工程、分项工程分解）；了解施工合同。

(2) 施工单位项目经理部组成，进场人员资质；进场设备的规格型号、保修记录；施工场地的准备情况；施工单位质量保证体系及施工单位的施工组织设计，特殊工程的技术方案，施工进度网络计划图表；进场材料、构件管理制度；安全保安措施；数据和信息管理制度；检测和检验、试验程序和设备；承包单位和分包单位的资质等施工单位信息。

(3) 建设工程场地的地质、水文、测量、气象数据；地上、地下管线，地下洞室，地上原有建筑物及周围建筑物、树木、道路；建筑红线，标高、坐标；水、电、气管道的引入标志；地质勘查报告、地形测量图及标桩等环境信息。

(4) 施工图的会审和交底记录；开工前的监理交底记录；对施工单位提交的施工组织设计按照项目监理部要求进行修改的情况；施工单位提交的开工报告及实际准备情况。

(5) 本工程需遵循的相关建筑法律、法规和规范、规程，有关质量检验、控制的技术法规和质量验收标准。

2）施工实施期

施工实施期，信息来源相对比较稳定，主要是施工过程中随时产生的数据，由施工单位层层收集上来，比较单纯，容易实现规范化。

施工实施期收集的信息应该分类并由专门的部门或专人分级管理，项目监理部可从下列方面收集信息：

(1) 施工单位人员、设备、水、电、气等能源的动态信息。

(2) 施工期气象的中长期趋势及同期历史数据，每天不同时段的动态信息，特别在气候对施工质量影响较大的情况下，更要加强收集气象数据。

(3) 建筑原材料、半成品、成品、构配件等工程物资的进场、加工、保管、使用等信息。

(4) 项目经理部管理程序；质量、进度、投资的事前、事中、事后控制措施；数据来源及采集、处理、存储、传递方式；工序间交接制度；事故处理制度；施工组织设计及专项技术方案执行的情况；工地文明施工及安全措施等。

（5）施工中需要执行的国家和地方规范、规程、标准；施工合同执行情况。

（6）施工中发生的工程数据，如地基验槽及处理记录、工序间交接记录、隐蔽工程检查记录等。

（7）建筑材料必试项目有关信息，如水泥、砖、砂石、钢筋、外加剂、混凝土、防水材料、回填土、饰面板、玻璃幕墙等。

（8）设备安装的试运行和测试项目有关信息，如电气接地电阻、绝缘电阻测试，管道通水、通气、通风试验，电梯施工试验，消防报警、自动喷淋系统联动试验等。

（9）施工索赔相关信息，如索赔程序、索赔依据、索赔证据、索赔处理意见等。

3）竣工保修期

竣工保修阶段要收集的信息有：

（1）工程准备阶段文件，如立项文件，建设用地、征地、拆迁文件，开工审批文件等。

（2）监理文件，如监理规划、监理实施细则、有关质量问题和质量事故的相关记录、监理工作总结以及监理过程中各种控制和审批文件等。

建设工程的
最低保修期限

（3）施工资料，分为建筑安装工程和市政基础设施工程两大类分别收集。

（4）竣工图，分建筑安装工程和市政基础设施工程两大类分别收集。

（5）竣工验收资料，如工程竣工总结、竣工验收备案表、电子档案等。

在竣工保修期，监理单位按照《建设工程文件归档规范》（GB/T 50328—2014）收集监理文件并协助建设单位督促施工单位完成全部资料的收集、汇总和归类整理。

《建设工程文件
归档规范》

### 8.2.3　建设工程信息的加工、整理、分发、检索和存储

1. 信息的加工、整理

信息的加工主要是对建设各方得到的数据和信息进行鉴别、选择、核对、合并、排序、更新、计算、汇总、转储，生成不同形式的数据和信息，提供给有不同需求的各类管理人员使用。在信息加工时，往往要求按照不同的需求，分层进行加工。不同的使用角度，加工方法是不同的。

2. 信息的加工、整理和存储流程

信息处理包括信息的加工、整理和存储。信息的加工、整理和存储流程是信息系统流程的主要组成部分。信息系统的流程图有业务流程图、数据流程图，一般先找到业务流程图，再进一步绘制数据流程图。数据流程图的绘制从上而下地层层细化，经过整理、汇总后得到总的数据流程图，再得到系统的信息处理流程图。

3. 信息的分发和检索

在通过对收集的数据进行分类加工处理产生信息后，要及时提供给需要使用数据和信息的部门。信息和数据要根据需要来分发，信息和数据的检索则要建立必要的分级管理制度，一般由使用软件来保证实现数据和信息的分发、检索，关键是要决定分发和检索的原则。

分发和检索的原则是：需要的部门和使用人，有权在需要的第一时间，方便地得到所需要的、以规定形式提供的一切信息和数据，而保证不向不该知道的部门（人）提供任何信息和数据。考虑分发的设计时，主要内容有：

(1) 了解部门或人的使用目的、使用周期、使用频率、得到时间、数据的安全要求；

(2) 决定分发的项目、内容、分发量、范围和数据来源；

(3) 决定分发信息和数据的数据结构、类型、精度和如何组织成规定的格式；

(4) 决定提供的信息和数据介质。

检索信息和数据时则要考虑：

(1) 允许检索的范围、检索的密级划分、密码的管理；

(2) 检索的信息和数据能否及时、快速地提供，采用什么手段实现；

(3) 提供检索需要的数据和信息输出形式，能否根据关键字实现智能检索。

4. 信息的存储

信息的存储一般需要建立统一的数据库，各类数据以文件的形式组织在一起，组织的方法一般由单位自定，但要考虑规范化。根据建设工程实际，可以按照下列方式组织：

(1) 按照工程进行组织，同一工程按照投资、进度、质量、合同的角度组织，各类信息再进一步按照具体情况进行细化。

(2) 文件名规范化，以定长的字符串作为文件名。

(3) 建设各方协调统一存储方式，在国家技术标准有统一的代码时尽量采用统一代码。

(4) 有条件时可以通过网络数据库形式存储数据，达到建设各方数据共享，减少数据冗余，保证数据的唯一性。

## 8.3 建设工程资料与文档管理

### 8.3.1 建设工程文件档案资料概念与特征

1. 建设工程文件概念

建设工程文件指在工程建设过程中形成的各种形式的信息记录，包括工程准备阶段文件、监理文件、施工文件、竣工图和竣工验收文件，也可简称为工程文件。

(1) 工程准备阶段文件：工程开工以前，在立项、审批、征地、勘察、设计、招投标等工程准备阶段形成的文件。

(2) 监理文件：监理单位在工程设计、施工等阶段监理过程中形成的文件。

(3) 施工文件：施工单位在工程施工过程中形成的文件。

(4) 竣工图：工程竣工验收后，真实反映建设工程项目施工结果的图样。

(5) 竣工验收文件：建设工程项目竣工验收活动中形成的文件。

2. 建设工程档案概念

建设工程档案指在工程建设活动中直接形成的具有归档保存价值的文字、图表、声像等各种形式的历史记录，也可简称为工程档案。

3. 建设工程文件档案资料

建设工程文件和档案组成建设工程文件档案资料。

4. 建设工程文件档案资料载体

（1）纸质载体：以纸张为基础的载体形式。

（2）缩微品载体：以胶片为基础，利用缩微技术对工程资料进行保存的载体形式。

（3）光盘载体：以光盘为基础，利用计算机技术对工程资料进行存储的形式。

（4）磁性载体：以磁性记录材料（磁带、磁盘等）为基础，对工程资料的电子文件、声音、图像进行存储的方式。

5. 建设工程文件档案资料特征

建设工程文件档案资料有以下方面的特征：分散性和复杂性、继承性和时效性、全面性和真实性、随机性、多专业性和综合性。

6. 工程文件归档范围

（1）对与工程建设有关的重要活动，记载工程建设主要过程和现状、具有保存价值的各种载体的文件，均应收集齐全，整理立卷后归档。

（2）工程文件的具体归档范围按照《建设工程文件归档规范》（GB/T 50328—2014）中“建筑工程文件归档范围”表（共5大类）执行。

## 8.3.2　建设工程档案编制质量要求与组卷方法

建设工程档案编制质量要求与组卷方法应遵循住房和城乡建设部、国家质量监督检验检疫总局联合发布的《建设工程文件归档规范》（GB/T 50328—2014），此外，尚应执行《科学技术档案案卷构成的一般要求》（GB/T 11822—2008）、《技术制图　复制图的折叠方法》（GB/T 10609.3—2009）等规范或文件及各省、市相应的地方规范。

1. 归档文件的质量要求

（1）归档的工程文件一般应为原件。

（2）工程文件的内容及其深度必须符合国家有关工程勘察、设计、施工、监理等方面的技术规范、标准和规程。

（3）工程文件的内容必须真实、准确，与工程实际相符合。

（4）工程文件应采用耐久性强的书写材料，如碳素墨水、蓝黑墨水；不得使用易褪色的书写材料，如红色墨水、纯蓝墨水、圆珠笔、复写纸、铅笔等。

《科学技术档案案卷构成的一般要求》

（5）工程文件应字迹清楚，图样清晰，图表整洁，签字盖章手续完备。

（6）工程文件中文字材料幅面尺寸规格宜为A4幅面（297 mm×210 mm），图纸宜采用国家标准图幅。

（7）工程文件的纸张应采用能够长期保存的韧力大、耐久性强的纸张。

（8）所有竣工图均应加盖竣工图章。

（9）竣工图的绘制与改绘应符合国家现行有关制图标准的规定。

（10）归档的建设工程电子文件应采用规定的开放式文件格式或通用格式进行存储。专用软件产生的非通用格式的电子文件应转换成通用格式。

(11) 归档的建设工程电子文件应包含元数据,保证文件的完整性和有效性。元数据应符合现行行业标准《建设电子档案元数据标准》CJJ/T 187 的规定。

(12) 归档的建设工程电子文件应采用电子签名等手段,所载内容应真实和可靠。

(13) 归档的建设工程电子文件的内容必须与其纸质档案一致。

(14) 离线归档的建设工程电子档案载体,应采用一次性写入光盘,光盘不应有磨损、划伤。

(15) 存储移交电子档案的载体应经过检测,应无病毒、无数据读写故障,并应确保接收方能通过适当设备读出数据。

2. 归档文件的组卷要求

1) 立卷流程、原则和方法

(1) 立卷应按下列流程进行:

① 对属于归档范围的工程文件进行分类,确定归入案卷的文件材料;

② 对卷内文件材料进行排列、编目、装订(或装盒);

③ 排列所有案卷,形成案卷目录。

(2) 立卷应遵循下列原则:

① 立卷应遵循工程文件的自然形成规律和工程专业的特点,保持卷内文件的有机联系,便于档案的保管和利用;

② 工程文件应按不同的形式、整理单位及建设程序,按工程准备阶段文件、监理文件、施工文件、竣工图、竣工验收文件分别进行立卷,并可根据数量多少组成一卷或多卷;

③ 一项建设工程由多个单位工程组成时,工程文件应按单位工程立卷;

④ 不同载体的文件应分别立卷。

(3) 立卷应采用下列方法:

① 工程准备阶段文件应按建设程序、形成单位等进行立卷;

② 监理文件应按单位工程、分部工程或专业、阶段等进行立卷;

③ 施工文件应按单位工程、分部(分项)工程进行立卷;

④ 竣工图应按单位工程分专业进行立卷;

⑤ 竣工验收文件应按单位工程分专业进行立卷;

⑥ 电子文件立卷时,每个工程(项目)应建立多级文件夹,应与纸质文件在案卷设置上一致,并应建立相应的标识关系;

⑦ 声像资料应按建设工程各阶段立卷,重大事件及重要活动的声像资料应按专题立卷,声像档案与纸质档案应建立相应的标识关系。

(4) 施工文件的立卷应符合下列要求:

① 专业承(分)包施工的分部、子分部(分项)工程应分别单独立卷;

② 室外工程应按室外建筑环境和室外安装工程单独立卷;

③ 当施工文件中部分内容不能按一个单位工程分类立卷时,可按建设工程立卷。

(5) 不同幅面的工程图纸,应统一折叠成 A4 幅面(297 mm×210 mm)。应图面朝内,首先沿标题栏的短边方向以 W 形折叠,然后再沿标题栏的长边方向以 W 形折叠,并使标题栏露在外面。

(6) 案卷不宜过厚,文字材料卷厚度不宜超过 20 mm,图纸卷厚度不宜超过 50 mm。

(7) 案卷内不应有重份文件。印刷成册的工程文件宜保持原状。

(8) 建设工程电子文件的组织和排序可按纸质文件进行。

2) 卷内文件排列

(1) 卷内文件应按《建设工程文件归档规范》附录A和附录B的类别和顺序排列。

(2) 文字材料应按事项、专业顺序排列。同一事项的请示与批复、同一文件的印本与定稿、主体与附件不应分开,并应按批复在前、请示在后,印本在前、定稿在后,主体在前、附件在后的顺序排列。

(3) 图纸应按专业排列,同专业图纸应按图号顺序排列。

(4) 当案卷内既有文字材料又有图纸时,文字材料应排在前面,图纸应排在后面。

3) 案卷编日

(1) 编制卷内文件页号应符合下列规定:

① 卷内文件均应按有书写内容的页面编号。每卷单独编号,页号从"1"开始。

② 页号编写位置:单面书写的文件在右下角;双面书写的文件,正面在右下角,背面在左下角。折叠后的图纸一律在右下角。

③ 成套图纸或印刷成册的文件材料,自成一卷的,原目录可代替卷内目录,不必重新编写页码。

④ 案卷封面、卷内目录、卷内备考表不编写页号。

(2) 卷内目录的编制应符合下列规定:

① 卷内目录排列在卷内文件首页之前,式样宜符合《建设工程文件归档规范》附录C的要求。

② 序号应以一份文件为单位编写,用阿拉伯数字从1依次标注。

③ 责任者应填写文件的直接形成单位或个人。有多个责任者时,应选择两个主要责任者,其余用"等"代替。

④ 文件编号应填写文件形成单位的发文号或图纸的图号,或设备、项目代号。

⑤ 文件题名应填写文件标题的全称。当文件无标题时,应根据内容拟写标题,拟写标题外应加"[ ]"符号。

⑥ 日期应填写文件的形成日期或文件的起止日期,竣工图应填写编制日期。日期中的"年"应用四位数字表示,"月"和"日"应分别用两位数字表示。

⑦ 页次应填写文件在卷内所排的起始页号,最后一份文件应填写起止页号。

⑧ 备注应填写需要说明的问题。

(3) 卷内备考表的编制应符合下列规定:

① 卷内备考表应排列在卷内文件的尾页之后,式样宜符合《建设工程文件归档规范》附录D的要求;

② 卷内备考表应标明卷内文件的总页数、各类文件页数或照片张数及立卷单位对案卷情况的说明;

③ 立卷单位的立卷人和审核人应在卷内备考表上签名,年、月、日应按立卷、审核时间填写。

(4) 案卷封面的编制应符合下列规定:

① 案卷封面应印刷在卷盒、卷夹的正表面,也可采用内封面的形式。案卷封面的式样宜符合《建设工程文件归档规范》附录E的要求。

② 案卷封面的内容应包括档号、案卷题名、编制单位、起止日期、密级、保管期限、本案

卷所属工程的案卷总量、本案卷在该工程案卷总量中的排序。

③ 档号应由分类号、项目号和案卷号组成。档号由档案保管单位填写。

④ 案卷题名应简明、准确地揭示卷内文件的内容。

⑤ 编制单位应填写案卷内文件的形成单位或主要责任者。

⑥ 起止日期应填写案卷内全部文件形成的起止日期。

⑦ 保管期限应根据卷内文件的保存价值在永久保管、长期保管、短期保管三种保管期限中选择划定。当同一案卷内有不同保管期限的文件时，该案卷保管期限应从长。

⑧ 密级应在绝密、机密、秘密三个级别中选择划定。当同一案卷内有不同密级的文件时，应以高密级为本卷密级。

（5）编写案卷题名，应符合下列规定：

① 建筑工程案卷题名应包括工程名称（含单位工程名称）、分部工程或专业名称及卷内文件概要等内容；当房屋建筑有地名管理机构批准的名称或正式名称时，应以正式名称为工程名称，建设单位名称可省略；必要时可增加工程地址内容。

② 道路、桥梁工程案卷题名应包括工程名称（含单位工程名称）、分部工程或专业名称及卷内文件概要等内容；必要时可增加工程地址内容。

③ 地下管线工程案卷题名应包括工程名称（含单位工程名称）、专业管线名称和卷内文件概要等内容；必要时可增加工程地址内容。

④ 卷内文件概要应符合《建设工程文件归档规范》附录 A 中所列案卷内容（标题）的要求。

⑤ 外文资料的题名及主要内容应译成中文。

（6）案卷脊背应由档号、案卷题名构成，由档案保管单位填写；式样宜符合《建设工程文件归档规范》附录 F 的规定。

（7）卷内目录、卷内备考表、案卷内封面宜采用 70 g 以上白色书写纸制作，幅面统一采用 A4 幅面。

### 8.3.3 建设工程档案验收与移交

（1）列入城建档案管理机构档案接收范围的工程，竣工验收前，城建档案管理机构应对工程档案进行预验收。

（2）城建档案管理机构在进行工程档案预验收时，应查验下列主要内容：

① 工程档案齐全、系统、完整，全面反映工程建设活动和工程实际状况；

② 工程档案已整理立卷，立卷符合《建设工程文件归档规范》的规定；

③ 竣工图的绘制方法、图式及规格等符合专业技术要求，图面整洁，盖有竣工图章；

④ 文件的形成、来源符合实际，要求单位或个人签章的文件，其签章手续完备；

⑤ 文件的材质、幅面、书写、绘图、用墨、托裱等符合要求；

⑥ 电子档案格式、载体等符合要求；

⑦ 声像档案内容、质量、格式符合要求。

（3）列入城建档案管理机构接收范围的工程，建设单位在工程竣工验收后 3 个月内，必须向城建档案管理机构移交一套符合规定的工程档案。

（4）停建、缓建建设工程的档案，可暂由建设单位保管。

（5）对改建、扩建和维修工程，建设单位应组织设计、施工单位对改变部位据实编制新的工程档案，并应在工程竣工验收后3个月内向城建档案管理机构移交。

(6) 当建设单位向城建档案管理机构移交工程档案时，应提交移交案卷目录，办理移交手续，双方签字、盖章后方可交接。

### 8.3.4　建设工程监理基本表式与应用说明

建设工程监理在施工阶段的基本表式按照《建设工程监理规范》附录执行，该类表式可以一表多用。由于各行业、各部门、各地区已经各自形成一套表式，建设工程参建各方的信息行为不规范、不协调，因此，建立一套通用的，适合建设、监理、施工、供货各方，适合各个行业、各个专业的统一表式已显示充分的必要性，可以大大提高我国建设工程信息的标准化、规范化。根据《建设工程监理规范》，基本表式有三大类：A类表——工程监理单位用表（共8个表）；B类表——施工单位报审、报验用表（共14个表）；C类表——通用表（共3个表）。

1. 工程监理单位用表（A类表）

1）表A.0.1 总监理工程师任命书

建设工程监理合同签订后，工程监理单位法定代表人要通过“总监理工程师任命书”委派有类似建设工程监理经验的注册监理工程师担任总监理工程师。“总监理工程师任命书”需要由工程监理单位法定代表人签字，并加盖单位公章。

工程监理单位用表

2）表A.0.2 工程开工令

建设单位代表在施工单位报送的“工程开工报审表”（表B.0.2）上签字同意开工后，总监理工程师可签发“工程开工令”，指令施工单位开工。“工程开工令”需要由总监理工程师签字，并加盖执业印章。

“工程开工令”应明确具体开工日期，并作为施工单位计算工期的起始日期。

3）表A.0.3 监理通知单

“监理通知单”是项目监理机构在日常监理工作中常用的指令性文件。项目监理机构在建设工程监理合同约定的权限范围内，针对施工单位出现的各种问题所发出的指令、提出的要求等，除另有规定外，均应采用“监理通知单”。监理工程师现场发出的口头指令及要求，也应采用“监理通知单”予以确认。

施工单位发生下列情况时，项目监理机构应发出监理通知的情况：

(1) 在施工过程中出现不符合设计要求、工程建设标准、合同约定的情况；

(2) 使用不合格的工程材料、构配件和设备；

(3) 在工程质量、造价、进度等方面存在违规等行为。

“监理通知单”可由总监理工程师或专业监理工程师签发，对于一般问题可由专业监理工程师签发，对于重大问题应由总监理工程师或经其同意后签发。

4）表A.0.4 监理报告

当项目监理机构对工程存在安全事故隐患发出“监理通知单”“工程暂停令”而施工单位拒不整改或不停止施工时，项目监理机构应及时向有关主管部门报送“监理报告”。项目监理机构报送“监理报告”时，应附相应“监理通知单”或“工程暂停令”等证明监理人员履行安全生产管理职责的相关文件资料。

5）表 A.0.5 工程暂停令

建设工程施工过程中出现《建设工程监理规范》规定的停工情形时，总监理工程师应签发“工程暂停令”。“工程暂停令”中应注明工程暂停的原因、部位和范围、停工期间应进行的工作等。

“工程暂停令”需要由总监理工程师签字，并加盖执业印章。

6）表 A.0.6 旁站记录

项目监理机构监理人员对关键部位、关键工序的施工质量进行现场跟踪监督时，需要填写“旁站记录”。“关键部位、关键工序施工情况”应记录所旁站部位（工序）的施工作业内容、主要施工机械、材料、人员和完成的工程数量等内容及监理人员检查旁站部位施工质量的情况。“发现的问题及处理情况”应说明旁站所发现的问题及采取的处置措施。

7）表 A.0.7 工程复工令

当导致工程暂停施工的原因消失、具备复工条件时，建设单位代表在“工程复工报审表”（表 B.0.3）上签字同意复工后，总监理工程师应签发“工程复工令”指令施工单位复工；或者工程具备复工条件而施工单位未提出复工申请的，总监理工程师应根据工程实际情况直接签发“工程复工令”指令施工单位复工。

“工程复工令”需要由总监理工程师签字，并加盖执业印章。

8）表 A.0.8 工程款支付证书

项目监理机构收到经建设单位签署审批意见的“工程款支付报审表”（表 B.0.11）后，总监理工程师应向施工单位签发“工程款支付证书”，同时抄报建设单位。

“工程款支付证书”需要由总监理工程师签字，并加盖执业印章。

2. 施工单位报审、报验用表（B 类表）

1）表 B.0.1 施工组织设计/（专项）施工方案报审表

施工单位编制的施工组织设计、施工方案、专项施工方案经其技术负责人审查后，需要连同“施工组织设计/（专项）施工方案报审表”一起报送项目监理机构，先由专业监理工程师审查，再由总监理工程师审核签署意见。“施工组织设计/（专项）施工方案报审表”需要由总监理工程师签字，并加盖执业印章。对于超过一定规模的危险性较大的分部分项工程，专项施工方案还需要报送建设单位审批。

**施工单位报审、报验用表**

2）表 B.0.2 工程开工报审表

单位工程具备开工条件时，施工单位需要向项目监理机构报送“工程开工报审表”。同时具备下列条件时，由总监理工程师签署审查意见，并报建设单位批准后，总监理工程师方可签发“工程开工令”：

（1）设计交底和图纸会审已完成；

（2）施工组织设计已由总监理工程师签认；

（3）施工单位现场质量、安全生产管理体系已建立，管理及施工人员已到位，施工机械具备使用条件，主要工程材料已落实；

（4）进场道路及水、电、通信等已满足开工要求。

“工程开工报审表”需要由总监理工程师签字，并加盖执业印章。

3）表 B.0.3 工程复工报审表

当导致工程暂停施工的原因消失、具备复工条件时，施工单位需要向项目监理机构报送

“工程复工报审表”。总监理工程师签署审查意见，并报建设单位批准后，总监理工程师方可签发“工程复工令”。

4）表 B.0.4 分包单位资格报审表

施工单位按施工合同约定选择分包单位时，需要向项目监理机构报送“分包单位资格报审表”及相关证明材料。“分包单位资格报审表”由专业监理工程师提出审查意见后，由总监理工程师审核签认。

5）表 B.0.5 施工控制测量成果报验表

施工单位完成施工控制测量并自检合格后，需要向项目监理机构报送“施工控制测量成果报验表”及施工控制测量依据和成果表，专业监理工程师审查合格后予以签认。

6）表 B.0.6 工程材料、构配件、设备报审表

施工单位在对工程材料、构配件、设备自检合格后，应向项目监理机构报送《工程材料、构配件、设备报审表》及相关质量证明材料和自检报告，专业监理工程师审查合格后予以签认。

7）表 B.0.7 ________报审、报验表

该表主要用于隐蔽工程、检验批、分项工程的报验，也可用于为施工单位提供服务的试验室的报审。专业监理工程师审查合格后予以签认。

8）表 B.0.8 分部工程报验表

分部工程所包含的分项工程全部自检合格后，施工单位应向项目监理机构报送“分部工程报验表”及分部工程质量控制资料。在专业监理工程师验收的基础上，由总监理工程师签署验收意见。

9）表 B.0.9 监理通知回复单

施工单位在收到“监理通知单”（表 A.0.3）后，按要求进行整改、自查合格后，应向项目监理机构报送“监理通知回复单”。项目监理机构收到施工单位报送的“监理通知回复单”后，一般可由原发出“监理通知单”的专业监理工程师进行核查，认可整改结果后予以签认。重大问题可由总监理工程师进行核查签认。

10）表 B.0.10 单位工程竣工验收报审表

单位（子单位）工程完成后，施工单位自检符合竣工验收条件后，应向项目监理机构报送“单位工程竣工验收报审表”及相关附件，申请竣工验收。总监理工程师在收到“单位工程竣工验收报审表”及相关附件后，应组织专业监理工程师进行审查并签署预验收意见。“单位工程竣工验收报审表”需要由总监理工程师签字，并加盖执业印章。

11）表 B.0.11 工程款支付报审表

该表适用于施工单位工程预付款、工程进度款、竣工结算款等的支付申请。项目监理机构对施工单位的申请事项进行审核并签署意见，经建设单位批准后方可作为总监理工程师签发“工程款支付证书”（表 A.0.8）的依据。

12）表 B.0.12 施工进度计划报审表

该表适用于施工总进度计划、阶段性施工进度计划的报审。施工进度计划在专业监理工程师审查的基础上，由总监理工程师审核签认。

13）表 B.0.13 费用索赔报审表

施工单位索赔工程费用时，需要向项目监理机构报送“费用索赔报审表”。项目监理机构对施工单位的申请事项进行审核并签署意见，经建设单位批准后方可作为支付索赔费用

的依据。

“费用索赔报审表”需要由总监理工程师签字，并加盖执业印章。

14）表 B.0.14 工程临时/最终延期报审表

施工单位申请工程延期时，需要向项目监理机构报送“工程临时/最终延期报审表”。项目监理机构对施工单位的申请事项进行审核并签署意见，经建设单位批准后方可延长合同工期。

“工程临时/最终延期报审表”需要由总监理工程师签字，并加盖执业印章。

3.通用表（C 类表）

1）表 C.0.1 工作联系单

该表用于项目监理机构与工程建设有关方（包括建设、施工、监理、勘察、设计等单位和上级主管部门）之间的日常工作联系。有权签发“工作联系单”的负责人有：建设单位现场代表、施工单位项目经理、工程监理单位项目总监理工程师、设计单位本工程设计负责人及工程项目其他参建单位的相关负责人等。

通用表

2）表 C.0.2 工程变更单

施工单位、建设单位、工程监理单位提出工程变更时，应填写“工程变更单”，由建设单位、设计单位、监理单位和施工单位共同签认。

3）表 C.0.3 索赔意向通知书

施工过程中发生索赔事件后，受影响的单位依据法律法规和合同约定，向对方单位声明或告知索赔意向时，需要在合同约定的时间内报送“索赔意向通知书”。

4.建设工程监理基本表式的应用说明

（1）基本要求：

① 应依照合同文件、法律法规及标准等规定的程序和时限签发、报送、回复各类表。

② 应按有关规定，采用碳素墨水、蓝黑墨水书写或黑色碳素印墨打印各类表，不得使用易褪色的书写材料。

③ 应使用规范语言，法定计量单位，公历年、月、日填写各类表。各类表中相关人员的签字栏均须由本人签署。由施工单位提供附件的，应在附件上加盖骑缝章。

④ 各类表在实际使用中，应分类建立统一编码体系。各类表式应连续编号，不得重号、跳号。

⑤ 各类表中施工项目经理部用章的样章应在项目监理机构和建设单位备案，项目监理机构用章的样章应在建设单位和施工单位备案。

（2）由总监理工程师签字并加盖执业印章的表式有：

① 表 A.0.2 工程开工令；

② 表 A.0.5 工程暂停令；

③ 表 A.0.7 工程复工令；

④ 表 A.0.8 工程款支付证书；

⑤ 表 B.0.1 施工组织设计/（专项）施工方案报审表；

⑥ 表 B.0.2 工程开工报审表；

⑦ 表 B.0.10 单位工程竣工验收报审表；

⑧ 表 B.0.11 工程款支付报审表；

⑨ 表 B.0.13 费用索赔报审表；

⑩ 表 B.0.14 工程临时/最终延期报审表。

(3) 需要建设单位审批同意的表式有：

① 表 B.0.1 施工组织设计/(专项)施工方案报审表(仅对超过一定规模的危险性较大的分部分项工程的专项施工方案)；

② 表 B.0.2 工程开工报审表；

③ 表 B.0.3 工程复工报审表；

④ 表 B.0.12 施工进度计划报审表；

⑤ 表 B.0.13 费用索赔报审表；

⑥ 表 B.0.14 工程临时/最终延期报审表。

(4) 需要工程监理单位法定代表人签字并加盖工程监理单位公章的表式只有表 A.0.1 总监理工程师任命书。

(5) 需要由施工项目经理签字并加盖施工单位公章的表式有：

① 表 B.0.2 工程开工报审表；

② 表 B.0.10 单位工程竣工验收报审表。

(6) 其他说明：

① 对于涉及工程质量方面的基本表式，由于各行业、各部门的专业要求不同，各类工程的质量验收应按相关专业验收规范及相关表式要求办理。

② 如没有相应表式，工程开工前，项目监理机构应根据工程特点、质量要求、竣工及归档组卷要求，与建设单位、施工单位进行协商，定制工程质量验收相应表式。

③ 项目监理机构应事前使施工单位、建设单位明确定制各类表式的使用要求。

## 8.4 建设工程监理主要文件资料分类及编制要求

### 8.4.1 建设工程监理主要文件资料分类

建设工程监理主要文件资料包括：

(1) 勘察设计文件、建设工程监理合同及其他合同文件；

(2) 监理规划、监理实施细则；

(3) 设计交底和图纸会审会议纪要；

(4) 施工组织设计、(专项)施工方案、施工进度计划报审文件资料；

(5) 分包单位资格报审会议纪要；

(6) 施工控制测量成果报验文件资料；

(7) 总监理工程师任命书，工程开工令、暂停令、复工令，开工或复工报审文件资料；

(8) 工程材料、构配件、设备报验文件资料；

(9) 见证取样和平行检验文件资料；

(10) 工程质量检验报验资料及工程有关验收资料；

(11) 工程变更、费用索赔及工程延期文件资料；

(12) 工程计量、工程款支付文件资料；

(13) 监理通知单、工作联系单与监理报告；

(14) 第一次工地会议、监理例会、专题会议等会议纪要；

(15) 监理月报、监理日志、旁站记录；

(16) 工程质量或安全生产事故处理文件资料；

(17) 工程质量评估报告及竣工验收监理文件资料；

(18) 监理工作总结。

常识：第一次工地会议

除了上述监理文件资料外，在设备采购和设备监造中还会形成监理文件资料，内容详见《建设工程监理规范》第 8.2.3 条和 8.3.14 条的规定。第 8.2.3 条规定的设备采购文件资料应包括下列主要内容：①建设工程监理合同及设备采购合同；②设备采购招投标文件；③工程设计文件和图纸；④市场调查、考察报告；⑤设备采购方案；⑥设备采购工作总结。第 8.3.14 条规定的设备监造文件资料应包括下列主要内容：①建设工程监理合同及设备采购合同；②设备监造工作计划；③设备制造工艺方案报审资料；④设备制造的检验计划和检验要求；⑤分包单位资格报审资料；⑥原材料、零配件的检验报告；⑦工程暂停令、开工或复工报审资料；⑧检验记录及试验报告；⑨变更资料；⑩会议纪要；⑪来往函件；⑫监理通知单与工作联系单；⑬监理日志；⑭监理月报；⑮质量事故处理文件；⑯索赔文件；⑰设备验收文件；⑱设备交接文件；⑲支付证书和设备制造结算审核文件；⑳设备监造工作总结。

### 8.4.2 建设工程监理文件资料编制要求

《建设工程监理规范》明确规定了监理规划、监理实施细则、监理日志、监理月报、监理工作总结及工程质量评估报告等的编制内容和要求。

1. 监理日志

监理日志基本知识

监理日志由总监理工程师根据工程实际情况指定专业监理工程师负责记录。监理日志的主要内容包括：

(1) 天气和施工环境情况；

(2) 当日施工进展情况，包括工程进度情况、工程质量情况、安全生产情况等；

(3) 当日监理工作情况，包括旁站、巡视、见证取样、平行检验等情况；

(4) 当日存在的问题及处理情况；

(5) 其他有关事项。

2. 监理例会会议纪要

会议纪要由项目监理机构根据会议记录整理，主要内容包括：

(1) 会议地点及时间；

(2) 会议主持人；

(3) 与会人员姓名、单位、职务；

(4) 会议主要内容、决议事项及其负责落实单位、负责人和时限要求；

(5) 其他事项。

对于监理例会上意见不一致的重大问题,应将各方的主要观点,特别是相互对立的意见记入“其他事项”中。会议纪要的内容应真实准确,简明扼要,经总监理工程师审阅,与会各方代表会签,发至有关各方并应有签收手续。

3. 监理月报

监理月报由总监理工程师组织编写、签认后报送建设单位和本监理单位,报送时间由监理单位与建设单位协商确定。

监理月报应包括以下主要内容:

(1) 本月工程实施情况。

① 工程进展情况。实际进度与计划进度的比较,施工单位人、机、料进场及使用情况,本期在施部位的工程照片等。

② 工程质量情况。分部分项工程验收情况,工程材料、设备、构配件进场检验情况,主要施工、试验情况,本月工程质量分析。

③ 施工单位安全生产管理工作评述。

④ 已完工程量与已付工程款的统计及说明。

(2) 本月监理工作情况。

① 工程进度控制方面的工作情况说明。包括当月施工资源投入、实际进度与计划进度比较、对进度完成情况的分析、存在的问题及采取的措施等。

② 工程质量控制方面的工作情况说明。包括当月工程质量状况及影响因素分析、工程质量问题处理过程及采取的控制措施等。

③ 安全生产管理方面的工作情况说明。包括当月施工安全措施执行情况、安全事故及处理情况、环境保护情况、对存在的问题采取的措施等。

④ 工程计量与工程款支付方面的工作情况说明。包括当月工程计量、工程款支付情况及分析、当月合同支付中存在的问题及采取的措施等。

⑤ 合同及其他事项管理工作情况说明。包括当月施工合同双方提出的问题、监理机构的答复意见和工程分包、变更、索赔、争议等处理情况,以及对存在的问题采取的措施等。

⑥ 监理工作统计及工作照片。

(3) 本月施工中存在的问题及处理情况。

① 工程进度控制方面的主要问题及处理情况;

② 工程质量控制方面的主要问题及处理情况;

③ 施工单位安全生产管理方面的主要问题及处理情况;

④ 工程计量与工程款支付方面的主要问题及处理情况;

⑤ 合同及其他事项管理方面的主要问题及处理情况。

(4) 下月监理工作重点。

① 工程管理方面的监理工作重点;

② 项目监理机构内部管理方面的工作重点。

4. 工程质量评估报告

(1) 工程质量评估报告编制的基本要求。

① 工程质量评估报告的编制应文字简练、准确、重点突出、内容完整。

② 工程竣工预验收合格后,由总监理工程师组织专业监理工程师编制工程质量评估报

告，编制完成后，由项目总监理工程师及监理单位技术负责人审核签认并加盖监理单位公章后报建设单位。工程质量评估报告应在正式竣工验收前提交给建设单位。

如何写好工程质量评估报告?

(2) 工程质量评估报告的主要内容。

① 工程概况；

② 工程参建单位；

③ 工程质量验收情况；

④ 工程质量事故及其处理情况；

⑤ 竣工资料审查情况；

⑥ 工程质量评估结论。

5. 监理工作总结

当监理工作结束时，项目监理机构应向建设单位和工程监理单位提交监理工作总结。监理工作总结由总监理工程师组织项目监理机构监理人员编写，由总监理工程师审核签字，并加盖工程监理单位公章后报建设单位。监理工作总结应包括以下内容：

如何写监理工作总结?

(1) 工程概况，具体包括：

① 工程名称、等级、建设地址、建设规模、结构形式以及主要设计参数；

② 工程建设单位、设计单位、勘察单位、施工单位(包括重点的专业分包单位)、检测单位等；

③ 工程项目主要的分部、分项工程施工进度和质量情况；

④ 监理工作的难点和特点。

(2) 项目监理机构。监理过程中如有变动情况，应予以说明。

(3) 建设工程监理合同履行情况。

(4) 监理工作成效。

(5) 监理工作中发现的问题及其处理情况。

(6) 说明与建议。

## 小结

信息和数据是不可分割的。信息来源于数据，又高于数据，信息是数据的灵魂；数据是信息的载体。信息的过去时是知识，现在时是数据，将来时是情报。监理信息具有信息量大、信息系统性强、信息传递中的障碍多、信息的滞后现象等特点。建设工程项目监理过程中涉及大量的信息，这些信息依据不同标准划分为众多种类。建设工程参建各方对数据和信息的收集是不同的，在竣工保修期，监理单位按照《建设工程文件归档规范》(GB/T 50328—2014)收集监理文件并协助建设单位督促施工单位完成全部资料的收集、汇总和归类整理。建设工程监理资料与文档管理应该按照国家标准等规范或文件及各省、市相应的地方规范执行。

## 巩固训练

**一、单项选择题**

1. 数据是(　　)。

A. 资料　　B. 信息

C. 客观实体属性的反映　　D. 数量

2. 信息是(　　)。

A. 情报　　B. 对数据的解释　　C. 数据　　D. 载体

3. 按照建设工程项目目标划分,信息的分类有(　　)。

A. 项目内部信息和外部信息

B. 生产性、技术性、经济性和资源性信息

C. 固定信息和流动信息

D. 投资控制、进度控制、质量控制信息及合同管理信息

4. 建设工程项目信息分类基本方法有面分类法和(　　)。

A. 系统分类法　　B. 标准分类法　　C. 线分类法　　D. 综合分类法

5. 建设工程项目信息由文字图形信息、语言信息和(　　)构成。

A. 经济类信息　　B. 新技术信息　　C. 固定信息　　D. 环境信息

6. 建设工程信息流由(　　)组成。

A. 建设各方的数据流　　B. 建设各方的信息流

C. 建设各方的数据流综合　　D. 建设各方各自的信息流综合

7. 建设工程文件是指(　　)。

A. 在工程建设过程中形成的各种形式的记录,包括监理文件

B. 在工程建设过程中形成的各种形式的记录,包括监理文件、施工文件、设计文件

C. 在工程建设活动中直接形成的具有保存价值的文字、图表、声像等各种形式的历史记录

D. 在工程建设过程中形成的各种形式的信息记录,包括工程准备阶段文件、监理文件、施工文件、竣工图和竣工验收文件

8. 监理例会会议纪要由(　　)根据会议记录整理。

A. 会议主持人　　B. 记录员　　C. 项目监理部　　D. 监理员

9. 建设工程文件档案资料由(　　)组成。

A. 建设工程文件

B. 建设工程监理文件

C. 建设工程验收文件

D. 建设工程文件、建设工程档案和建设工程资料

10. 送建设单位永久保存的监理文件有工程延期报告及审批和(　　)共两大类。

A. 合同争议、违约报告及处理意见　　B. 分包单位资质材料

C. 设计变更、洽商费用报审与签认　　D. 建设工程项目监理工作总结

11. 监理主要文件档案中的监理工作总结有竣工总结、专题总结和(　　)三类。

A. 月报总结　　B. 单位工程监理工作总结

C. 分部、分项工程监理工作总结　　D. 建设工程项目监理工作总结

12. 按照《建设工程文件归档规范》，建设工程档案资料分为监理文件、施工文件、竣工图、竣工验收文件和(    )五大类。

A. 财务文件　　B. 建设用地规划许可证文件

C. 施工图设计文件　　D. 工程准备阶段文件

13. 根据《建设工程监理规范》的规定，监理报表体系有承包单位用表、监理单位用表和(    )三大类。

A. 工程款支付申请表　　B. 各方通用表

C. 报验申请表　　D. 费用索赔审批表

14. 竣工验收前，监理单位应向建设单位提交(    )。

A. 建设工程质量检查报告

B. 建设工程竣工验收监理评估报告

C. 施工单位建设工程质量验收报告

D. 建设工程竣工验收报告

15. 从监理的角度，建设工程的信息收集由(    )不同，决定收集不同的内容。

A. 委托单位　　B. 介入阶段　　C. 合同结构　　D. 监理费用

16. 关于对监理例会上各方意见不一致的重大问题在会议纪要中处理方式的说法，正确的是(    )。

A. 不应记入会议纪要，以免影响各方意见一致问题的解决

B. 应将各方的主要观点记入会议纪要，但与会各方代表不签字

C. 应将各方的主要观点记入会议纪要的“其他事项”中

D. 应就意见一致和不一致的问题分别形成会议纪要

17. 根据《建设工程监理规范》，下列监理文件资料中，需要由总监理工程师签字并加盖执业印章的是(    )。

A. 工程款支付证书　　B. 监理通知单

C. 旁站记录　　D. 监理报告

18. 根据《建设工程监理规范》，下列施工单位报审、报验用表中，需要由专业监理工程师审查，再由总监理工程师签署意见的是(    )。

A. 单位工程竣工报审表　　B. 费用索赔报审表

C. 分部工程报验表　　D. 工程材料、构配件、设备报审表

19. 须经过总监理工程师审核签认后报送建设单位的用表是(    )。

A. 费用索赔报审表　　B. 工程款支付证书

C. 工程临时延期报审表　　D. 工程暂停令

20. 施工单位在申请索赔费用支付时，应填写的表格是(    )。

A. 费用索赔报审表　　B. 工程款支付报审表

C. 费用索赔意向通知书　　D. 工程款支付证书

**二、多项选择题**

1. 信息的特点有(    )等。

A. 真实性　　B. 系统性　　C. 有效性

D. 不完全性　　E. 时效性　　F. 适用性

2. 信息分类编码的原则为(　　)等。

A. 唯一性　B. 合理性　C. 可扩充性

D. 有效性　E. 可预见性　F. 规范性

3. 系统的特点有(　　)等。

A. 目的性　B. 环境适应性　C. 真实性

D. 稳定性　E. 整体性　F. 相关性

4. 建设工程项目信息工作原则有(　　)等。

A. 适用性　B. 可扩充性　C. 标准化

D. 时效性　E. 定量化　F. 简单性

5. 建设工程信息管理的基本环节包括(　　)。

A. 信息的收集、传递　B. 信息的加工、整理

C. 信息的检索、存储　D. 数据和信息的收集、传递

E. 数据和信息的加工、整理　F. 数据和信息的检索、存储

6. 在施工实施期，要收集的信息包括(　　)等。

A. 施工单位人员、设备、能源　B. 原材料等的供应、使用、保管

C. 设计文件图纸、概预算　D. 项目经理管理程序

E. 相关法律、法规、规章、规范、规程　F. 施工期气象中长期趋势

7. 建设工程信息管理系统的基本功能应至少包括(　　)。

A. 工程质量控制　B. 施工造价管理　C. 工程进度控制

D. 工程合同控制　E. 工程安全管理

8. 建设工程项目信息管理的基本任务是(　　)。

A. 组织项目基本情况的信息，并系统化，编制项目手册

B. 规定项目报告及各种资料的基本要求

C. 按照项目实施、项目组织、项目管理工作过程建立项目管理信息系统流程，在实际工作中保证这个系统正常运行，并控制信息流

D. 决定提供的信息和数据介质

E. 决定分发信息的类型

9. 监理工作完成后，项目监理机构向业主提交的监理工作总结内容包括(　　)。

A. 委托监理合同履行情况概述

B. 项目监理机构人员和监理设施的投入情况

C. 监理任务或监理目标完成情况的评价

D. 工程实施过程中存在的问题和处理情况

E. 监理工作的经验

10. 需要建设单位审批同意的表式有(　　)。

A. 工程开工报审表　B. 工程复工报审表　C. 施工进度计划报审表

D. 分包单位资格报审表　E. 费用索赔报审表

11. 根据《建设工程监理规范》，属于各方主体通用表的有(　　)。

A. 工作联系单　B. 工程变更单　C. 索赔意向通知书

D. 报验、报审表　E. 工程开工报审表

12. 下列施工单位报验的项目中，不使用“________报验、报审表”报验的有(　　)。

A. 工程竣工　　B. 隐蔽工程　　C. 分项工程

D. 工程材料　　E. 工程设备

13. 下列工作表格中，可由建设单位使用的有(　　)。

A. 工程变更单　　B. 工程暂停令　　C. 工程款支付证书

D. 费用索赔报审表　　E. 工作联系单

14. 根据《建设工程监理规范》，需要由建设单位代表签字并加盖建设单位公章的报审表有(　　)。

A. 分包单位资格报审表　　B. 工程复工报审表

C. 费用索赔报审表　　D. 工程最终延期报审表

E. 单位工程竣工验收报审表

15. 根据《建设工程监理规范》，需要由总监理工程师签字并加盖执业印章的有(　　)。

A. 工程款支付报审表　　B. 分部工程报验表

C. 施工进度计划报审表　　D. 工程材料、构配件、设备报审表

E. 工程临时延期报审表

16. 在工程资料中，监理月报的归档保存单位是(　　)。

A. 施工单位　　B. 监理单位　　C. 设计单位

D. 建设单位　　E. 城建单位

17. 项目决策阶段的信息收集主要从以下几方面进行(　　)。

A. 同类工程相关信息　　B. 项目相关市场方面的信息

C. 项目资源相关方面的信息　　D. 自然环境相关方面的信息

E. 工程造价的市场变化规律及所在地区的材料、构件、设备、劳动力差异

18. 监理信息的特点有(　　)。

A. 信息量小　　B. 信息系统性强　　C. 信息传递中的障碍多

D. 信息超前　　E. 信息量大

19. 按照建设工程的目标划分，建设工程项目信息可以分为(　　)。

A. 投资控制信息　　B. 安全管理信息　　C. 质量控制信息

D. 进度控制信息　　E. 合同管理信息

20. 从项目管理角度，传统工程建设组织中存在的信息沟通障碍及主要问题有(　　)。

A. 信息传递中信息内容过载　　B. 沟通路线短，沟通层次少

C. 信息内容传递延误　　D. 重在横向命令，缺乏纵向沟通

E. 信息管理和沟通的成本过高

**三、名词解释**

1. 信息：

2. 建设工程文件：

3. 建设工程档案：

4. 监理通知单：

5. 监理日志：

6. 监理月报：

**四、简答题**

1. 简述监理信息的特点及分类。

2. 在项目决策阶段，信息收集从哪些方面进行？

3. 建设工程文件档案资料特征有哪些？

4. 简述建设工程档案编制的质量要求。

5. 简述归档文件的立卷流程、原则和方法。

6.《建设工程监理规范》中的基本表式有哪三类？每一类分别有哪些表？

**五、案例分析**

某建设工程，建设单位采用公开招标方式选择工程监理单位，实施过程中发生如下事件：

事件1：建设单位提议，评标委员会由5人组成，包括建设单位代表1人、招标监管机构工作人员1人和评标专家库随机抽取的技术、经济专家3人。

事件2：评标时，评标委员会评审发现：

A投标人为联合体投标，没有提交联合体共同投标协议。

B投标人将造价控制监理工作转让给具有工程造价咨询资质的专业单位。

C投标人拟派的总监理工程师代表不具备注册监理工程师执业资格。

D投标人的投标报价高于招标文件设定的最高投标限价。

评标委员会决定否决上述各投标人的投标。

事件3：监理合同订立过程中，建设单位提出应由监理单位负责下列四项工作：

① 主持设计交底会议；

② 签发“工程开工令”；

③ 签发“工程款支付证书”；

④ 组织工程竣工验收。

事件4：监理员巡视时发现，部分设备安装存在质量问题，即签发了“监理通知单”，要求施工单位整改。整改完毕后，施工单位回复了“整改工程报验表”，要求项目监理机构对整改结果进行复查。

问题：

1. 针对事件1，建设单位的提议有什么不妥？说明理由。

2. 针对事件2，分别指出评标委员会决定否决A、B、C、D投标人的投标是否正确，并说明理由。

3. 针对事件3，依据《建设工程监理合同(示范文本)》，建设单位提出的四项工作分别由谁负责？

4. 针对事件4，分别指出监理员和施工单位的做法有什么不妥，并写出正确做法。

工作手册9

# 建设工程组织协调

JIANSHE GONGCHENG ZUZHI XIETIAO

## 知识目标

掌握建设工程监理的组织形式和组织协调方法；熟悉建设工程监理实施的基本原则；熟悉建设工程组织管理基本模式及其监理模式；熟悉建设工程监理机构及其设施；了解建设工程监理的工作程序。

## 能力目标

具备理解和应用建设工程监理组织协调相关知识的基本能力，能够运用建设工程监理的组织协调相关知识解决工程中遇到的实际问题，使监理工作实施和运行过程顺利。

## 工程案例

某市政工程分为四个施工标段。某监理单位承担了该工程施工阶段的监理任务，一、二标段工程先行开工，项目监理机构组织形式如图 9.1 所示。

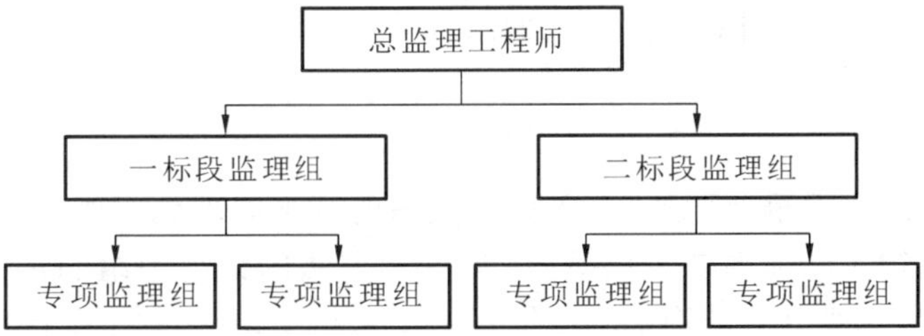


图 9.1　一、二标段工程项目监理机构的组织形式

一、二标段工程开工半年后，三、四标段工程相继准备开工，为适应整个项目监理工作的需要，总监理工程师决定修改监理规划，调整项目监理机构组织形式，按四个标段分别设置监理组，增设投资控制部、进度控制部、质量控制部和合同管理部四个职能部门，以加强各职能部门的横向联系，使上下、左右集权与分权实行最优的结合。

总监理工程师调整了项目监理机构组织形式后，安排总监理工程师代表按新的组织形式调配相应的监理人员、主持修改项目监理规划、审批项目监理实施细则；又安排质量控制部签发一标段工程的质量评估报告；并安排专人主持整理项目的监理文件档案资料。

《建设工程文件归档规范》

总监理工程师强调该工程监理文件档案资料十分重要，要求归档时应直接移交本监理单位和城建档案管理机构保存。

问题：

1. 图 9.1 所示项目监理机构属何种组织形式？说明其主要优点。

2. 调整后的项目监理机构属何种组织形式？画出该组织结构示意图，并说明其主要缺点。

3. 指出总监理工程师调整项目监理机构组织形式后安排工作的不妥之处，写出正确做法。

参考答案

建设工程都有投资、质量、进度三大控制目标，建设工程监理要实现这三大目标，需要监理工程师有较强的专业知识和对监理程序的充分了解，除此之外，具有较强的组织协调能力也是十分重要的。在整个工程的建设过程中，只有通过组织协调才能使影响项目监理目标实现的各个因素处于统一可控之中，使项目系统结构均衡，保证监理工作实施和运行过程顺利，确保工程建设三大目标的实现。

## 9.1 组织的基本原理

组织是管理中的一项重要职能，工程项目组织的基本原理就是组织论，它是关于组织应当采取何种组织结构才能提高效率的观点、见解和方法的集合。组织理论的研究分为两个相互联系的分支学科，即组织结构学和组织行为学。组织结构学侧重于组织的静态研究，目的是建立一种精干、合理、高效的组织结构；组织行为学侧重组织的动态研究，目的是建立良好的组织关系，使组织发挥最佳效能。

### 9.1.1 组织和组织结构

1. 组织

组织是指为了达到系统的特定目标，使全体参加者经分工与协作以及设置不同层次的权力和责任制度而构成的一种人的组合体，如项目组织、企业组织等。组织包含三层含义：

(1) 目标是组织存在的前提。

(2) 没有分工与协作就不是组织。

(3) 没有不同层次的权力和责任制度就不能实现组织活动目标。

建设工程项目组织是指为完成特定的建设工程项目任务而建立起来的，从事建设工程项目具体工作的组织，该组织是在建设工程项目寿命期内临时组建的，是暂时的，只是为完成特定的目的而成立的。建设工程项目中，由目标产生工作任务，由工作任务决定承担者，由承担者形成组织。

2. 组织结构

组织结构是指组织内部各单位间关系、界限、职权和责任的沟通框架，是组织内部分工协作的基本形式，即组织中各部门或各层次之间所建立的相互关系，或是一个组织内部各要素的排列组合方式，并且用组织图和职位加以表示。工程监理组织结构如图 9.2 所示。

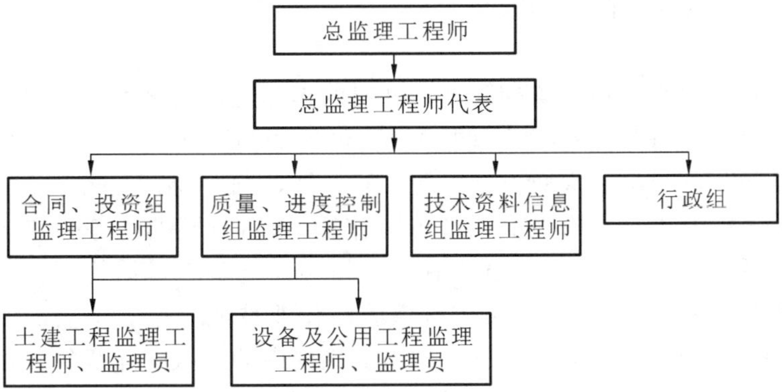


图 9.2　工程监理组织结构

组织结构的基本内涵：

（1）确定正式关系与职责的形式；

（2）向组织各个部门或个人分配任务和各种活动的方式；

（3）协调各个独立活动和任务的方式；

（4）组织中权力、地位和等级关系。

### 9.1.2　组织设计

所谓组织设计就是对组织活动和组织结构的设计过程，有效的组织设计在提高组织活动效能方面起着重大作用。组织设计流程如图 9.3 所示。

组织设计有以下要点：

（1）组织设计是管理者在系统中建立最有效相互关系的一种合理化的、有意识的过程；

（2）该过程要综合考虑系统的内部因素和外部因素；

（3）组织设计的最终结果是形成组织结构。

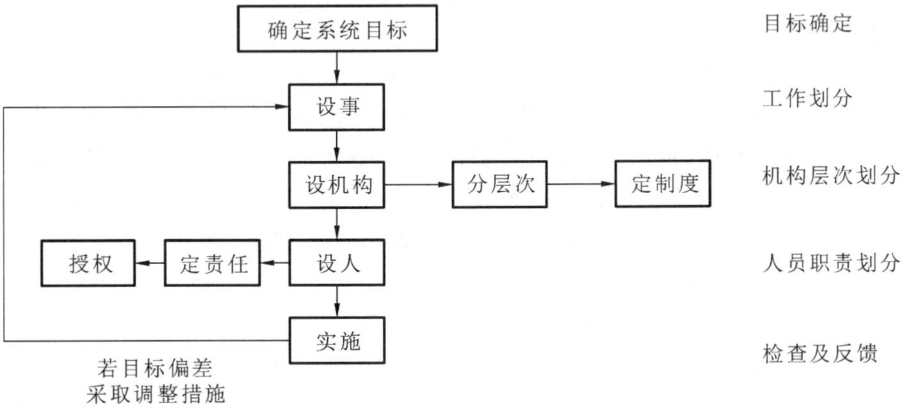


图 9.3　组织设计流程

1. 组织构成因素

组织构成一般呈上小下大的形式，由管理层次、管理跨度、管理部门、管理职能四大因素组成。四大因素密切相关、相互制约。

1）管理层次

管理层次是指从组织的最高管理者到最基层的实际工作人员之间等级层次的数量。管理层次可分为三个层次，即决策层、中间控制层（包括协调层和执行层）、操作层。决策层的任务是确定管理组织的目标和大政方针以及实施计划，它必须精干、高效。协调层的任务主要是参谋、咨询职能，其人员应有较高的业务工作能力；执行层的任务是直接调动和组织人力、财力、物力等具体活动内容，其人员应有实干精神并能坚决贯彻管理指令。操作层的任务是从事操作和完成具体任务，其人员应有熟练的作业技能。这三个层次的职能和要求不同，标志着不同的职责和权限，同时也反映出组织机构中的人数变化规律。组织的最高管理者到最基层的实际工作人员权责逐层递减，而人数却逐层递增。

2）管理跨度

管理跨度是指一名上级管理人员所直接管理的下级人数。在组织中，某级管理人员的管理跨度的大小取决于这一级管理人员所需要协调的工作量。管理跨度越大，领导者需要协调的工作量越大，管理的难度也越大。因此，为了使组织能够高效地运行，必须确定合理的管理跨度。

管理跨度的大小受很多因素的影响，它与管理人员的性格、才能、个人精力、授权程度以及被管理者的素质有关。此外，还与职能的难易程度、工作的相似程度、工作制度和程序等客观因素有关。确定适当的管理跨度，需积累经验并在实践中进行必要的调整。

3）管理部门

组织中各部门的合理划分对发挥组织效应是十分重要的。如果管理部门划分不合理，会造成控制、协调困难，也会造成人浮于事，浪费人力、物力、财力。管理部门的划分要根据组织目标与工作内容确定，形成既有相互分工又有相互配合的组织机构。

4）管理职能

组织设计确定各部门的职能，应使纵向的领导、检查、指挥灵活，达到指令传递快、信息反馈及时；使横向各部门间相互联系、协调一致，使各部门有职有责、尽职尽责。

2. 组织设计原则

项目监理机构的组织设计通常需考虑以下原则。

1）集权与分权统一的原则

在任何组织中都不存在绝对的集权和分权。在项目监理机构设计中，所谓集权，就是总监理工程师掌握所有监理大权，各专业监理工程师只是其命令的执行者；所谓分权，是指各专业监理工程师在各自管理的范围内有足够的决策权，总监理工程师主要起协调作用。

项目监理机构是采取集权形式还是分权形式，要根据建设工程的特点，监理工作的重要性，总监理工程师的能力、精力及各专业监理工程师的工作经验、工作能力、工作态度等因素进行综合考虑。

2）专业分工与协作统一的原则

对于项目监理机构来说，分工就是将监理目标，特别是投资控制、进度控制、质量控制三大目标分成各部门以及各监理工作人员的目标、任务，明确干什么、怎么干。在分工中特别要注意以下三点：①尽可能按照专业化的要求来设置组织机构；②工作上要有严密分工，每个人所承担的工作，应力求达到较熟悉的程度；③注意分工的经济效益。

在组织机构中还必须强调协作。所谓协作，就是明确组织机构内部各部门之间和各部门内部的协调关系与配合方法。在协作中应该特别注意以下两点：①主动协调。要明确各部门之间的工作关系，找出易出矛盾之点，加以协调。②有具体可行的协调配合办法。对协调中的各项关系，应逐步规范化、程序化。

3）管理跨度与管理层次统一的原则

在组织机构的设计过程中，管理跨度与管理层次成反比关系。这就是说，当组织机构中的人数一定时，如果管理跨度加大，管理层次就可以适当减少；反之，如果管理跨度缩小，管理层次肯定就会增多。一般来说，项目监理机构的设计，应该在通盘考虑影响管理跨度的各种因素后，在实际运用中根据具体情况确定管理层次。

4）权责一致的原则

在项目监理机构中应明确划分职责、权力范围，做到责任和权力相一致。从组织结构的规律来看，一定的人总是在一定的岗位上担任一定的职务，这样就产生了与岗位职务相适应的权力和责任，只有做到有职、有权、有责，才能使组织机构正常运行。由此可见，组织的权责是相对预定的岗位职务来说的，不同的岗位职务应有不同的权责。权责不一致对组织的效能损害是很大的。权大于责就容易产生瞎指挥、滥用权力的官僚主义；责大于权就会影响管理人员的积极性、主动性、创造性，使组织缺乏活力。

5）才职相称的原则

每项工作都应该确定为完成该工作所需要的知识和技能。可以对每个人通过考察他的学历与经历，进行测验及面谈等，了解其知识、经验、才能、兴趣等，并进行评审比较。职务设计和人员评审都可以采用科学的方法，使每个人的现有和可能有的才能与其职务上的要求相适应，做到才职相称，人尽其才，才得其用，用得其所。

6）经济效率原则

项目监理机构设计必须将经济性和高效率放在重要地位。组织结构中的每个部门、每个人为了一个统一的目标，应组合成最适宜的结构形式，实行最有效的内部协调，使事情办得简捷而正确，减少重复和扯皮。

7）弹性原则

组织机构既要有相对的稳定性，不要总是轻易变动，又要随组织内部和外部条件的变化，根据长远目标做出相应的调整与变化，使组织机构具有一定的适应性。

### 9.1.3 组织机构活动基本原理

组织机构的目标必须通过组织机构活动来实现。组织机构活动应遵循以下基本原理。

1. 要素有用性原理

一个组织机构中的基本要素有人力、物力、财力、信息、时间等。运用要素有用性原理，首先应看到人力、物力、财力等要素在组织活动中的有用性，充分发挥各要素的作用，还要具体分析各要素的特殊性，以便充分发挥每一要素的作用。

2. 动态相关性原理

一加一可以等于二，也可以大于二，还可以小于二。整体效应不等于其各局部效应的简单相加，这就是动态相关性原理。组织管理者的重要任务就在于使组织机构活动的整体效应大于其局部效应之和，否则，组织就失去了存在的意义。

3. 主观能动性原理

人是有生命、有思想、有情感、有创造力的，人是生产力中最活跃的因素，组织管理者的重要任务就是要把人的主观能动性发挥出来。

4. 规律效应性原理

规律与效应的关系非常密切，一个成功的管理者懂得只有努力揭示规律，才有取得效应的可能，而要取得好的效应，就要主动研究规律，坚决按规律办事。

# 9.2 建设工程监理模式与实施程序

## 9.2.1 建设工程组织管理基本模式

《房屋建筑和市政基础设施项目工程总承包管理办法》

建设工程项目落实的基本形式是承发包。建设工程项目建设组织的结构形式在很大程度上受项目承发包模式的影响。建设工程项目主要有平行承发包、设计或施工总分包、项目总承包、项目总承包管理等组织管理的基本模式。建设工程组织管理模式对建设工程的规划、控制、协调起着重要作用，不同的组织管理模式有不同的合同体系和管理特点。

1. 平行承发包模式

1）平行承发包模式特点

所谓平行承发包，是指业主将建设工程的设计、施工以及材料设备采购的任务经过分解分别发包给若干个设计单位、施工单位和材料设备供应单位，并分别与各方签订合同。各设计单位之间的关系是平行的，各施工单位之间的关系也是平行的，各材料设备供应单位之间的关系也是平行的。平行承发包模式如图 9.4 所示。

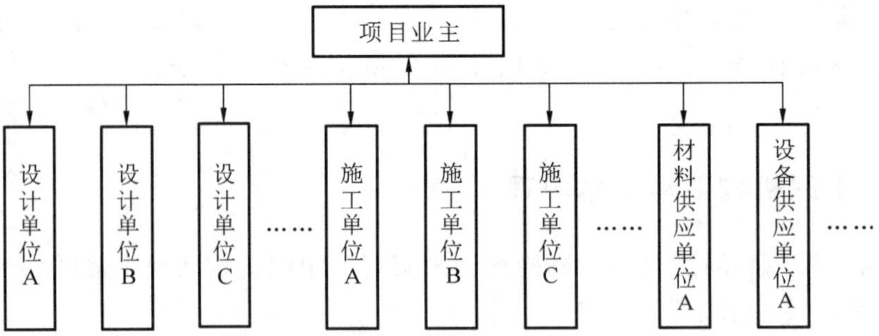


图 9.4 平行承发包模式

采用这种模式首先应合理地进行工程建设任务的分解，然后进行分类综合，确定每个合同的发包内容，以便选择适当的承建单位。

进行任务分解与确定合同数量、内容时应考虑以下因素：

（1）工程情况。建设工程的性质、规模、结构等是决定合同数量和内容的重要因素。建设工程实施时间的长短、计划的安排也对合同数量有影响。

(2) 市场情况。首先,由于各类承建单位的专业性质、规模大小在不同市场的分布状况不同,建设工程的分解发包应力求使其与市场结构相适应;其次,合同任务和内容对市场具有吸引力,中小合同对中小型承建单位有吸引力,又不妨碍大型承建单位参与竞争;另外,还应按市场惯例做法、市场范围和有关规定来决定合同内容和大小。

(3) 贷款协议要求。对两个以上贷款人的情况,可能贷款人对贷款使用范围、承包人资格等有不同要求,因此,需要在确定合同结构时予以考虑。

2) 平行承发包模式的优缺点

(1) 优点。

① 有利于缩短工期。设计阶段与施工阶段有可能形成搭接关系,从而缩短整个建设工程工期。

② 有利于质量控制。整个工程经过分解分别发包给各承建单位,合同约束与相互制约使每一部分能够较好地实现质量要求。

③ 有利于业主选择承建单位。大多数国家的建筑市场中,专业性强、规模小的承建单位一般占较大的比例。这种模式的合同内容比较单一、合同价值小、风险小,使它们有可能参与竞争。因此,无论大型承建单位还是中小型承建单位都有机会竞争。业主可在很大范围内选择承建单位,提高择优性。

④ 有利于费用控制。发包以施工图设计为基础,工程的不确定性低,通过招标选择施工单位,对降低工程造价有利。

(2) 缺点。

① 合同数量多,会造成合同管理困难。合同关系复杂,使建设工程系统内结合部位数量增加,组织协调工作量大。

② 投资控制难度大。这主要表现在:一是总合同价不易确定,影响投资控制实施;二是工程招标任务量大,需控制多项合同价格,增加了投资控制难度;三是在施工过程中设计变更和修改较多,导致投资增加。

2. 设计或施工总分包模式

1) 设计或施工总分包模式特点

所谓设计或施工总分包,是指业主将全部设计或施工任务发包给一个设计单位或一个施工单位作为总包单位,总包单位可以将其部分任务再分包给其他承包单位,形成一个设计总包合同或一个施工总包合同以及若干个分包合同的结构模式。设计或施工总分包模式如图 9.5 所示。

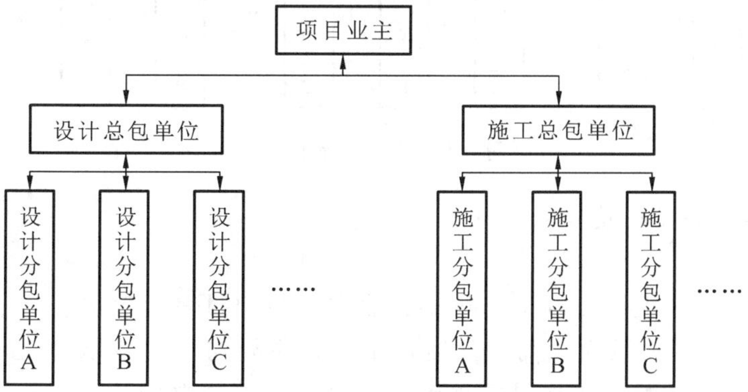


图 9.5 设计或施工总分包模式

2）设计或施工总分包模式的优缺点

（1）优点。

① 有利于建设工程的组织管理。由于业主只与一个设计总包单位或一个施工总包单位签订合同，工程合同数量比平行承发包模式要少很多，这样有利于业主的合同管理，也使业主协调工作量减少，可发挥监理与总包单位多层次协调的积极性。

② 有利于投资控制。总包合同价格可以较早确定，并且监理单位也易于控制。

③ 有利于质量控制。在质量方面，既有分包单位的自控，又有总包单位的监督，还有工程监理单位的检查认可，对质量控制有利。

④ 有利于工期控制。总包单位具有控制的积极性，分包单位之间也有相互制约的作用，有利于总体进度的协调控制，也有利于监理工程师控制进度。

（2）缺点。

① 建设周期较长。由于设计图样全部完成后才能进行施工总包的招标，不仅不能将设计阶段与施工阶段搭接，而且施工招标需要的时间也较长。

② 总包报价可能较高。对于规模较大的建设工程来说，通常只有大型承建单位才具有总包的资格和能力，所以竞争相对不甚激烈；另一方面，对于分包出去的工程内容，总包单位都要在分包报价的基础上加收管理费向业主报价。

3. 项目总承包模式

1）项目总承包模式特点

所谓项目总承包，是指业主将工程设计、施工、材料和设备采购等工作全部发包给一家承包公司，由其进行实质性设计、施工和采购工作，最后向业主交出一个已达到动用条件的工程。按这种模式发包的工程也称“交钥匙工程”。项目总承包模式如图 9.6 所示。

EPC 和交钥匙工程的区别是什么？

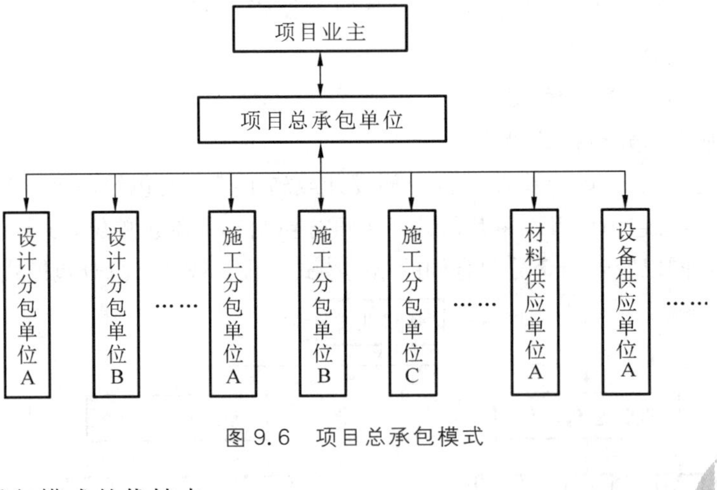


图 9.6 项目总承包模式

2）项目总承包模式的优缺点

（1）优点。

① 合同关系简单，组织协调工作量小。业主只与项目总承包单位签订一个合同，合同关系大大简化。监理工程师主要与项目总承包单位进行协调。许多协调工作量转移到项目总承包单位内部及其与分包单位之间，这就使建设工程监理的协调工作量大为减少。

《住房城乡建设部关于进一步推进工程总承包发展的若干意见》

② 缩短建设周期。由于设计与施工由一个单位统筹安排，使两个阶段能够有机地融合，一般都能做到设计阶段与施工阶段相互搭接，因此对进度目标控制有利。

③ 利于投资控制。通过设计与施工的统筹考虑可以提高项目的经济性，从价值工程或全寿命费用的角度可以取得明显的经济效果，但这并不意味着项目总承包的价格低。

(2) 缺点。

① 招标发包工作难度大。合同管理的难度一般较大。

② 业主择优选择承包方范围小。往往导致合同价格较高。

③ 质量控制难度大。其原因一是质量控制标准制约性受到影响；二是“他人控制”机制薄弱。

4. 项目总承包管理模式

1) 项目总承包管理模式特点

所谓项目总承包管理，是指业主将工程建设任务发包给专门从事项目组织管理的单位，再由它分包给若干设计、施工和材料设备供应单位，并在实施中进行项目管理。

《建设项目工程总承包管理规范》

项目总承包管理与项目总承包的不同之处在于：前者不直接进行设计与施工，没有自己的设计和施工力量，而是将承接的设计与施工任务全部分包出去，它们专心致力于建设工程管理；后者有自己的设计、施工实体，是设计、施工、材料和设备采购的主要力量。项目总承包管理模式如图 9.7 所示。

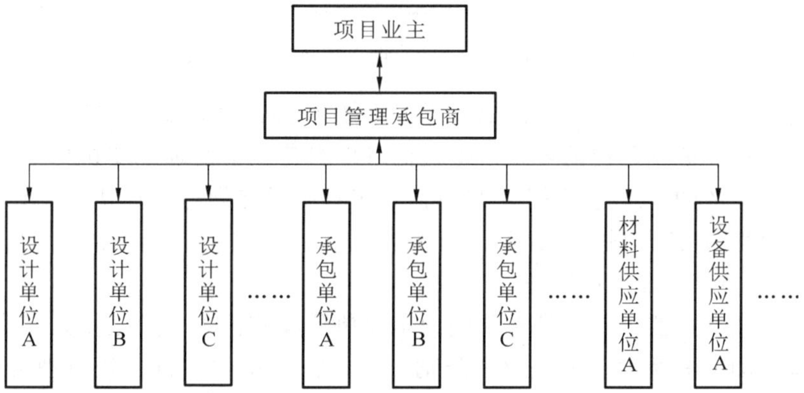


图 9.7　项目总承包管理模式

2) 项目总承包管理模式的优缺点

(1) 优点。

合同关系简单，对组织协调比较有利，对进度控制也有利。

(2) 缺点。

① 由于项目总承包管理单位与设计、施工单位是总包与分包关系，后者才是项目实施的基本力量，所以监理工程师对分包的确认工作就成了十分关键的问题。

② 项目总承包管理单位自身经济实力一般比较弱，而承担的风险相对较大，因此建设工程采用这种承发包模式应持慎重态度。

### 9.2.2 建设工程监理委托模式

建设工程监理委托模式的选择与建设工程组织管理模式密切相关，监理委托模式对建设工程的规划、控制、协调起着重要作用。

1. 平行承发包模式条件下的监理委托模式

与建设工程平行承发包模式相适应的监理委托模式有以下两种主要形式。

1）业主委托一家监理单位监理

业主只委托一家监理单位为其提供监理服务。业主委托一家监理单位进行监理的模式如图 9.8 所示。

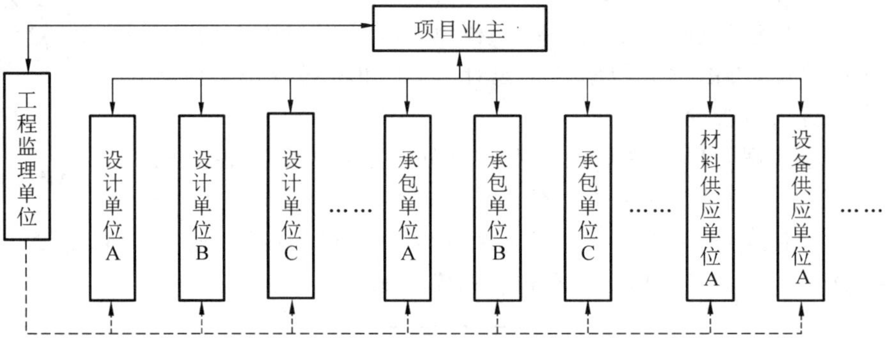


图 9.8 业主委托一家监理单位进行监理的模式

这种监理委托模式要求被委托的监理单位具有较强的合同管理与组织协调能力，并能做好全面规划工作。监理单位的项目监理机构可以组建多个监理分支机构对各承建单位分别实施监理。在具体的监理过程中，项目总监理工程师重点做好总体协调工作，加强横向联系，保证建设工程监理工作的有效运行。

2）业主委托多家监理单位监理

业主分别委托几家监理单位针对不同的承建单位实施监理。业主委托多家监理单位进行监理的模式如图 9.9 所示。由于业主分别与多个监理单位签订委托监理合同，所以各监理单位之间的相互协作与配合需要业主进行协调。采用这种模式，监理单位的监理对象相对单一，便于管理。但整个工程的建设监理工作被肢解，各监理单位各负其责，缺少一个对建设工程进行总体规划与协调控制的监理单位，业主的协调工作量加大。

为了克服上述不足，在某些大中型项目的监理实践中，业主首先委托一个“总监理工程师单位”负责建设工程的总体规划和协调控制，再由业主和“总监理工程师单位”共同选择几家监理单位分别承担不同合同段的监理任务。由“总监理工程师单位”负责协调、管理各监理单位的工作，大大减轻了业主的管理压力，形成了业主委托“总监理工程师单位”进行监理的模式。

2. 设计或施工总分包模式条件下的监理委托模式

对设计或施工总分包模式，业主可以委托一家监理单位进行实施阶段全过程的监理，业主委托一家监理单位的模式如图 9.10 所示。也可以按照设计阶段和施工阶段分别委托监理单位，如图 9.11 所示。

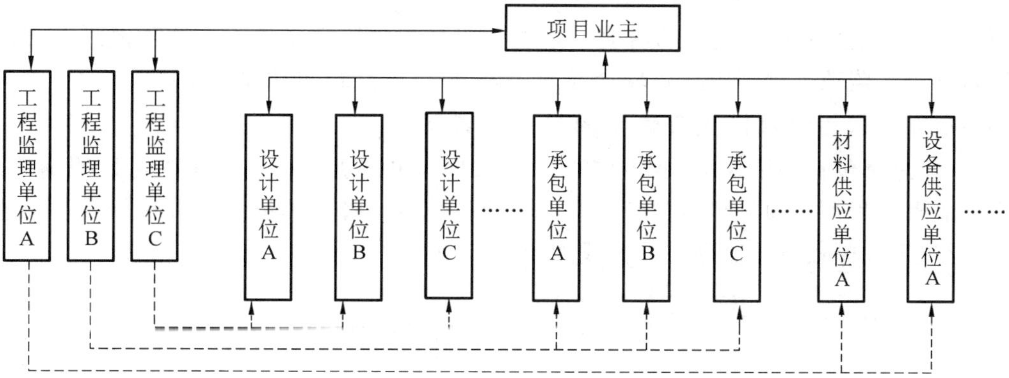


图9.9　业主委托多家监理单位进行监理的模式

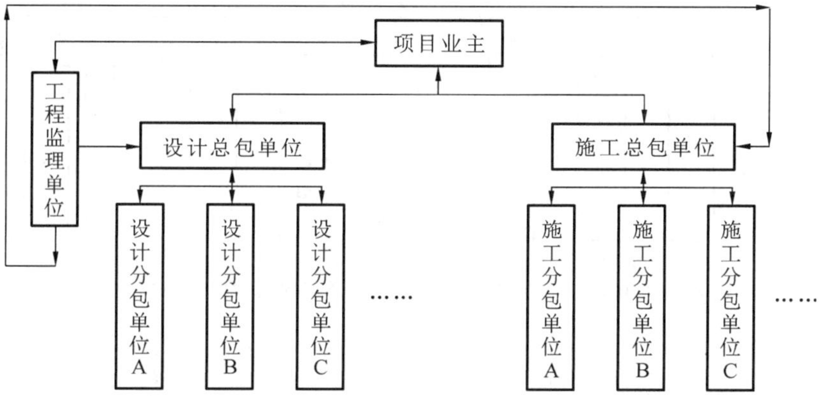


图9.10　设计或施工总分包模式下业主委托一家监理单位的模式

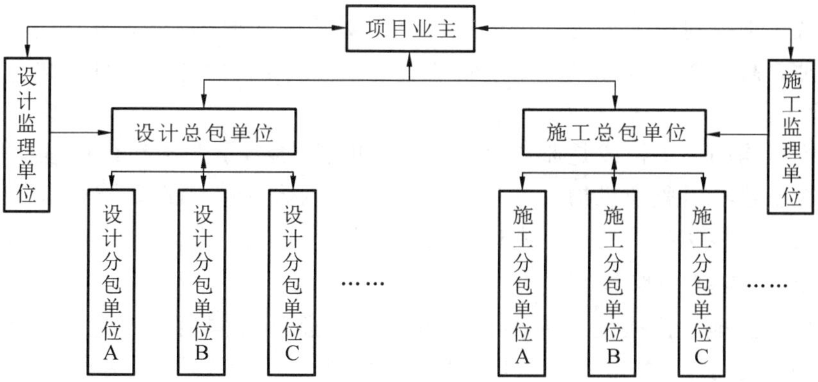


图9.11　设计或施工总分包模式下业主分别委托监理单位的模式

虽然总包单位对承包合同承担乙方的最终责任，但分包单位的资质、能力直接影响着工程质量、进度等目标的实现，所以在这种模式下，监理工程师必须做好对分包单位资质的审查、确认工作。

3. 项目总承包模式条件下的监理委托模式

在项目总承包模式下，业主应委托一家监理单位提供监理服务。在这种模式下，监理工作时间跨度大，监理工程师应具备较全面的知识，重点做好合同管理工作。

4. 项目总承包管理模式条件下的监理委托模式

在项目总承包管理模式下，业主应委托一家监理单位进行监理。这样可以明确管理责任，便于监理工程师对项目总承包管理合同和项目总承包管理单位进行分包等活动的监理。项目总承包管理模式下的监理委托模式如图 9.12 所示。

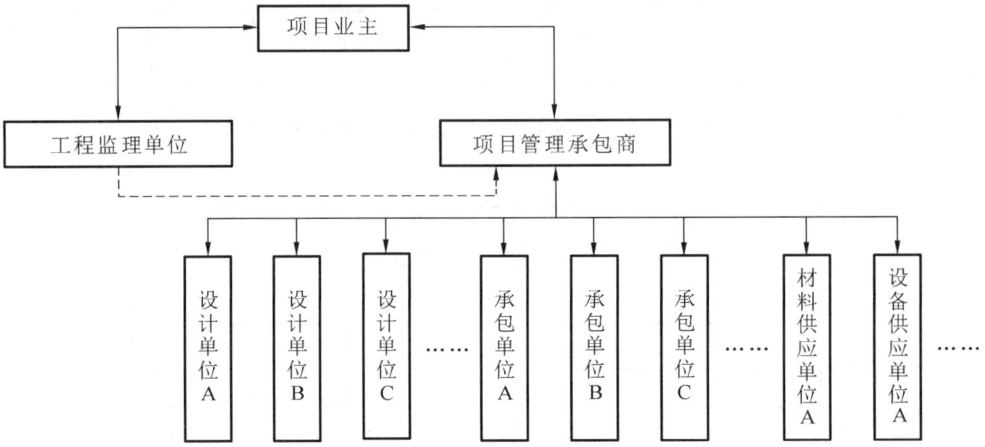


图 9.12 项目总承包管理模式下的监理委托模式

### 9.2.3 建设工程监理实施程序

1. 确定项目总监理工程师，成立项目监理机构

监理单位应根据建设工程的规模、性质、业主对监理的要求，委派称职的人员担任项目总监理工程师。总监理工程师是一个建设工程监理工作的总负责人，他对内向监理单位负责，对外向业主负责。

项目监理机构的人员构成是监理投标书中的重要内容，是业主在评标过程中认可的，总监理工程师在组建项目监理机构时，应根据监理大纲内容和签订的委托监理合同内容组建，并在监理规划和具体实施计划执行中进行及时的调整。

2. 编制建设工程监理规划

监理规划是监理单位接受业主委托并签订委托监理合同后，在项目总监理工程师的主持下，根据委托监理合同，在监理大纲的基础上，结合工程的具体情况，在广泛收集工程信息资料的情况下制定，经监理企业技术负责人批准，用来指导项目监理机构全面开展监理工作的指导性文件。建设工程监理规划是开展工程监理活动的纲领性文件，其内容将在工作手册 10 中介绍。

工程项目监理规划示例

3. 制定各专业监理实施细则

监理实施细则应由专业监理工程师编制，经总监理工程师批准，在工程开工前完成，并报建设单位核备。监理实施细则应分专业编制，体现该工程项目在各专业技术、管理和目标控制方面的具体要求，以达到规范监理工作的目的。其内容将在工作手册10中介绍。

工程项目监理实施细则示例

4. 规范化地开展监理工作

监理工作的规范化体现在：

(1) 工作的时序性。这是指监理的各项工作都应按一定的逻辑顺序先后展开。

(2) 职责分工的严密性。建设工程监理工作是由不同专业、不同层次的专家群体共同来完成的，他们之间严密的职责分工是协调进行监理工作的前提和实现监理目标的重要保证。

(3) 工作目标的确定性。在职责分工的基础上，每一项监理工作的具体目标都应是确定的，完成的时间也应有时限规定，从而能通过报表资料对监理工作及其效果进行检查和考核。

5. 参与验收，签署建设工程监理意见

建设工程施工完成以后，监理单位应在正式验收前组织竣工预验收，在预验收中发现的问题，应及时与施工单位沟通，提出整改要求。监理单位应参加业主组织的工程竣工验收，签署监理单位意见。

建设工程竣工验收流程、程序、必备条件、备案

6. 向业主提交建设工程监理档案资料

建设工程监理工作完成后，监理单位向业主提交的监理档案资料应在委托监理合同文件中约定。如在合同中没有做出明确规定，监理单位一般应提交设计变更、工程变更资料，监理指令性文件，各种签证资料等档案资料。

7. 监理工作总结

监理工作完成后，项目监理机构应及时从两方面进行监理工作总结。其一，是向业主提交的监理工作总结，其主要内容包括：委托监理合同履行情况概述，监理任务或监理目标完成情况的评价，由业主提供的供监理活动使用的办公用房、车辆、试验设施等的清单，表明监理工作终结的说明等。其二，是向监理单位提交的监理工作总结，其主要内容包括：①监理工作的经验，可以是采用某种监理技术、方法的经验，也可以是采用某种经济措施、组织措施的经验，以及委托监理合同执行方面的经验或如何处理好与业主、承包单位关系的经验等；②监理工作中存在的问题及改进的建议。

《建筑工程施工质量验收统一标准》

如何写监理工作总结？

## 9.2.4　建设工程监理实施原则

监理单位受业主委托对建设工程实施监理时，应遵守以下基本原则。

1. 公正、独立、自主的原则

监理工程师在建设工程监理中必须尊重科学、尊重事实，组织各方协同配合，维护有关

各方的合法权益。为此，必须坚持公正、独立、自主的原则。业主与承建单位虽然都是独立运行的经济主体，但它们追求的经济目标有差异，监理工程师应在按合同约定的权、责、利关系的基础上，协调双方的一致性。只有按合同的约定建成工程，业主才能实现投资的目的，承建单位也才能实现自己生产的产品的价值，取得工程款和实现盈利。

2. 权责一致的原则

监理工程师承担的职责应与业主授予的权限相一致。监理工程师的监理职权，依赖于业主的授权。这种权力的授予，除体现在业主与监理单位之间签订的委托监理合同之中，还应作为业主与承建单位之间建设工程合同的合同条件。因此，监理工程师在明确业主提出的监理目标和监理工作内容要求后，应与业主协商，明确相应的授权，达成共识后明确反映在委托监理合同中及建设工程合同中。据此，监理工程师才能开展监理活动。总监理工程师代表监理单位全面履行建设工程委托监理合同，承担合同中确定的监理方向业主方所承担的义务和责任。因此，在委托监理合同实施中，监理单位应给总监理工程师充分授权，体现权责一致的原则。

3. 总监理工程师负责制的原则

总监理工程师是工程监理全部工作的负责人。要建立和健全总监理工程师负责制，就要明确权、责、利关系，健全项目监理机构，具有科学的运行制度、现代化的管理手段，形成以总监理工程师为首的高效能的决策指挥体系。

总监理工程师负责制的内涵包括：

（1）总监理工程师是工程监理的责任主体。责任是总监理工程师负责制的核心，它构成了对总监理工程师的工作压力与动力，也是确定总监理工程师权力和利益的依据。所以，总监理工程师应是向业主和监理单位所负责任的承担者。

（2）总监理工程师是工程监理的权力主体。根据总监理工程师承担责任的要求，总监理工程师全面领导建设工程的监理工作，包括组建项目监理机构，主持编制建设工程监理规划，组织实施监理活动，对监理工作的总结、监督、评价。

4. 严格监理、热情服务的原则

严格监理，就是各级监理人员严格按照国家政策、法规、规范、标准和合同控制建设工程的目标，依照既定的程序和制度，认真履行职责，对承建单位进行严格监理。监理工程师还应为业主提供热情的服务，“应运用合理的技能，谨慎而勤奋地工作”。由于业主一般不熟悉建设工程管理与技术业务，监理工程师应按照委托监理合同的要求多方位、多层次地为业主提供良好的服务，维护业主的正当权益。但是，不能因此而一味向各承建单位转嫁风险，从而损害承建单位的正当经济利益。

5. 综合效益的原则

建设工程监理活动既要考虑业主的经济效益，也必须考虑与社会效益和环境效益的有机统一。建设工程监理活动虽经业主的委托和授权才得以进行，但监理工程师应首先严格遵守国家的建设管理法律、法规、标准等，以高度负责的态度和责任感，既对业主负责，谋求最大的经济效益，又要对国家和社会负责，取得最佳的综合效益。只有在符合宏观经济效益、社会效益和环境效益的条件下，业主投资项目的微观经济效益才能得以实现。

# 9.3 项目监理机构

监理单位与业主签订委托监理合同后，应当建立项目监理机构。项目监理机构的组织形式和规模，应根据委托监理合同规定的服务内容、服务期限、工程类别、规模、技术复杂程度、工程环境等因素确定。

## 9.3.1 建立项目监理机构的步骤

无论工程项目规模大小，工程监理单位在组建项目监理机构时，一般都按图9.13所示的步骤进行。

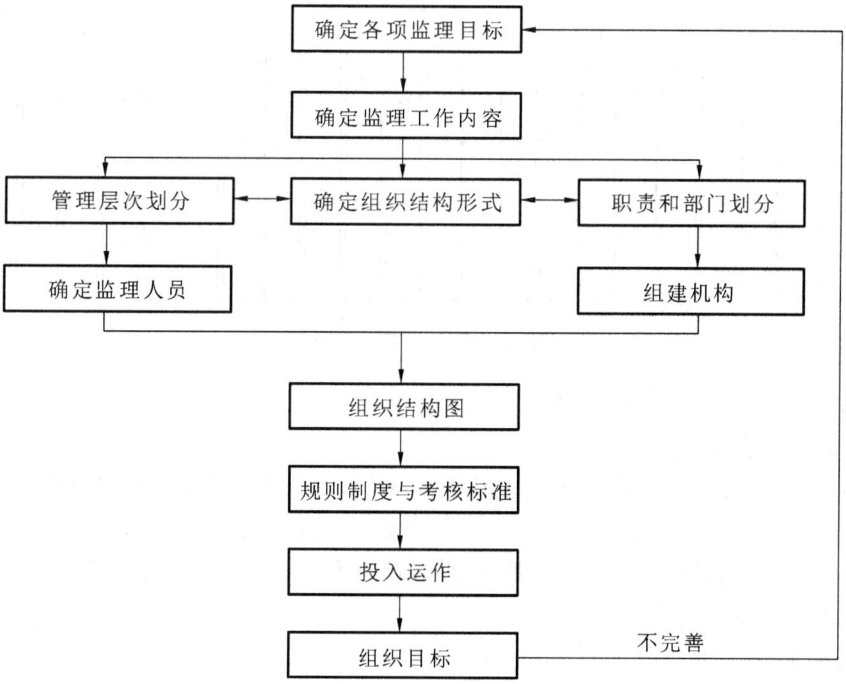


图9.13　项目监理机构组建步骤

监理单位在组建项目监理机构时，一般按以下步骤进行。

1. 确定项目监理机构目标

确定工程项目的监理目标是建立项目监理机构的前提。建立时，项目监理机构应根据建设工程委托监理合同中确定的监理目标制订总目标，并明确划分项目监理机构的分解目标。

2.确定监理工作内容

根据监理目标和建设工程委托监理合同中规定的监理任务，明确监理工作的具体内容，并进行分类、归并和组合。监理工作的分类、归并和组合应便于监理目标控制，并应综合考虑监理项目的规模、性质、管理模式、合同工期、工程复杂程度、技术特点及工程监理企业组织管理水平、监理人员数量、技术业务特点等。

如果对工程项目的全过程实施监理，监理工作的内容可按设计阶段和施工阶段分别进行分类、归并和组合，如果仅对工程项目的施工阶段实施监理，可按投资控制、进度控制、质量控制等进行分类、归并和组合。全过程监理工作划分如图 9.14 所示。

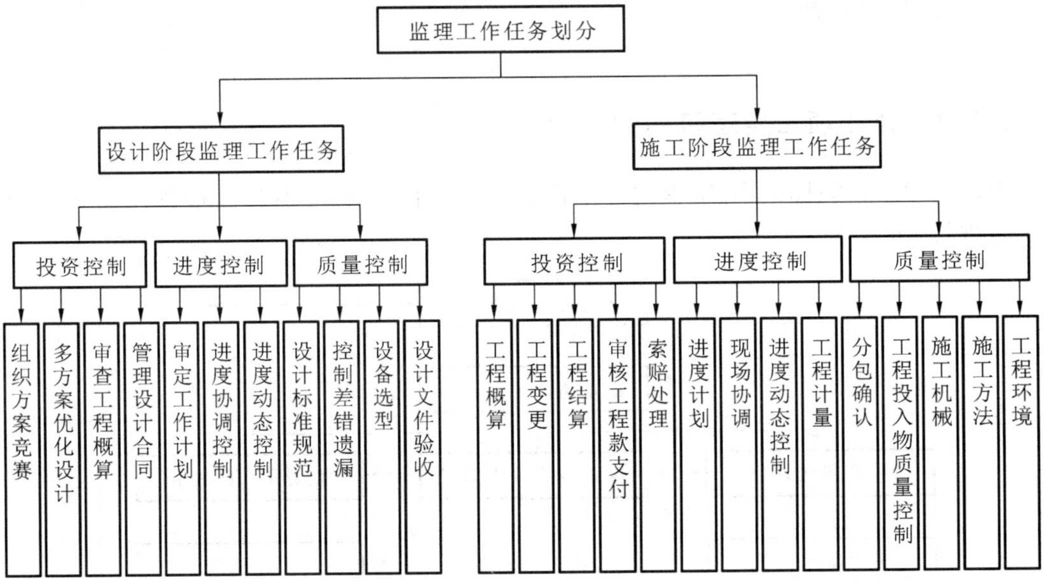


图 9.14 全过程监理工作划分

3.项目监理机构的组织结构设计

1）选择组织结构形式

由于工程规模、性质、阶段及监理工作要求不同，在选择项目监理机构组织结构形式时，可以按照组织设计的原则选择适应监理工作需要的结构形式。组织结构形式选择的基本原则是有利于工程合同管理，有利于监理目标控制，有利于决策指挥，有利于信息沟通。

2）确定管理层次和管理跨度

项目监理机构一般应有以下三个层次。

（1）决策层。

决策层由总监理工程师和其助手组成。它的主要任务是根据建设工程委托监理合同的要求及监理工作的特点和内容做出科学化、程序化的决策和管理。

（2）中间控制层（即协调层和执行层）。

中间控制层由各专业监理工程师组成，具体负责监理规划的落实、监理目标控制、安全管理及合同实施的管理。

（3）作业层（即操作层）。

作业层由监理员、检查员等组成，具体负责监理活动的操作实施。

项目监理机构管理跨度的确定应充分考虑监理人员的素质、管理活动的复杂性和相似性、监理业务的标准化程度、各项规章制度的建立健全情况、建设工程的集中或分散情况等，根据实际工作情况来确定。

3）划分项目监理机构部门

项目监理机构应根据监理机构目标、可利用的人力和物力资源及合同结构情况，将投资控制、进度控制、质量控制、合同管理、安全管理、信息管理和组织协调等监理工作内容按不同的职能活动或按子项分解形成相应的职能管理部门或子项目管理部门。

4）制定岗位职责和考核标准

根据监理工作的任务，选择适当的监理人员。岗位职务和职责的确定，要有明确的目的性，不可因人设事。根据权责一致的原则，应进行适当的授权，以承担相应的职责，使其岗位的职务与其职责相对应。同时，要根据不同的岗位职责确定相应的考核内容、考核标准，对监理人员的工作进行定期考核。项目总监理工程师岗位职责考核标准如表9.1所示，专业监理工程师岗位职责考核标准如表9.2所示。

**表9.1 项目总监理工程师岗位职责考核标准**

| 项目 | 职责内容 | 考核要求 | |
|---|---|---|---|
| | | 标准 | 时间 |
| 工作目标 | 投资控制 | 符合投资控制计划目标 | 每月（或季）末 |
| | 进度控制 | 符合合同工期及总进度控制计划目标 | 每月（或季）末 |
| | 质量控制 | 符合质量控制计划目标 | 工程各阶段末 |
| 基本职责 | 根据建设工程委托监理合同，建立和有效管理项目监理机构 | 科学管理监理机构，监理机构有效运行 | 每月（或季）末 |
| | 主持编写和组织实施监理规划、审批监理实施细则 | 对监理工作进行系统的规划，监理实施细则符合监理规划要求，具有可操作性 | 编写审核完成后 |
| | 审查分包单位资质 | 符合合同要求 | 一周内 |
| | 监督指导专业监理工程师对投资、进度、质量进行监控，审核、签发有关资料文件，处理相关事项 | 监理工作进入正常工作状态，工程处于受控状态 | 每月（或季）末 |
| | 做好建设过程中有关各方面的协调工作 | 工程处于受控状态 | 每月（或季）末 |
| | 主持整理建设工程的监理资料 | 监理资料及时、准确、完整 | 按合同约定 |

表 9.2　专业监理工程师岗位职责考核标准

| 项　目 | 职责内容 | 考核要求 | |
|---|---|---|---|
| | | 标准 | 时间 |
| 工作目标 | 投资控制 | 符合投资控制分解目标 | 每月(或周)末 |
| | 进度控制 | 符合合同工期及进度控制分解目标 | 每月(或周)末 |
| | 质量控制 | 符合质量控制分解目标 | 工程各阶段末 |
| 基本职责 | 熟悉项目情况,制订本专业监理工作计划和监理实施细则 | 反映专业特点,具有可操作性 | 实施前一个月 |
| | 具体负责本专业的监理工作 | 工程监理工作有序进行,工程处于受控状态 | 每月(或周)末 |
| | 做好项目监理机构内各部门之间的监理任务的衔接、协调工作 | 监理人员各负其责,相互配合 | 每月(或周)末 |
| | 处理与本专业有关的重大问题,并将重大问题及时报告总监理工程师 | 工程处于受控状态,及时、真实地反映问题 | 每月(或周)末 |
| | 负责与本专业有关的签证、通知、备忘录等工作,并及时向总监理工程师提交报告、报表等资料 | 资料及时、真实、准确 | 每月(或周)末 |
| | 管理与本专业有关的监理资料 | 监理资料及时、准确、完整 | 每月(或周)末 |

4. 制定工作流程和信息流程

为使监理工作科学、有序、规范进行,应按监理工作的客观规律制定工作流程和信息流程,规范化地开展监理工作。各阶段监理工作流程图如图 9.15 所示。

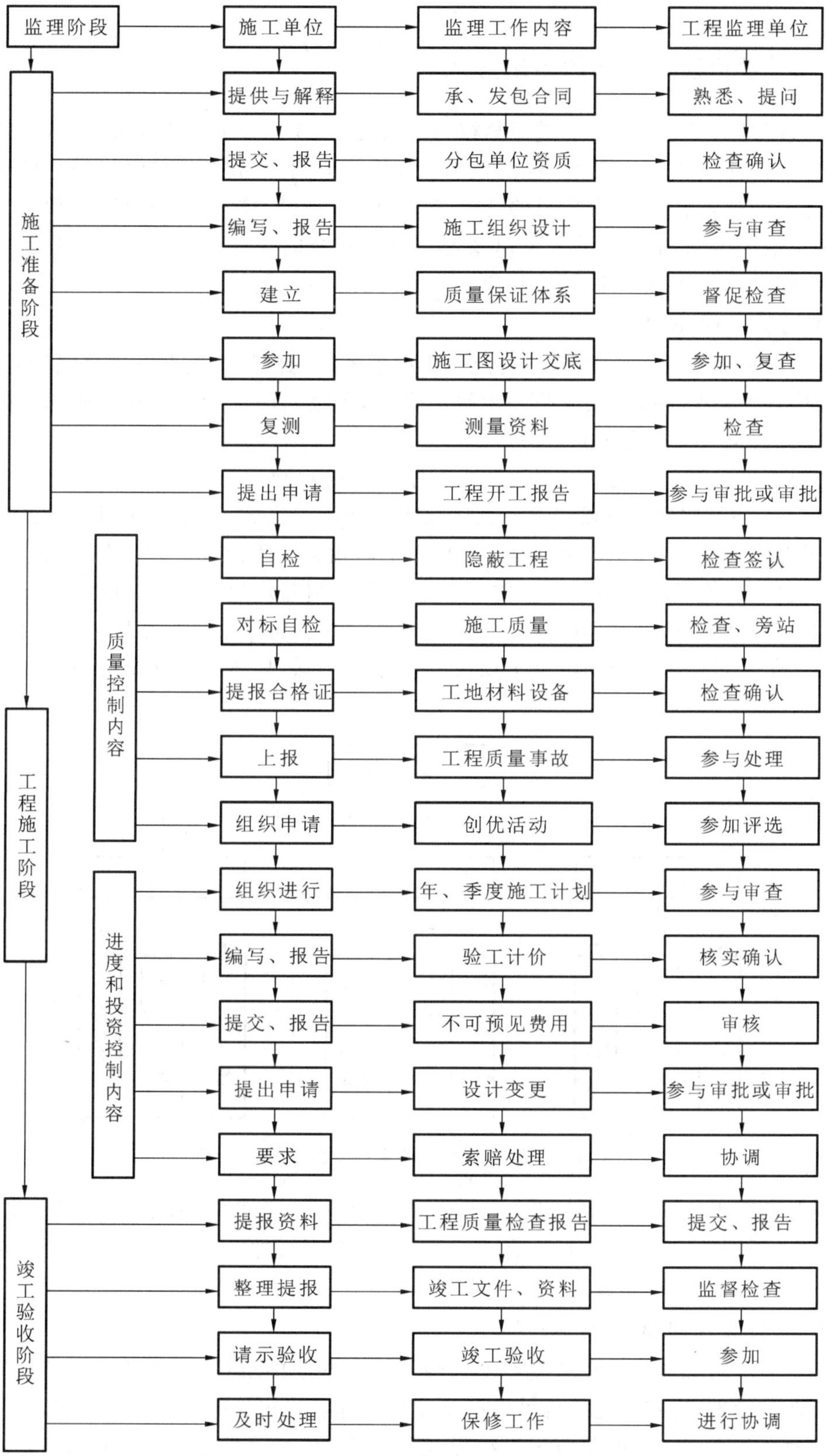


图 9.15　施工准备阶段、工程施工阶段和竣工验收阶段监理工作流程图

### 9.3.2 项目监理机构的组织形式

项目监理组织形式的设计应遵循集权与分权统一、专业分工与协作统一、管理跨度与管理层次统一、权责一致、才职相称、经济效率和弹性的原则。同时，还应考虑委托监理合同规定的服务内容、服务期限、工程项目的特点（工程类别、规模、技术复杂程度、工程环境等）、工程项目承发包模式、业主委托的任务以及监理单位自身的条件。常用的项目监理机构的组织形式有直线制、职能制、直线职能制和矩阵制。

1. 直线制监理组织形式

这种组织形式是最简单的，它的特点是组织中各种职位是按垂直系统直线排列的，项目监理机构中任何一个下级只接受唯一上级的命令，各级部门主管人员对所属部门的问题负责，项目监理机构中不另设职能机构。

这种组织形式适用于监理项目能划分为若干相对独立子项的大、中型建设项目，如图 9.16所示。还可按建设阶段分解设立直线制监理组织形式，如图 9.17 所示，此种形式适用于大、中型以上项目，且承担包括设计和施工的全过程工程建设监理任务。对于小型工程项目，项目监理机构可以采用按专业内容分解的直线制监理组织形式，如图 9.18 所示。总监理工程师负责整个项目监理的规划、组织和指导，并着重整个项目范围内各方面的指挥、协调工作。子项目监理组分别负责子项目的目标值控制，具体领导现场专业或专项监理组的工作。

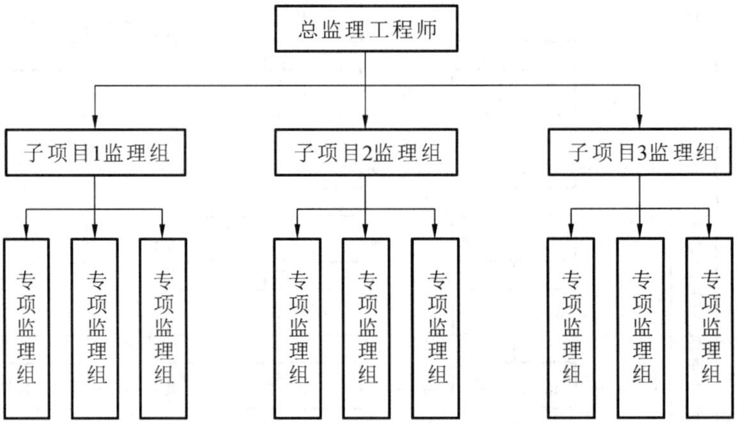


图 9.16 按子项分解的直线制监理组织形式

直线制监理组织形式的主要优点是组织机构简单、权力集中、命令统一、职责分明、决策迅速、隶属关系明确；缺点是实行没有职能机构的"个人管理"，这就要求总监理工程师通晓各种业务和多种知识技能，成为"全能型"人物。

2. 职能制监理组织形式

职能制监理组织形式是在总监理工程师下设一些职能机构，分别从职能角度对基层监理组进行业务管理，这些职能机构可以在总监理工程师授权的范围内，就其主管的业务范围向下下达命令和指示。职能制监理组织形式如图 9.19 所示。此种形式适用于工程项目在地理位置上相对集中的大、中型建设工程。

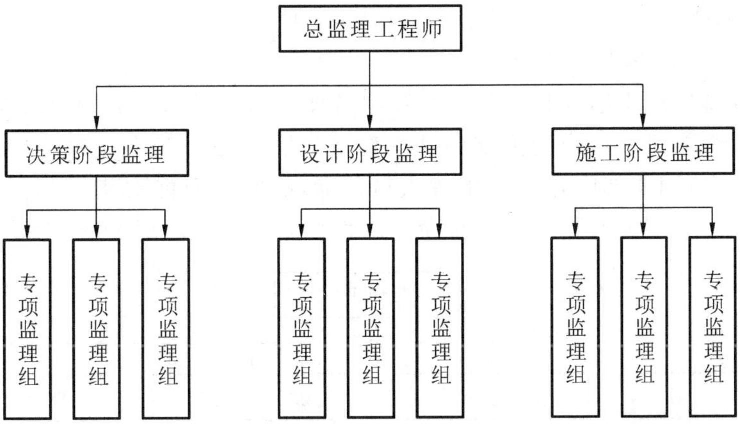


图9.17　按建设阶段分解的直线制监理组织形式

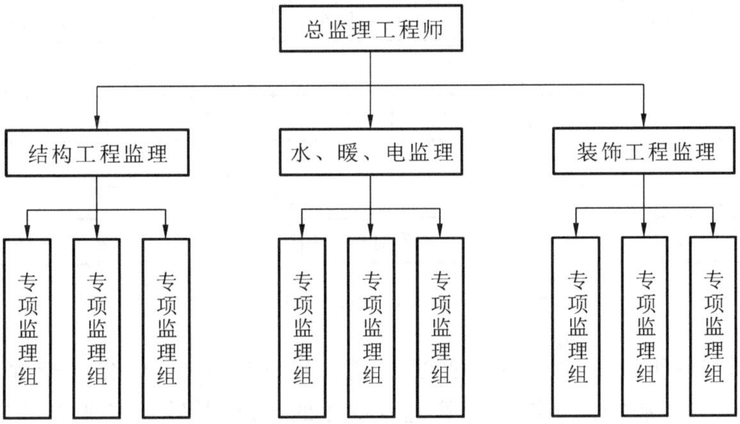


图9.18　按专业内容分解的直线制监理组织形式

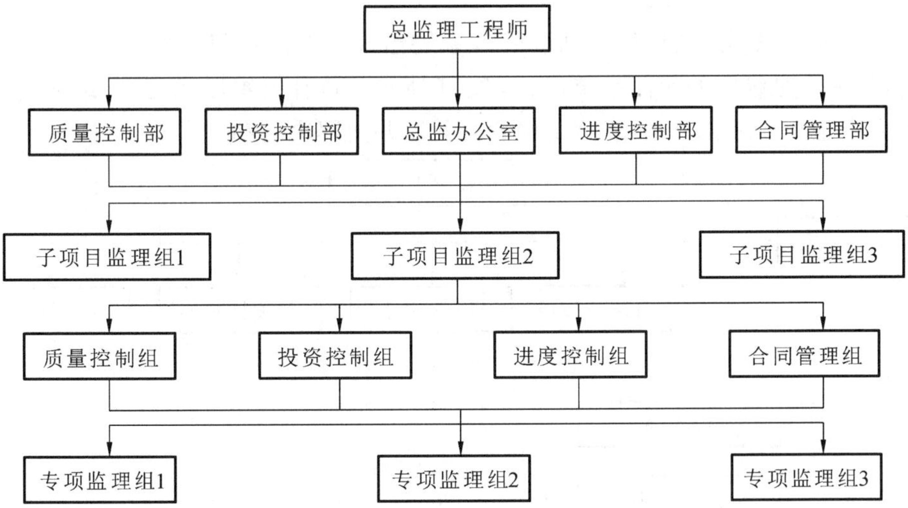


图9.19　职能制监理组织形式

这种组织形式的主要优点是加强了项目监理目标控制的职能化分工，能够发挥职能机构的专业管理作用，有专家参与管理，提高了管理效率，减轻总监理工程师的负担；缺点是多头领导，容易造成职责不清，下级人员在工作中无所适从。

3. 直线职能制监理组织形式

直线职能制监理组织形式是吸收了直线制监理组织形式和职能制监理组织形式的优点而形成的一种组织形式。直线指挥部门拥有对下级实行指挥和发布命令的权力，并对该部门的工作全面负责；职能部门是直线指挥人员的参谋，它们只能对指挥部门进行业务指导，而不能对指挥部门直接进行指挥和发布命令。直线职能制监理组织形式如图 9.20 所示。

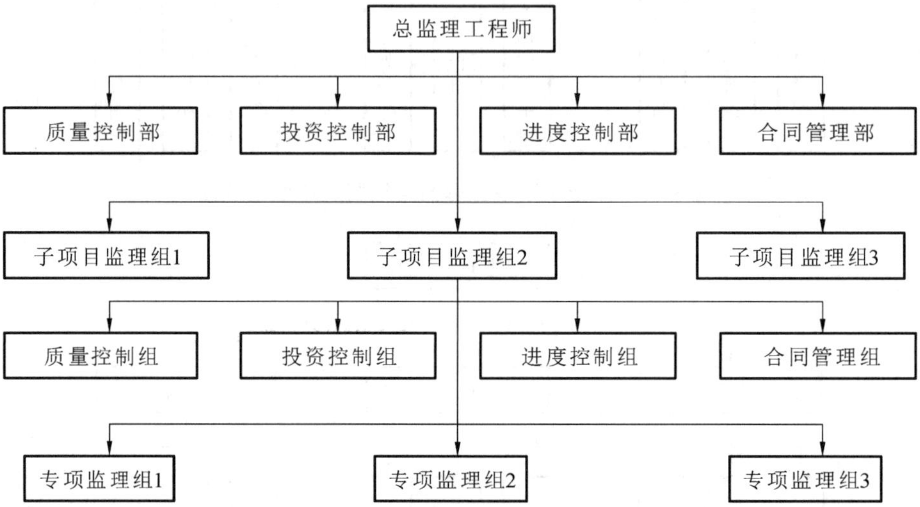


图 9.20　直线职能制监理组织形式

直线职能制监理组织形式保持了直线制组织实行直线领导、统一指挥、职责清楚的优点，另一方面又保持了职能制组织目标管理专业化的优点；其缺点是职能部门与指挥部门易产生矛盾，信息传递路线长，不利于互通情报。

4. 矩阵制监理组织形式

矩阵制监理组织形式是由纵横两套管理系统组成的矩阵形组织结构，一套是横向的子项目系统，另一套是纵向的职能系统，如图 9.21 所示。这种组织形式的横、纵两套管理系统在监理工作中是相互融合关系，表示了两者协同以共同解决问题。

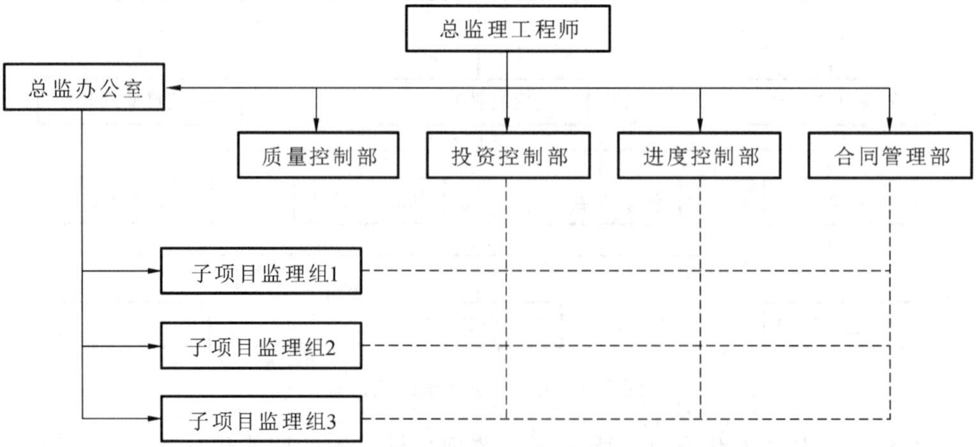


图 9.21　矩阵制监理组织形式

这种形式的优点是加强了各职能部门的横向联系，具有较大的机动性和适应性，把上下左右集权与分权实行最优的结合，有利于解决复杂难题，有利于监理人员业务能力的培养；缺点是纵、横向协调工作量大，处理不当会造成扯皮现象，产生矛盾。

### 9.3.3 项目监理机构的人员配备

项目监理机构配备监理人员的数量和专业应根据监理的任务范围、期限、内容以及工程类别、规模、技术复杂程度、工程环境等因素综合考虑，并应符合委托监理合同中对监理深度和密度的要求，能体现项目监理机构的整体素质，满足监理目标控制的要求。

1. 项目监理机构的人员结构

项目监理机构应具有合理的人员结构，包括以下两方面的内容：

1）合理的专业结构

项目监理机构应由与监理工程的性质及业主对工程监理的要求相适应的各专业人员组成，也就是各专业人员要配套。

2）合理的技术职务、职称结构

为了提高管理效率和经济性，项目监理机构的监理人员应根据建设工程的特点和建设工程监理工作的需要确定其技术职务、职称结构。施工阶段项目监理机构监理人员要求的技术职称结构如表9.3所示。

**表9.3 施工阶段项目监理机构监理人员要求的技术职称结构**

| 层 次 | 人 员 | 职 能 | 职称要求 |
|---|---|---|---|
| 决策层 | 总监理工程师、总监理工程师代表、专业监理工程师 | 项目监理的策划、规划、组织、协调、监控、评价等 | 高级职称 |
| 执行层和协调层 | 专业监理工程师 | 项目监理实施的具体组织、指挥、控制和协调 | 中级职称 |
| 作业层或操作层 | 监理员 | 具体业务工作的执行 | 初级职称 |

2. 项目监理机构监理人员数量的确定

确定监理人员数量一般要考虑以下因素。

1）工程建设强度

工程建设强度是指单位时间内投入的建设工程资金的数量，它是衡量一项工程紧张程度的标准。

工程建设强度＝投资/工期

其中，投资和工期是指由监理企业承担监理任务的那部分工程的建设投资和工期。投资费用一般可按工程估算、概算或合同价计算；工期根据进度总目标及其分目标计算。工程建设强度越大，需投入的监理人员越多。工程建设强度是确定监理人员数量的一项重要因素。

2）工程复杂程度

每项工程都具有不同的具体条件，如地点、规模、空间范围、自然条件、施工条件、材料供应等。工程项目的技术难度越大、越复杂,需要的监理人员就越多。

3）工程的专业种类

工程的专业种类越多,所需要的监理人员就越多。

4）监理企业的业务水平和监理人员的业务素质

每个监理企业的业务水平有所不同,派驻现场的人员素质、专业能力、管理水平、工程经验、设备手段等方面的差异影响监理工作效率的高低。整个监理机构人员有较高的业务水平,都能独立承担各自权限范围内的工作,甚至一专多能,兼任各项工作,则需要的监理人员就少;反之,则需要的监理人员就多。因此,工程监理企业应当根据实际情况制定监理人员需要量定额,并根据实际投入的监理人员水平和设备手段加以调整。

5）项目监理机构的组织结构和任务职能分工

监理机构具体人员配备,务必满足监理任务与职能分工的要求。另外,在有业主方人员参与的监理机构中或由施工方代表承担某些可由其进行的测试工作时,监理人员的数量应适当减少。

## 9.4 建设工程的组织协调

工程建设监理目标的实现,需要监理工程师有扎实的专业知识和对监理程序的有效执行,还要有较强的组织协调能力。通过组织协调,使项目系统内外各方主体有机配合,以促使监理工作顺利进行。

### 9.4.1 项目监理组织协调概述

1.组织协调的概念

协调就是联结、联合、调和所有的活动及力量,使各方配合得适当,其目的是促使各方协同一致,以实现预定目标。协调工作应贯穿于整个建设工程实施及其管理过程中。

建设工程系统就是一个由人员、物质、信息等构成的人为组织系统。用系统方法分析,建设工程的协调一般有三大类:人员/人员界面、系统/系统界面、系统/环境界面。

1）人员/人员界面

人员/人员界面是指潜在的人员矛盾或危机,是人与人之间的间隔。

2）系统/系统界面

系统/系统界面是指子系统功能、目标不同,容易产生各自为政的趋势和相互推诿的现象,是子系统之间的间隔。

3）系统/环境界面

系统/环境界面是指建设工程系统是一个开放系统,具有环境适应性,能主动从外部世界取得必要的能量、物质和信息,在取得的过程中,不可能没有障碍和阻力,是系统与环境之间的间隔。

项目监理机构的协调管理就是在人员/人员界面、系统/系统界面、系统/环境界面，对所有的活动及力量进行联结、联合、调和的工作。在建设工程监理中，要保证项目的参与各方围绕建设工程开展工作，使项目目标顺利实现，组织协调工作最为重要，也最为困难，是监理工作能否成功的关键，只有通过积极的组织协调才能实现整个系统全面协调控制的目的。

2. 组织协调的范围和层次

从系统方法的角度看，监理组织协调的范围分为系统内部的协调和系统外部的协调，系统外部协调又分为近外层协调和远外层协调。近外层协调是指监理组织（企业）与建设单位、设计单位、承包单位等参与工程建设单位之间关系的协调。远外层协调是指监理组织（企业）与政府有关部门、社会团体等单位之间关系的协调。近外层和远外层的主要区别在于建设工程与近外层关联单位一般有合同关系，与远外层关联单位一般没有合同关系。

## 9.4.2 项目监理组织协调的内容

1. 监理组织内部的协调

(1) 监理组织内部人际关系的协调。

监理组织的工作效率在很大程度上取决于人际关系的协调，总监理工程师应首先抓好人际关系的协调，激励监理组织的成员。

(2) 监理组织内部组织关系的协调。

监理组织是由若干个子系统（部门）组成的工作体系，每个部门都有自己的目标和任务。如果每个部门都能从组织的整体出发，理解和履行自己的职责，则整个系统就会处于有序的良性状态。否则，整个系统处于无序的紊乱状态，导致功能失调，效率下降。

监理组织协调中需要注意的几个问题

(3) 监理组织内部需求关系的协调。

在项目实施过程中随时会产生某些特殊的需求，如对人员的需求、对配合力量的需求等。因此，内部需求平衡至关重要。协调不好，既影响项目的进度，又影响工作人员的情绪。需求关系的协调可从以下环节进行：

① 对监理设备、材料的平衡。建设工程监理工作开始时，要做好监理规划和监理实施细则的编写工作，提出合理的监理资源配置，注意把握资源配置期限上的及时性、规格上的明确性、数量上的准确性、质量上的规定性。

② 对监理人员的平衡。抓住人员调度工作环节，注意各专业监理工程师的配合。

2. 与建设单位的协调

监理工程师应从以下几方面加强与建设单位的协调：

(1) 监理工程师首先要理解建设工程总目标，理解建设单位的建设意图。对于未能参加项目决策过程的监理工程师，必须了解项目构思的基础、起因、出发点，否则可能对监理目标及完成任务有不完整的理解，导致实际监理工作困难。

(2) 利用工作之便做好监理宣传工作，增进建设单位对监理工作的理解，特别是对建设工程管理各方职能及监理程序的理解，以自己规范化、标准化、制度化的工作去影响和促进双方工作的协调一致。

(3) 尊重建设单位，让建设单位一起投入建设工程全过程。对建设单位提出的不适当要求，应寻求适当时机并以合适的方式进行说明和解释，尽量避免发生误解。

3. 与设计单位的协调

监理单位必须做好与设计单位的协调工作，以加快工程进度，确保质量，降低消耗。

(1) 真诚尊重设计单位的意见，在设计单位向承包商介绍工程概况、设计意图、技术要求、施工难点等时，注意标准过高、设计遗漏、图纸差错等问题，并将其解决在施工之前；施工阶段，严格按图施工；结构工程验收、专业工程验收、竣工验收等工作，约请设计代表参加；若发生质量事故，认真听取设计单位的处理意见，等等。

(2) 施工中发现设计问题，应及时按工作程序向设计单位提出，以免造成大的直接损失。若监理单位掌握比原设计更先进的新技术、新工艺、新材料、新结构、新设备，可主动与设计单位沟通。为使设计单位有修改设计的余地而不影响施工进度，协调各方达成协议，约定一个期限，争取设计单位、承包商的理解和配合。

(3) 注意信息传递的及时性和程序性。监理工作联系单、工程变更单，要按规定的程序进行传递。监理单位与设计单位之间并没有合同关系，所以监理单位主要是和设计单位做好交流工作，协调要靠建设单位的支持。设计单位应就其设计质量对建设单位负责，工程监理人员发现工程设计不符合建筑工程质量标准或者合同约定的质量要求的，应当报告建设单位要求设计单位改正。

4. 与承包单位的协调

监理工程师对投资、进度和质量的控制都是通过承包单位的工作来实现的，所以做好与承包单位的协调工作是监理工程师组织协调工作的重要内容。

(1) 坚持原则，实事求是，严格按规范、规程办事，讲究科学态度。

(2) 协调不仅是方法、技术问题，更多的是语言艺术、感情交流和用权适度问题。有时尽管协调意见是正确的，但由于方式或表达不妥，反而会激化矛盾。而高超的协调能力则往往能起到事半功倍的效果，令各方面都满意。

(3) 施工阶段协调工作的主要内容如下：

① 与承包商项目经理关系的协调；

② 进度问题的协调；

③ 质量问题的协调；

④ 对承包商违约行为的处理；

⑤ 合同争议的协调；

⑥ 对分包单位的管理；

⑦ 处理好人际关系。

5. 与政府部门及其他单位的协调

1) 与政府部门的协调

(1) 工程质量监督站是由政府授权的工程质量监督的实施机构，对委托监理的工程，质量监督站主要是核查勘察设计、施工单位的资质和检查工程质量。监理单位在进行工程质量控制和质量问题处理时，要做好与工程质量监督站的交流和协调。

（2）重大质量事故，在承包商采取急救、补救措施的同时，应敦促承包商立即向政府有关部门报告情况，接受检查和处理。

（3）建设工程合同应送公证机关公证，并报政府建设管理部门备案；征地、拆迁、移民要争取政府有关部门的支持和协作；现场消防设施的配置，宜请消防部门检查认可；要敦促承包商在施工中注意防止环境污染，坚持做到文明施工。

2）与社会团体的协调

争取社会各界对建设工程的关心和支持是一种争取良好社会环境的协调。对本部分的协调工作，从组织协调的范围看属于远外层协调。根据目前的工程监理实践，对远外层关系的协调，应由建设单位主持，监理单位主要是协调近外层关系。如建设单位将部分或全部远外层关系协调工作委托监理单位承担，则应在委托监理合同专用条件中明确委托的工作和相应的报酬。

### 9.4.3 项目监理组织协调的方法

组织协调是一种管理艺术和技巧，监理工程师尤其是总监理工程师需要掌握领导科学、心理学、行为科学方面的知识和技能，如激励、交际、表扬和批评的艺术、开会的艺术、谈话的艺术、谈判的技巧等。项目监理的组织协调可采用如下方法。

1. 会议协调法

会议协调法是工程建设监理中最常用的一种协调方法，实践中常用的会议协调法包括第一次工地会议、监理例会、专业性监理会议等。

1）第一次工地会议

第一次工地会议是建设工程尚未全面展开前，履约各方相互认识、确定联络方式的会议，也是检查开工前各项准备工作是否就绪并明确监理程序的会议。第一次工地会议应在项目总监理工程师下达开工令之前举行，由建设单位主持召开，监理单位、总承包单位的授权代表参加，也可要求分包单位参加，必要时邀请有关设计单位人员参加。

2）监理例会

（1）监理例会是由总监理工程师主持，按一定程序召开的，研究施工中出现的计划、进度、质量及工程款支付等问题的工地会议。

（2）监理例会应当定期召开，宜每周召开一次。

（3）参加人包括：项目总监理工程师（也可为总监理工程师代表）、其他有关监理人员、承包商项目经理、承包单位其他有关人员。需要时，还可邀请其他有关单位代表参加。

（4）会议的主要议题有：对上次会议存在问题的解决和纪要的执行情况进行检查；工程进展情况；对下月（或下周）的进度预测及其落实措施；施工质量、材料设备的加工订货及质量与供应情况；质量改进措施；有关技术问题；索赔及工程款支付情况；需要协调的有关事宜。

（5）会议纪要：由项目监理机构起草，经与会各方代表会签，然后分发给有关单位。会议纪要主要内容有：会议地点及时间；出席者姓名、职务及他们代表的单位；会议中发言者的姓名及所发表的主要内容；决定事项；诸事项分别由何人何时执行。

3）专业性监理会议

除定期召开工地监理例会以外，还应根据需要组织召开一些专业性协调会议，例如加工订货会、业主直接分包的工程内容承包单位与总包单位之间的协调会、专业性较强的分包单位进场协调会等，均由监理工程师主持会议。

2. 交谈协调法

在实践中，并不是所有问题都需要开会来解决，有时可采用“交谈”这一方法。交谈包括面对面的交谈和电话交谈两种形式。无论是内部协调还是外部协调，这种方法的使用频率都是相当高的，其作用在于：

（1）保持信息畅通。由于交谈本身没有合同效力，而有其方便性和及时性，所以建设工程参与各方之间及监理机构内部都愿意采用这一方法。

（2）寻求协作和帮助。在寻求别人帮助和协作时，往往要及时了解对方的反应和意见，以便采取相应的对策。另外，相对于书面寻求协作，人们更难于拒绝面对面的请求。因此，采用交谈方式请求协作和帮助比采用书面方法实现的可能性要大。

（3）及时地发布工程指令。在实践中，监理工程师一般都采用交谈方式先发布口头指令。这样，一方面可以使对方及时地执行指令，另一方面可以和对方进行交流，了解对方是否正确理解了指令。随后，再以书面形式加以确认。

3. 书面协调法

当会议或者交谈不方便或不需要时，或者需要精确地表达自己的意见时，就会用到书面协调的方法。书面协调方法的特点是具有合同效力，一般常用于以下几个方面：

（1）不需要双方直接交流的书面报告、报表、指令和通知等。

（2）需要以书面形式向各方提供详细信息和情况通报的报告、信函和备忘录等。

（3）事后对会议记录、交谈内容或口头指令的书面确认。

4. 访问协调法

访问协调法主要用于外部协调，形式有走访和邀访。走访是指监理工程师在建设工程施工前或施工过程中，对与工程施工有关的各政府部门、公共事业机构、新闻媒体或工程毗邻单位等进行访问，向他们解释工程的情况，了解他们的意见。邀访是指监理工程师邀请上述各单位（包括业主）代表到施工现场对工程进行指导性巡视，了解现场工作。因为在多数情况下，这些有关方面并不了解工程，不清楚现场的实际情况，如果进行一些不恰当的干预，会对工程产生不利影响。这个时候，采用访问法可能是一个相当有效的协调方法。

5. 情况介绍法

情况介绍法通常与其他协调方法是紧密结合在一起的，它可能是在一次会议前，或是一次交谈前，或是一次走访或邀访前的向对方进行的情况介绍。形式上主要是口头的，有时也伴有书面的。介绍往往作为其他协调的引导，目的是使别人首先了解情况。因此，监理工程师应重视任何场合下的每一次介绍，要使别人能够理解介绍的内容、问题和困难、想得到的协助等。

## 小　结

组织构成由管理层次、管理跨度、管理部门、管理职能四大因素组成。建设工程项目主要有平行承发包、设计或施工总分包、项目总承包、项目总承包管理等组织管理模式。建设工程监理委托模式有平行承发包模式条件下的监理委托模式、设计或施工总分包模式条件下的监理委托模式、项目总承包模式条件下的监理委托模式、项目总承包管理模式条件下的监理委托模式等。建设工程监理实施原则有：公正、独立、自主的原则；权责一致的原则；总监理工程师负责制的原则；严格监理、热情服务的原则；综合效益的原则。监理单位与业主签订委托监理合同后，应当建立项目监理机构。常用的项目监理机构的组织形式有直线制、职能制、直线职能制和矩阵制。项目监理机构配备监理人员的数量和专业应根据监理的任务范围、期限、内容以及工程类别、规模、技术复杂程度、工程环境等因素综合考虑，并应符合委托监理合同中对监理深度和密度的要求。从系统方法的角度看，监理组织协调的范围分为系统内部的协调和系统外部的协调，系统外部协调又分为近外层协调和远外层协调。近外层协调是指监理组织（企业）与建设单位、设计单位、承包单位等参与工程建设单位之间关系的协调。远外层协调是指监理组织（企业）与政府有关部门、社会团体等单位之间关系的协调。建设工程与近外层关联单位一般有合同关系，与远外层关联单位一般没有合同关系。项目监理的组织协调可采用的方法有会议协调法、交谈协调法、书面协调法、访问协调法、情况介绍法等。

## 巩固训练

**一、单项选择题**

1. 监理机构的组织活动效应并不等于机构内单个监理人员工作效应的简单相加，这体现了组织机构活动的（　　）原理。

A. 动态相关性　　B. 要素有用性　　C. 主观能动性　　D. 规律效应性

2. 针对工程项目平行承发包模式的缺点，在业主委托一家监理单位监理的条件下，要求监理单位有较强的（　　）能力。

A. 质量控制和组织协调　　B. 质量控制和合同管理

C. 质量控制和投资控制　　D. 合同管理和组织协调

3. 建设工程平行承发包模式的缺点是（　　）。

A. 建设周期较长　　B. 质量控制难度大

C. 合同数量多　　D. 进度控制难度大

4. 同时适用于平行承发包、设计或施工总分包、项目总承包模式的委托监理模式是业主（　　）。

A. 委托多家监理单位　　B. 委托一家监理单位

C. 按不同建设阶段委托监理单位　　D. 按不同合同标段委托多家监理单位

5. 与项目总承包模式相比，建设工程平行承发包模式的优点是（　　）。

A. 有利于进度控制　　B. 有利于造价控制

C. 有利于缩短工期　　D. 有利于合同管理

6. 项目监理机构的组织结构设计包括（　　）。

A. 确定管理层次　　B. 确定工作内容　　C. 制定信息流程　　D. 制定工作流程

7. 组织中从最高管理者到最基层实际工作人员的人数及权责的基本规律是（　　）。

A. 人数逐层递减，权责逐层递减

B. 人数逐层递增，权责逐层递减

C. 人数逐层递减，权责逐层递增

D. 人数逐层递增，权责逐层递增

8. 在项目监理机构中，根据建设工程监理合同的要求和监理活动内容进行科学化、程序化决策与管理的管理层级是（　　）。

A. 决策层　　B. 协调层　　C. 执行层　　D. 操作层

9. 项目监理机构组织结构设计中，确定管理层次与管理跨度之后需要做的工作是（　　）。

A. 制定岗位职责及考核标准　　B. 选派监理人员

C. 划分项目监理机构部门　　D. 制定工作流程和信息流程

10. 在建立项目监理机构的步骤中，处于确定项目监理机构目标与设计项目监理机构组织结构之间的工作是（　　）。

A. 划分项目监理机构的分解目标　　B. 确定监理工作内容

C. 选择组织结构形式　　D. 划分项目监理机构部门

11. “项目监理机构中任何一个下级只接受唯一上级的命令，适用于能划分为若干相对独立的子项目的大、中型建设工程”，符合上述描述的项目监理机构组织形式是（　　）。

A. 直线制监理组织形式　　B. 职能制监理组织形式

C. 直线职能制监理组织形式　　D. 矩阵制监理组织形式

12.（　　）是由纵横两套管理系统组成的矩阵形组织结构，一套是横向的子项目系统，另一套是纵向的职能系统，该种组织形式的横、纵两套管理系统在监理工作中是相互融合关系，两者协同以共同解决问题。

A. 直线制监理组织形式　　B. 职能制监理组织形式

C. 直线职能制监理组织形式　　D. 矩阵制监理组织形式

13. 组织审核竣工结算是（　　）的职责。

A. 监理单位技术负责人　　B. 专业监理工程师

C. 总监理工程师　　D. 总监理工程师代表

14. 总监理工程师可以委托给总监理工程师代表的职责是（　　）。

A. 组织审查和处理工程变更　　B. 组织审查专项施工方案

C. 组织工程竣工预验收　　D. 组织编写工程质量评估报告

15. 下列监理职责中，属于监理员职责的是(　　)。

A. 处置生产安全事故隐患

B. 复核工程计量有关数据

C. 验收分部分项工程

D. 检查进场的工程材料、构配件、设备的质量

16. 工程建设强度是影响监理机构人员数量的主要因素之一，其数值(　　)。

A. 与投资成正比，与工期成反比　　B. 与投资和工期成正比

C. 与工期成正比，与投资成反比　　D. 与投资和工期成反比

17. 矩阵制监理组织形式的优点是(　　)。

A. 权力集中，隶属关系明确　　B. 命令统一，决策迅速

C. 发挥职能机构的专业管理作用　　D. 有较大的机动性和适应性

18. 可能在职能部门与指挥部门之间产生矛盾的监理组织形式是(　　)。

A. 直线制监理组织形式　　B. 职能制监理组织形式

C. 直线职能制监理组织形式　　D. 矩阵制监理组织形式

19. 监理工程师邀请建设行政主管部门的负责人员到施工现场对工程进行指导性巡视，属于(　　)。

A. 专家会议法　　B. 书面协调法

C. 情况介绍法　　D. 访问协调法

20. 建设工程监理组织协调方法中，最具有合同效力的是(　　)。

A. 交谈协调法　　B. 书面协调法

C. 情况介绍法　　D. 访问协调法

**二、多项选择题**

1. 组织构成需要考虑的因素包括(　　)。

A. 管理层次　　B. 管理职权　　C. 管理职能

D. 管理部门　　E. 管理人员

2. 关于组织机构活动基本原理，下列说法正确的是(　　)。

A. 管理者在组织活动中主要是要看到一切要素都有作用而不必具体分析各要素的特点

B. 组织管理者的重要任务之一在于使组织机构活动的整体效应大于其局部效应之和

C. 组织管理者的重要任务之一是要把人的主观能动性发挥出来

D. 管理者应主动研究规律，坚决按规律办事

E. 组织机构活动基本原理是要素有用性原理、动态相关性原理、主观能动性原理和规律效应性原理

3. 关于建设工程组织管理基本模式的说法，正确的有(　　)。

A. 平行承发包模式的优点是有利于投资控制

B. 项目总承包模式的缺点是不利于投资控制

C. 项目总承包模式的优点是监理单位的组织协调工作量小

D. 项目总承包管理模式的优点是有利于进度控制

E. 平行承发包模式的缺点是不利于业主选择承建单位

4. 就业主而言，项目总承包模式的优点主要有(　　)。

A. 有利于质量控制　　B. 有利于降低总投资额

C. 有利于投资控制　　D. 合同关系简单

E. 有利于缩短建设周期

5. 建设工程监理实施的原则包括(　　)。

A. 权责一致原则　　B. 才职相称原则　　C. 分工协作原则

D. 综合效益原则　　E. 严格监理、热情服务原则

6. 项目监理机构的组织形式有(　　)。

A. 直线制监理组织形式　　B. 职能制监理组织形式

C. 直线职能制监理组织形式　　D. 矩阵制监理组织形式

E. 综合制监理组织形式

**三、名词解释**

1. 组织结构：

2. 平行承发包：

3. 项目总承包：

4. 工程建设强度：

5. 组织协调：

**四、简答题**

1. 项目监理机构的组织设计通常需考虑哪些原则？

2. 组织活动应遵循哪些基本原理？

3. 建设工程组织管理基本模式有哪些？

4. 在建设工程组织管理基本模式里，平行承发包模式的优缺点各是什么？

5. 在建设工程组织管理基本模式里，项目总承包模式有哪些优点和缺点？

6. 简述建设工程监理的实施程序。

7. 简述建设工程监理实施的基本原则。

8. 常用的项目监理机构的组织形式有哪些？

9. 确定监理人员数量一般要考虑哪些因素？

10. 总监理工程师不得将哪些工作委托给总监理工程师代表？

11. 建设工程监理组织协调的方法有哪些？

**五、案例分析**

某工程监理合同签订后，监理单位负责人对该项目监理工作提出以下五点要求：

(1) 监理合同签订后的30天内应将项目监理机构的组织形式、人员构成及总监理工程师的任命书面通知建设单位；

(2) 监理规划的编制要依据建设工程的相关法律、法规，项目审批文件、有关建设工程项目的标准、设计文件、技术资料，监理大纲、委托监理合同文件和施工组织设计；

(3) 监理规划中不需编制有关安全生产监理的内容，但需针对危险性较大的分部分项工程编制监理实施细则；

(4) 总监理工程师代表应在第一次工地会议上介绍监理规划的主要内容，如建设单位未提出意见，该监理规划经总监理工程师批准后可直接报送建设单位；

(5) 如建设单位设计方案有重大修改，施工组织设计、方案等发生变化，总监理工程师代表应及时主持修订监理规划的内容，并组织修订相应的监理实施细则。

总监理工程师提出了建立项目监理机构的步骤(见图 9.22)，并将以下工作委托给总监理工程师代表：

(1) 确定项目监理机构人员岗位职责，主持编制监理规划；

(2) 签发工程款支付证书，调解建设单位与承包单位的合同争议。

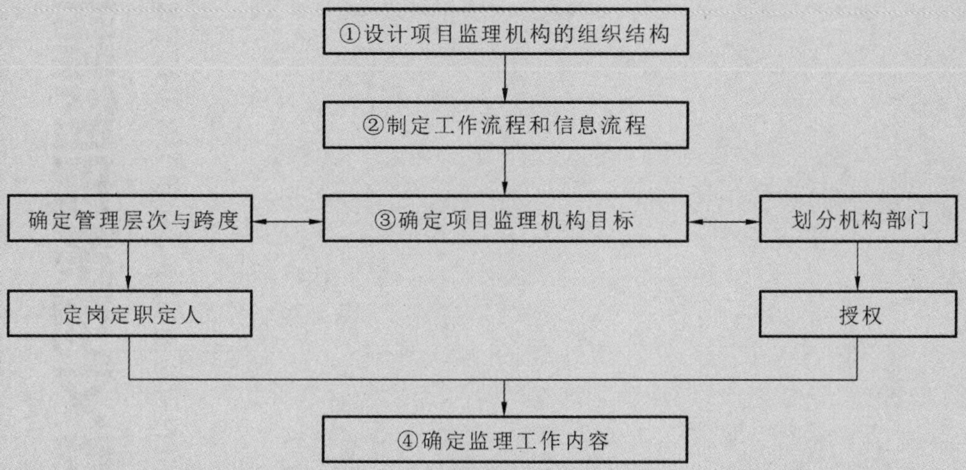


图 9.22　建立项目监理机构的步骤

在编制的项目监理规划中，要求在监理过程中形成的部分文件档案资料如下：

(1) 监理实施细则；

(2) 监理通知单；

(3) 分包单位资质材料；

(4) 费用索赔报告及审批；

(5) 质量评估报告。

问题：

1. 指出监理单位负责人所提要求中的不妥之处，写出正确做法。

2. 写出图 9.22 中①～④项工作的正确步骤。

3. 指出总监理工程师委托总监理工程师代表工作的不妥之处，写出正确做法。

4. 写出项目监理规划中所列监理文件档案资料在建设单位、监理单位保存的时限要求。

# 工作手册10

# 建设工程监理系列文件

JIANSHE GONGCHENG JIANLI XILIE WENJIAN

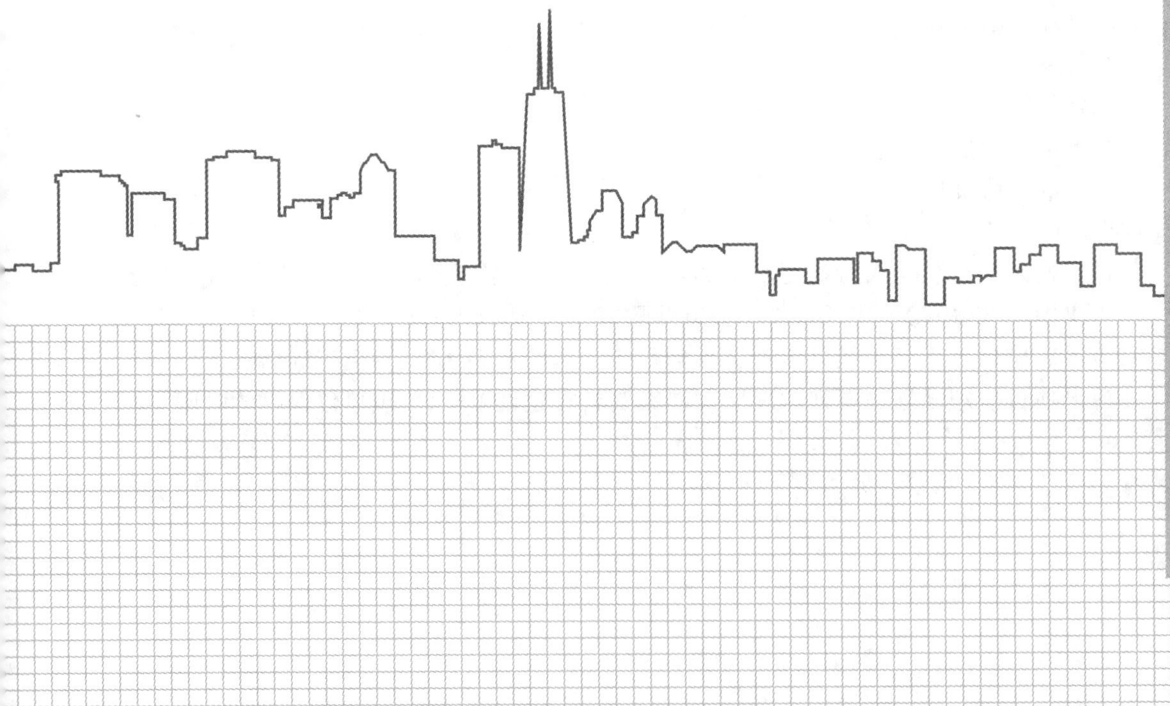

**知识目标**

掌握监理规划的作用、编制依据、要求和内容；熟悉监理大纲编制的目的和作用，熟悉监理大纲和监理实施细则的主要内容和编制要求，以及监理实施细则编制的原则和依据；了解监理大纲、监理规划和监理实施细则之间的关系。

**能力目标**

具备编制监理大纲、监理规划、监理实施细则的基本能力；能够在工程项目运行过程中运用监理大纲、监理规划、监理实施细则等建设工程监理系列文件解决实际问题。

**工程案例**

某工程项目在实施过程中发生如下事件：监理合同签订后，监理单位技术负责人组织编制了监理规划并报法定代表人审批，在第一次工地会议后，项目监理机构将监理规划报送建设单位。请指出此事件中的不妥之处，并写出正确做法。

参考答案

建设工程监理工作文件是指监理单位投标时编制的监理大纲、监理合同签订以后编制的监理规划和专业监理工程师编制的监理实施细则。建设工程监理系列文件对建设工程监理工作起着至关重要的作用。监理文件是监理项目内部管理文件，写到就应做到，各级人员都应执行，从而实现有法可依、有章可循。监理文件也应符合标准规范的要求和实际情况。

# 10.1 监理大纲

监理大纲又称监理方案，它是监理单位在工程施工监理项目招标过程中为承揽到工程监理业务而编写的监理技术性方案文件。根据各方面的技术标准、规范的规定，结合实际，阐述对该工程监理招标文件的理解，提出工程监理工作的目标，制定相应的监理措施。写明实施的监理程序和方法，明确完成时限，分析监理重难点等。监理大纲是监理规划编写的直接依据。

## 10.1.1 监理大纲的编制依据和要求

监理大纲中标前用于投标和承揽监理业务，中标后用于指导编制监理规划，指导整个项目开展监理工作。无论中标前还是中标后，一旦形成文件则不可修改。

1. 编制依据

（1）国家有关建设工程方面的法律、法规。

（2）建设单位提供的勘察文件、设计文件。

（3）建设单位的工程监理招标文件。

（4）工程监理企业有关的人力资源和技术资源。

《招标投标法》

2. 编制要求

（1）监理大纲是体现为业主提供监理服务的总体方案性文件，要求企业在编制监理大纲时，应在总经理或主管负责人的主持下，在企业技术负责人、经营部门、技术质量部门等密切配合下编制。

（2）监理大纲应依据监理招标文件、设计文件及业主的要求编制。

（3）要体现企业自身的管理水平、技术装备等实际情况，编制的监理大纲既要满足最大可能地中标，又要建立在合理、可行的基础上。

### 10.1.2 监理大纲的种类

根据实施阶段来划分：

（1）工程设计阶段的监理大纲；

（2）工程施工阶段的监理大纲；

（3）工程竣工验收及缺陷责任保修阶段的监理大纲。

### 10.1.3 监理大纲的作用和特点

1. 监理大纲的作用

（1）使业主认可监理大纲中的监理方案，从而承揽到监理业务。

（2）为项目监理机构今后开展监理工作制定基本的方案。

（3）监理大纲是编写监理规划的依据。

2. 监理大纲的特点

（1）总体计划性、规划性，不具有实际操作性，以指导性为主。

（2）是技术及管理的初步方案。

（3）内容相对具体，涉及全过程。

（4）展示性，展示监理业务水平、企业管理能力。

（5）编制一次性，修改完善受到开标时间的限制。

### 10.1.4 监理大纲的主要内容

监理大纲是监理机构开展监理工作的最基本的参考方案，其主要内容为：

（1）工程概况；

（2）监理服务范围和工作内容；

（3）监理指导思想和监理目标；

（4）对工程难点、关键点的理解、对策或建议；

（5）主要监理工作程序和制度；

（6）主要监理措施，包括项目监理机构组织方案、目标控制方案、合同管理方案、组织协调方案等，这部分内容是监理大纲的核心；

（7）监理人员情况介绍；

（8）人员、设备安排计划；

（9）提交给建设单位的阶段性文件。

工程项目监理大纲示例

## 10.2 监理规划

监理规划是监理单位接受业主委托并签订委托监理合同后，在项目总监理工程师的主持下，根据委托监理合同，在监理大纲的基础上，结合工程的具体情况，广泛收集工程信息资料的情况下制定，经监理企业技术负责人批准，用来指导项目监理机构全面开展监理工作的指导性文件。

### 10.2.1 监理规划的编写依据与要求

1.编写依据

1）工程建设方面的法律、法规

（1）国家颁布的工程建设有关的法律、法规；

（2）工程所在地或所属部门颁布的工程建设相关的法律、规定和政策；

（3）工程建设的各种标准、规范。

2）政府批准的工程建设文件

（1）政府工程建设主管部门批准的可行性研究报告、立项批文；

（2）政府规划部门确定的规划条件、土地使用条件、环境保护要求、市政管理规定。

3）建设工程监理合同

编写监理规划，必须依据建设工程监理合同以下内容：监理单位和监理工程师的权利和义务，监理工作范围和内容，有关建设工程监理规划方面的要求。

4）其他建设工程合同

编写监理规划，也要考虑其他建设工程合同关于业主和承建单位的权利和义务的内容。

5）监理大纲

监理大纲中的监理组织计划，拟投入的主要监理人员，投资、进度、质量控制方案，合同管理方案，信息管理方案，定期提交给业主的监理工作阶段性成果等内容都是监理规划编写的依据。

2. 编写要求

(1) 基本构成内容应当力求统一。

监理规划是指导监理组织全面开展监理工作的指导性文件，它在总体内容组成上要求基本统一。监理规划的基本内容构成，应考虑以下因素：符合工程建设监理的基本内容要求；能够发挥监理规划指导项目监理组织全面开展监理工作的基本作用；根据委托监理合同所确定的监理内容、范围和深度加以选择并满足监理合同的各方面要求。

归纳起来，监理规划基本构成内容应当包括目标规划、监理组织、目标控制、合同管理和信息管理。施工阶段监理规划统一的内容要求应当在建设监理法规文件或监理合同中明确下来。

(2) 具体内容应具有针对性。

监理规划具体内容具有针对性，是监理规划能够有效实施的重要前提。监理规划是用来指导一个特定的项目组织在一个特定的工程项目上的监理工作，它的具体内容要适合于这个特定的监理组织和特定的工程项目，同时又要符合特定的委托监理合同的要求。

针对某项工程建设监理活动，有它自己的投资、进度、质量控制目标，有它的项目组织形式和相应监理组织机构，有它自己的信息管理制度和合同管理措施，有它自己独特的目标控制措施、方法和手段。所以监理规划只有具有针对性，才能真正起到指导监理工作的作用。

(3) 监理规划应当遵循建设工程的运行规律。

监理规划可在签订建设工程监理合同及收到工程设计文件后由总监理工程师组织编制，并应在召开第一次工地会议前报送建设单位。监理规划应结合工程实际情况，明确项目监理机构的工作目标，确定具体的监理工作制度、内容、程序、方法和措施。监理规划是否要经过业主认可，由委托监理合同或双方协商确定。在监理工作实施过程中，如实际情况或条件发生重大变化而需要调整监理规划时，应由总监理工程师组织专业监理工程师研究修改，按原报审程序经批准后报建设单位。

(4) 项目总监理工程师是监理规划编写的主持人。

监理规划在总监理工程师主持下编写制定，是工程建设监理实行项目总监理工程师负责制的要求。总监理工程师是项目监理的负责人，他是项目监理的责任主体、权力主体和利益主体，在他主持下编制监理规划，有利于贯彻他的监理方案，有利于他利用职权和利益手段完成自己的职责。同时，总监理工程师主持编制监理规划，有利于他熟悉监理活动，并使监理工作系统化，有利于监理规划的有效实施。

(5) 监理规划一般要分阶段编写。

没有规划信息就没有规划内容。因此，整个监理规划的编写需要有一个过程，我们可以将编写的整个过程划分为若干个阶段，每个编写阶段都与工程实施各阶段相应。监理规划是针对一个具体工程项目来编写的，而工程的动态性很强，在它的运行过程中，内部和外部环境条件不可避免地要发生变化，这就需要对监理规划进行相应的补充、修改和完善，使工程建设监理工作能够始终在监理规划的有效指导下进行。

(6) 监理规划的表达方式应当格式化、标准化。

规范化、标准化是科学管理的标志之一。监理规划的内容表达应当明确、简洁、直观。比较而言，图、表和简单的文字说明应当是采用的基本方式。编写监理规划各项内容时应当采用什么表格、图示，以及哪些内容要采用简单的文字说明应当做出一般规定，以满足监理规划格式化、标准化的要求。

(7) 监理规划应该经过审核。

监理规划在编写完成后需要进行审核并批准。监理单位的技术主管部门是内部审核单位,其负责人应当签字认可。同时,还应当提交业主,由业主对监理规划确认。所以,在监理规划的编写过程中应当听取业主的意见,最大限度地满足他们的合理要求,为进一步搞好服务奠定基础。

监理规划不需要承包商的确认,但是在监理规划的编写过程中还应听取被监理方的意见。广泛地征求承包商的意见,对监理规划的编制和实施有很多好处。

### 10.2.2 监理规划的作用和遵循程序

1. 监理规划的作用

(1) 指导项目监理机构全面开展监理工作。

(2) 监理规划是建设监理主管机构对监理单位监督管理的依据。

(3) 监理规划是业主确认监理单位履行合同的主要依据。

(4) 监理规划是监理单位内部考核的依据和重要的存档资料。

从建设工程监理控制的过程可知,监理规划的内容必然随着工程的进展而逐步调整、补充和完善。它在一定程度上真实地反映了一个建设工程监理工作的全貌,是最好的监理工作过程记录。因此,它是工程监理单位的重要存档资料。

2. 监理规划编制应遵循的程序

(1) 总监理工程师组织专业监理工程师编制。

(2) 总监理工程师签字后由工程监理单位技术负责人审批。

在实施建设工程监理过程中,实际情况或条件发生变化而需要调整监理规划时,应由总监理工程师组织专业监理工程师研究修改,并应经工程监理单位技术负责人批准后报建设单位,监理工作按重新批准后的监理规划开展。

监理规划的编写程序如图 10.1 所示。

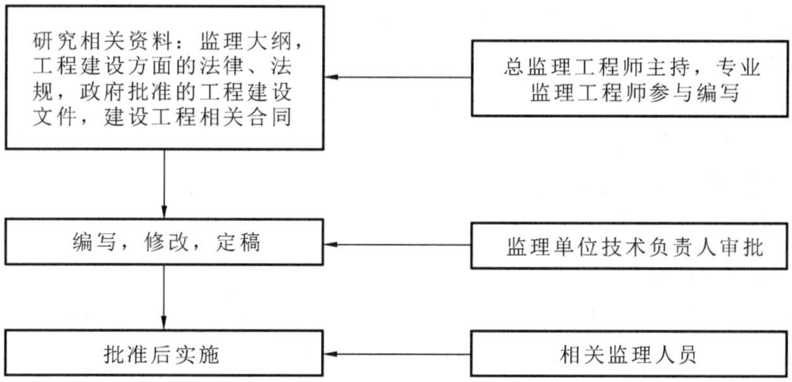


图 10.1 监理规划的编写程序

### 10.2.3 监理规划的主要内容

1. 工程项目概况

该部分主要内容有：工程项目名称、工程项目地点、工程项目组成及建筑规模、主要建筑结构类型、预计工程投资总额、工程项目计划工期、工程质量要求、工程项目设计单位及施工承包单位名称、工程项目结构图与编码系统。

2. 监理工作范围

按照工程监理合同的规定，写明“三控制、三管理、一协调”方面业主的授权范围。

3. 监理工作内容

监理工作内容主要依据监理合同来确定。施工阶段监理的主要工作内容包括：

(1) 质量控制：

① 参与设计图纸技术交底(图纸会审)；

② 审查施工单位现场项目质量管理体系；

③ 审查分包单位的资质；

④ 审查施工组织设计工程施工方案；

⑤ 组织现场(质量)协调会议；

⑥ 检查、复核施工测量及放样成果；

⑦ 隐蔽工程检查和签证；

⑧ 对重要的工程部位、环节进行旁站监理；

⑨ 进场材料、构配件和设备的报验；

⑩ 监督施工单位对各类土木和混凝土试件按规定进行检查试验；

⑪ 监督施工单位严格按照规范、图纸施工；

⑫ 监督施工单位处理一般的工程质量事故，及时向业主报告重大质量事故及其他紧急情况；

⑬ 签署分项、分部和单位工程质量评定表。

(2) 进度控制：

① 审核施工进度计划；

② 签发工程开工报告；

③ 督促、协助施工单位实施进度计划；

④ 组织现场(进度)协调会议；

⑤ 审批工程延期申请；

⑥ 核对形象进度，按时(月、季)向业主报告施工进度计划的执行情况。

(3) 投资控制：

① 审核施工单位上报的已完实物工程量，签署施工单位的支付申请；

② 签署进度款支付证书；

③ 审核工程变更与处理索赔事项；

④ 审核竣工结算。

(4) 安全生产控制。

4.监理工作目标

监理工作目标就是建设工程项目的控制目标，即投资、进度、质量、安全生产4大目标。

（1）投资控制监理工作目标：根据监理合同，投资控制目标是工程总造价不超过合同总价，防止不必要的工程索赔。

（2）进度控制监理工作目标：进度控制的目标是达到合同要求的关键工期和总工期。监理工作服务期直到工程缺陷责任期结束为止。

（3）质量控制监理工作目标：工程质量达到施工承包合同约定的质量标准要求。

（4）安全、文明施工监理工作目标：确保安全施工，杜绝重大安全事故的发生，争创文明工地，并符合业主的规定要求。

5.监理工作依据

监理工作依据与监理规划的编制依据基本相同：

（1）相关的法律、法规、政策、条例及批准的项目建设文件；

（2）相关的标准、规范、设计图纸及有关技术资料；

（3）监理大纲、监理合同及与建设项目相关的合同文件。

《建设工程监理合同（示范文本）》

《建设工程施工合同（示范文本）》

6.项目监理机构的组织形式

项目监理机构的组织形式和规模，应依据监理合同规定的服务内容与期限、工程类别、规模、技术复杂程度、工程环境等因素确定。项目监理机构的组织形式包括直线型、职能型、直线职能型及矩阵型等类型。

《建设工程勘察合同（示范文本）》

7.项目监理机构的人员配备计划

项目监理机构的人员应包括总监、专业监理工程师和监理员，必要时可配备总监代表。监理工作中有其他特殊需求时应配备相应的专业人员。

8.项目监理机构的人员岗位职责

（1）总监理工程师职责：

① 确定项目监理机构人员的分工和岗位职责；

② 主持编写项目监理规划，审批项目监理实施细则，并负责管理项目监理机构的日常工作；

③ 审查分包单位的资质，并提出审查意见书；

④ 检查和监督监理人员的工作，根据工程项目的进展情况可进行人员调配，对不称职的人员应调换其工作；

⑤ 主持监理工作会议，签发项目监理机构的文件和指令；

⑥ 审定承包单位提交的开工报告、施工组织设计、技术方案、进度计划。

（2）专业监理工程师职责：

① 负责编制本专业的监理实施细则；

② 负责本专业监理工作的具体实施；

③ 组织、指导、检查和监督本专业监理员的工作，当人员需要调整时，向总监理工程师提出建议；

④ 审查承包单位提交的涉及本专业的计划、方案、申请、变更，并向总监理工程师提出报告；

⑤ 负责本专业分项工程验收及隐蔽工程验收。

(3) 总监理工程师代表职责：

① 负责总监理工程师指定或交办的监理工作；

② 按总监理工程师的授权，行使总监理工程师的部分职责和权力。

(4) 总监理工程师不得将下列工作委托给总监理工程师代表：

① 审核签认竣工结算；

② 调解建设单位与承包单位的合同争议，处理索赔；

③ 主持编写项目监理规划，审批项目监理实施细则；

④ 签发工程开工/复工报审表、工程暂停令、工程款支付证书、工程竣工报验单；

⑤ 根据工程项目的进展情况进行监理人员的调配，调换不称职的监理人员。

9. 监理工作程序

监理规划中规定的监理工作程序包括质量控制程序、投资控制程序、进度控制程序、合同管理程序、信息管理程序、组织协调程序等。

10. 监理工作方法及措施

监理工作总的工作方法有规划、控制、协调和管理。具体的工作方法包括：审核有关技术文件、报告和报表，下达指令文件与一般管理文书，现场监督与检查，规定质量监控工作程序等。监理工作采用的措施一般包括组织措施、技术措施、经济措施、合同措施。

11. 监理工作制度

监理工作制度包括项目建设各阶段的监理工作制度以及项目监理机构内部工作制度。

(1) 施工阶段的监理工作制度主要有：

① 施工图纸会审及设计交底制度；

② 施工组织设计审核制度；

③ 工程开工申请制度；

④ 工程材料、半成品质量检验制度；

⑤ 分部分项工程、隐蔽工程质量验收制度；

⑥ 技术复核制度；

⑦ 技术经济签证制度；

⑧ 设计变更处理制度；

⑨ 现场协调会及会议纪要签发制度；

⑩ 施工备忘录签发制度；

⑪ 施工现场紧急情况处理制度；

⑫ 工程款支付签审制度；

⑬ 工程索赔签审制度等。

(2) 项目监理机构内部工作制度主要有：

① 监理组织工作会议制度；

② 对外行文审批制度；

③ 监理工作日志制度；

家装中的隐蔽工程

④ 监理周报、月报制度；

⑤ 技术、经济资料及档案管理制度；

⑥ 监理费用预算制度等。

12. 监理设施

应明确由业主单位提供的监理设施以及由监理单位自备的监理设施。主要的监理设施包括办公设施、文件资料、交通设施、通信设施、生活设施、劳动保护设施以及常规检测设备和工具等。

工程项目监理规划示例

13. 监理规划的调整与审批

在监理工作实施过程中，如实际情况或条件发生重大变化而需要调整监理规划时，应由总监理工程师组织专业监理工程师研究修改，按原报审程序经过批准后报送建设单位，并按重新批准后的监理规划开展监理工作。

## 10.3 监理实施细则

监理实施细则是针对某一专业或某一方面建设工程监理工作的操作性文件。《建设工程监理规范》(GB/T 50319—2013)规定：对专业性较强、危险性较大的分部分项工程，项目监理机构应编制监理实施细则。对于工程规模较小、技术较为简单且有成熟监理经验和施工技术措施的工程，可以不必编制监理实施细则。监理实施细则应在相应工程施工开始前由专业监理工程师编制，并应报总监理工程师审批。

《建设工程监理规范》

### 10.3.1 监理实施细则的编写依据与要求

1. 编写依据

监理实施细则的编制应依据下列资料：

(1) 已批准的工程建设监理规划。

(2) 相关专业工程建设标准、设计文件和有关的技术资料。

(3) 施工组织设计、(专项)施工方案。

(4) 建设单位的其他有关专业管理规定。

施工组织设计和施工方案的关系

2. 编写要求

(1) 监理实施细则应符合监理规划的基本要求，充分体现工程特点和合同约定的要求，结合工程项目的施工方法和专业特点，具有明显的针对性。

(2) 监理实施细则要体现工程总体目标的实施和有效控制，明确控制措施和方法，具备可行性和可操作性。

(3) 监理实施细则应突出监理工作的预控性，要充分考虑可能发生的各种情况，针对不同情况制定相应的对策和措施，突出监理工作的事前审批、事中监督和事后检验。

(4) 监理实施细则可根据实际情况按进度、分阶段进行编制，但应注意前后的连续性、一致性。

(5) 总监理工程师在审核时，应注意各个监理实施细则间的衔接与配套，以组成系统、完整的监理实施细则体系。

(6) 在监理实施细则条文中，应具体写明引用的规程、规范、标准及设计文件的名称、文号；文中涉及采用的报告、报表时，应写明报告、报表采用的格式。

(7) 在监理工作实施过程中，监理实施细则可根据实际情况进行补充、修改和完善，并应经总监理工程师批准后实施。

(8) 监理实施细则的主要内容及条款可随工程不同而有所调整。

### 10.3.2 监理实施细则的作用和遵循程序

1. 监理实施细则的作用

1) 对业主的作用

业主与监理单位是委托与被委托的关系，是通过委托监理合同确定的，监理单位代表业主开展监理工作。监理实施细则是监理工作指导性资料，它反映了监理单位对项目控制的理解能力、程序控制技术水平。一份翔实且针对性较强的监理实施细则可以消除业主对监理单位工作能力的疑虑，增强信任感，有利于业主对监理工作的支持。

2) 对承包单位的作用

(1) 承包单位在收到监理实施细则后，应十分清楚各分项工程的监理控制程序与监理方法，在以后的工作中能加强与监理单位的沟通、联系，明确各质量控制点的检验程序与检查方法，在做好自检的基础上，为监理人员的抽查做好各项准备工作。

(2) 监理实施细则中对工程质量的通病及工程施工的重点、难点都有预防与应急处理措施。这对承包单位起着良好的警示作用，它能时刻提醒承包单位在施工中注意哪些问题，如何预防质量通病的产生，避免工程质量留下隐患及延误工期。

(3) 促进承包人加强自检工作，完善质量保证体系，进行全面的质量管理，提高整体管理水平。

3) 对监理单位的作用

(1) 指导监理工作，使监理人员能更好地通过各种控制方法进行质量控制。

(2) 增加监理人员对本工程的认识和熟悉程度，有针对性地开展监理工作。

(3) 监理实施细则中质量通病及工程重点、难点的分析与预控措施能使现场监理人员在施工中迅速采取补救措施，有利于保证工程的质量。

(4) 有助于提高监理人员的专业技术水平与工作素质。

2. 监理实施细则编制应遵循的程序

(1) 监理实施细则编制应在相应的工程施工开始前完成，并必须经项目总监批准；

(2) 监理实施细则应由专业监理工程师编制。

监理实施细则的编写程序如图 10.2 所示。

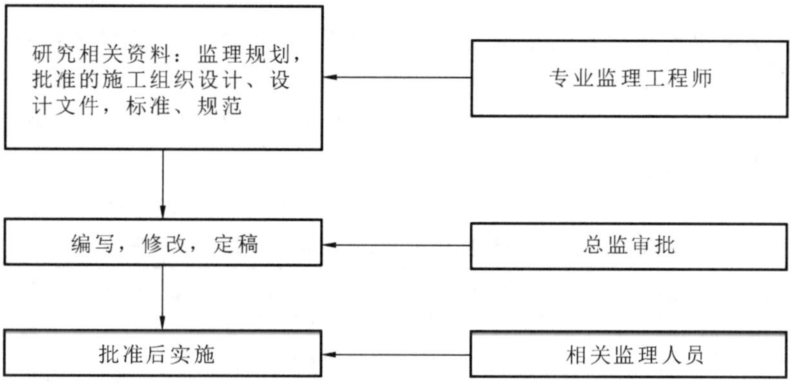


图 10.2　监理实施细则的编写程序

### 10.3.3　监理实施细则的主要内容

监理实施细则应包括下列主要内容：

(1) 专业工程特点。

专业工程特点是指需要编制监理实施细则的工程专业特点，而不是简单的工程概述。

(2) 监理工作流程。

监理工作流程是结合工程相应专业制定的具有可操作性和可实施性的流程图，不仅涉及最终产品的检查验收，更多地涉及施工中各个环节及中间产品的监督检查与验收。

(3) 监理工作要点。

监理工作控制要点及目标值是对监理工作流程中工作内容的增加和补充，应对流程图设置的相关监理控制点和判断点进行详细而全面的描述，将监理工作目标和检查点的控制指标、数据和频率等阐述清楚。

(4) 监理工作方法及措施。

监理规划中的方法和措施是针对工程总体概括要求的方法和措施，监理实施细则中的监理工作方法和措施是针对专业工程而言，应更具体、更具有可操作性和可实施性。

工程项目监理实施细则示例

## 小　结

监理大纲是监理单位在业主开始委托监理的过程中，特别是在业主进行监理招标过程中，为承揽到监理业务而编写的监理方案性文件。监理规划是由项目总监理工程师主持，专业监理工程师参与编写，根据委托监理合同，在监理大纲的基础上，结合工程的具体情况，经监理单位技术负责人批准，用来指导项目监理机构全面开展监理工作的指导性文件。监理规划是各阶段监理实施细则编制的依据，指导整个项目组织开展监理工作。监理规划编制完成后一般不进行调整，在监理工作实施过程中，如实际情况或条件发生重大变化而需要调整监理规划时，应由总监理工程师组织修改，经单位审批后重报业主。监理实施细则是在监理规划的基础上，由项目监理机构的专业监理工程师针对建设工程中某一专业或某一方面的监理工作编写，并经总监理工程师批准实施的操作性文件。

监理大纲、监理规划、监理实施细则比较一览表如表10.1所示。

**表10.1 监理大纲、监理规划、监理实施细则比较一览表**

| 文件 | 编制时间 | 编制人 | 编制依据 | 编制目的 | 编制内容 | 修改 |
| --- | --- | --- | --- | --- | --- | --- |
| 监理大纲 | 投标时 | 投标单位负责投标或经营人员编制 | 依据投标文件要求编制 | 中标前：用于投标和承揽监理业务。<br>中标后：用于指导编制监理规划，指导整个项目开展监理工作 | 围绕整个项目监理组织所开展的监理工作 | 无论中标前还是中标后，一旦形成文件则不可修改 |
| 监理规划 | 监理合同已签订、收到设计文件后 | 总监理工程师主编，专业监理工程师参与编制 | 监理大纲，委托监理合同及建设工程项目相关合同文件，建设工程相关法律、法规及项目审批文件，与建设工程有关的标准、设计文件和技术资料 | 明确项目监理机构的工作目标；是各阶段监理实施细则编制的依据；确定具体的监理工作制度、程序、方法和措施，具有可操作性；指导整个项目组织开展监理工作 | 围绕整个项目监理组织所开展的监理工作；内容比监理大纲翔实、全面 | 一般不进行调整；在监理工作实施过程中，如实际情况或条件发生重大变化而需要调整监理规划时，应由总监理工程师组织修改，经单位审批后重报业主 |
| 监理实施细则 | 总是滞后于监理规划；在相应工程施工开始前编制 | 专业监理工程师负责编制 | 已获批准的监理规划 | 结合工程项目的专业特点，详细具体，具有可操作性；指导具体监理业务的实施与开展 | 内容具有局部性；围绕专业工程的具体监理业务 | 在监理工作实施过程中，监理实施细则应根据实际情况进行补充、修改 |

## 巩固训练

### 一、单项选择题

1. 监理实施细则可随工程进展编制，应由(　　)审批后实施。

A. 工程监理单位技术负责人　　B. 总监理工程师

C. 相应专业监理工程师　　D. 总监理工程师代表

2. 监理大纲可以由(　　)主持编写。

A. 拟任总监理工程师　　B. 总监理工程师

C. 总监理工程师代表　　D. 专业监理工程师

3. 与监理规划相比，监理实施细则更具有(　　)。

A. 全面性　　B. 系统性　　C. 指导性　　D. 可操作性

4. 监理规划要随着工程项目展开进行不断的补充、修改和完善，这是监理规划编写的(　　)要求。

A. 应当遵循建设工程的运行规律　　B. 应当分阶段编写

C. 基本内容应力求统一　　D. 具体内容应有针对性

5. 监理规划应在签订委托监理合同及收到设计文件后开始编制，完成后必须经(　　)审核批准。

A. 总监理工程师

B. 总监理工程师授权的专业监理工程师

C. 监理单位技术负责人

D. 建设单位负责人

6. 由项目监理机构的专业监理工程师编写，并经总监理工程师批准实施的监理文件是(　　)。

A. 监理大纲　　B. 监理规划　　C. 监理实施细则　　D. 监理合同

7. 监理例会会议纪要由(　　)根据会议记录整理。

A. 施工单位　　B. 建设单位代表　　C. 项目监理机构　　D. 项目经理部

8. 根据《建设工程监理规范》，工程质量评估报告由(　　)编制。

A. 总监理工程师　　B. 专业监理工程师

C. 监理单位技术负责人　　D. 施工单位技术负责人

9. 下列关于监理大纲、监理规划和监理实施细则之间关系的表述中，正确的是(　　)。

A. 监理大纲的内容比监理规划的内容更全面、更翔实

B. 监理实施细则应在监理规划的基础上进行编写

C. 监理大纲应按监理规划的有关内容编写

D. 三者编写顺序为监理规划、监理大纲和监理实施细则

10. 监理大纲、监理规划、监理实施细则之间互相关联，下列表述中正确的是(　　)。

A. 监理大纲和监理规划都应依据签订的委托监理合同内容编写

B. 监理单位开展监理工作必须编制监理大纲、监理规划和监理实施细则

C. 监理规划和监理实施细则均应经监理单位技术负责人签认

D. 建设工程监理工作文件包括监理大纲、监理规划和监理实施细则

11. 指导工程监理企业的项目监理机构全面开展监理工作的文件是(　　)。

A. 监理规划　　B. 监理合同　　C. 监理大纲　　D. 监理实施细则

12. 业主委托监理过程中工程监理企业为承揽监理业务而编制的建设工程监理的方案性文件是(　　)。

A. 监理规划　　B. 监理合同　　C. 监理大纲　　D. 监理实施细则

13. 监理规划是工程监理企业接受业主委托并签订建设工程委托监理合同后，由(　　)主持编写的。

A. 承建单位　　B. 项目总监理工程师

C. 专业监理工程师　　D. 监理员

**二、多项选择题**

1. (　　)共同构成建设工程监理工作文件。

A. 监理规划　　B. 监理业务手册　　C. 监理合同

D. 监理实施细则　　E. 监理大纲

2. 根据《建设工程监理规范》的规定，编制监理实施细则的依据包括(　　)。

A. 委托监理合同

B. 已批准的监理规划

C. 与专业工程相关的标准、设计文件和技术资料

D. 建设工程的相关法律、法规及项目审批文件

E. 施工组织设计

3. 建设工程监理规划的作用有(　　)。

A. 指导工程监理企业的项目监理机构全面开展监理工作

B. 是工程监理企业重要的存档资料

C. 指导建设工程的设计、施工活动有序开展

D. 是业主确认工程监理企业履行监理合同的主要依据

E. 是建设工程监理主管机构对监理单位监督管理的依据

4. 监理规划的编写要求(　　)。

A. 监理规划应当把握建设工程领域管理技术和趋势

B. 监理规划的基本内容应力求统一

C. 监理规划的具体内容应具有针对性

D. 总监理工程师是编写的主持人

E. 监理规划要连贯地、不间断地编写

5. 监理规划中的"工程项目概况"包括(　　)等内容。

A. 工程项目名称　　B. 工程项目主管部门

C. 工程项目地点　　D. 主要结构类型

E. 工程项目设计单位及施工单位名称

**三、名词解释**

1. 监理大纲：

2. 监理规划：

3. 监理实施细则：

**四、简答题**

1. 监理大纲的主要内容是什么?

2. 简述监理规划的编写依据及要求。

3. 监理规划的作用是什么?

4. 简述监理规划的主要内容。

5. 简述监理实施细则的编写依据。

**五、案例分析**

某工程,施工单位通过招标将桩基及土方开挖工程发包给某专业分包单位,并与项目混凝土供应商签订了采购合同。实施过程中发生如下事件:

事件1:桩基验收时,项目监理机构发现部分桩的混凝土强度未达到设计要求,经查是由于预拌混凝土质量存在问题所致。在确定桩基处理方案后,专业分包单位提出因预拌混凝土由施工单位采购,要求施工单位承担相应桩基处理费用。施工单位提出因建设单位也参与了预拌混凝土供应商考察,要求建设单位共同承担相应桩基处理费用。

事件2:专业分包单位编制了深基坑土方开挖专项施工方案,经专业分包单位技术负责人签字后,报送项目监理机构审查的同时开始了挖土作业,并安排施工现场技术负责人兼任专职安全管理人员负责现场监督。专业监理工程师发现上述情况后及时报告总监理工程师,并建议签发"工程暂停令"。

事件3:在土方开挖过程中遇到地下障碍物,专业分包单位对深基坑土方开挖专项施工方案做了重大调整后继续施工。总监理工程师发现后,立即向专业分包单位签发了"工程暂停令"。因专业分包单位拒不停止施工,总监理工程师报告给了建设单位,建设单位以工期紧为由要求总监理工程师撤回"工程暂停令"。为此,总监理工程师向有关主管部门报告了相关情况。

问题:

1. 针对事件1,分别指出专业分包单位和施工单位提出的要求是否妥当,并说明理由。

2. 针对事件2,专业分包单位的做法有什么不妥?写出正确做法。

3. 针对事件2,专业监理工程师的做法是否正确?说明专业监理工程师建议签发"工程暂停令"的理由。

4. 针对事件3,分别指出专业分包单位、总监理工程师、建设单位的做法有什么不妥,并写出正确做法。

# 参考文献


[1] 杨晓林.建设工程监理[M].3版.北京:机械工业出版社,2016.

[2] 王军,董世成.建设工程监理概论[M].3版.北京:机械工业出版社,2016.

[3] 叶小波.建设工程监理[M].北京:高等教育出版社,2016.

[4] 张向东,齐锡晶.工程建设监理概论[M].3版.北京:机械工业出版社,2016.

[5] 袁景翔,肖波.建设工程监理[M].重庆:重庆大学出版社,2015.

[6] 马静,李宝昌,朱绍奇.建设工程监理[M].西安:西安交通大学出版社,2015.

[7] 湖南省住房和城乡建设厅,湖南省建设监理协会.建设工程监理服务指南[M].2版.长沙:湖南大学出版社,2017.

[8] 于惠中.建设工程监理概论[M].2版.北京:机械工业出版社,2013.

[9] 徐猛勇.公路工程施工监理[M].北京:机械工业出版社,2013.

[10] 本书编委会.建设工程监理案例分析[M].2版.北京:中国建筑工业出版社,2019.

[11] 周和荣.建设工程监理概论[M].3版.北京:高等教育出版社,2014.

[12] 中国建设监理协会.全国监理工程师资格考试辅导资料[M].北京:中国建筑工业出版社,2018.

[13] 李惠强,唐菁菁.建设工程监理[M].3版.北京:中国建筑工业出版社,2017.

[14] 关群,马海彬,何夕平.建设工程监理[M].武汉:武汉大学出版社,2013.

[15] 本书编委会.建设工程监理法律法规选编[M].北京:中国建筑工业出版社,2016.

[16] 本书编委会.建设工程监理实务——市政公用工程[M].北京:中国建筑工业出版社,2016.

[17] 本书编委会.建设工程监理实务——建筑安装工程[M].北京:中国建筑工业出版社,2016.

[18] 本书编委会.建设工程监理实务——房屋建筑工程[M].北京:中国建筑工业出版社,2016.

[19] 本书编委会.建设工程监理基础知识[M].北京:中国建筑工业出版社,2016.

[20] 建设工程教育网.建设工程监理基本理论与相关法规经典题解[M].3版.北京:中国建筑工业出版社,2016.

[21] 本书编委会.建设工程监理案例分析核心考点速记[M].北京:中国建筑工业出版社,2018.

[22] 本书编委会.建设工程监理基本理论与相关法规[M].2版.北京:中国建筑工业出版社,2019.

[23] 赵文起,黄德仁.现场施工监理工作常见问题及解决方法[M].北京:中国建筑工业出版社,2017.